建筑工程计量与计价精讲精练

李建峰　张　艳　梁新芳　刘欣乐　谢宇婷　编

中国电力出版社
CHINA ELECTRIC POWER PRESS

内 容 提 要

　　本书是根据编者近 30 年工程造价与管理的教学经验、工程实践和科研成果，并结合国家现行工程造价相关规范的要求编写而成的。全书共 7 章，主要内容包括清单计量与计价基本概念介绍，建筑面积计量规则讲解，建筑、装饰装修工程计量与计价精讲精练，措施项目费用计算，工程结算相关知识及案例分析，二层砖混结构工程实例详解。为便于读者理解和巩固，书中运用图表对相关内容进行总结，同时从不同方面列举了多个极具典型性和代表性的示例、案例，并附有相关知识点的习题及解析，内容丰富，实用性和可操作性强。

　　本书适用于初、中级工程造价人员及工程造价类本、专科生，可作为高等院校土木工程、工程造价等专业的教材辅导书，也可作为全国造价师培训用书，还可供有关工程技术人员参考。

图书在版编目（CIP）数据

　　建筑工程计量与计价精讲精练/李建峰等编. —北京：中国电力出版社，2013.8
　　ISBN 978 - 7 - 5123 - 4661 - 1

　　Ⅰ．①建… Ⅱ．①李… Ⅲ．①建筑工程-计量-高等学校-题解②建筑造价-高等学校-题解 Ⅳ．①TU723.3 - 44

　　中国版本图书馆 CIP 数据核字（2013）第 148559 号

中国电力出版社出版、发行
（北京市东城区北京站西街 19 号　100005　http：//www.cepp. sgcc. com. cn）
北京丰源印刷厂印刷
各地新华书店经售

＊

2013 年 8 月第一版　2013 年 8 月北京第一次印刷
787 毫米×1092 毫米　16 开本　15.25 印张　372 千字
定价 28.00 元

前　言

为了帮助工程造价人员正确理解建筑工程计量与计价的相关概念与应用，系统掌握清单与定额工程量的计算、工程量清单的编制、清单计价与组价的方法及其编制技巧，同时帮助工程造价应试人员做好考前复习，我们工程造价教学研究团队根据《建设工程工程量清单计价规范》（GB 50500—2008）、《全国统一建筑工程基础定额》（GJD - 101 - 95）、《全国统一建筑装饰装修工程消耗量定额》（GYD - 901 - 2002）、《陕西省建筑、装饰工程消耗量定额》及 2009 年《陕西省建筑装饰工程价目表》，结合近年考题变化情况，精心编写了本书。

为了突出易学、易懂和实用，帮助读者循序渐进地掌握清单计价中的工程量计算、项目特征描述、组价与计价，本书采用图文并茂、图表结合的形式对建筑装饰工程的清单项目计算规则及其组价常用定额子目进行了精要的归纳和讲解。本书集全面和实务于一体，例题涉及填空、选择、计算、案例等多种形式，每一题均给出了翔实的解答过程供读者学习、对照，并以某房屋为实例详细讲解了清单编制及计价的全过程。为了体现"学习指导性、训练实用性、方法科学性、计算技巧性、应试针对性"的编写原则与特点，本书精编、精析与精练，重点难点详细解析。编写的应试母题，均是历届造价员实务考试题或经精心改良后的试题。因此，本书对造价人员参加实务考试具有较强的模拟性、实训性和参考性。

本书共分 7 章，分别精讲了清单计量与计价基本概念，建筑面积计量规则，建筑、装饰装修工程计量与计价，措施项目费用计算，给出了工程结算相关知识及案例分析，并以二层砖混结构工程为例进行了详解。

本书适用范围广，不仅可作为高等院校工程造价专业学生学习工程计量与计价的辅导用书，尤其适用于工程造价人员应试学习。

本书由长安大学李建峰教授策划和担任主要编写工作，其负责编写第 1、2、5、6 章；长安大学谢宇婷、陕西建设技师学院梁新芳负责编写第 3 章；长安大学刘欣乐负责编写第 4 章，西安职业技术学院张艳负责编写第 7 章。

本书的编写既有我们教学研究团队的努力，也有历届造价培训人员的积极参与。但由于理解上的偏差和时间的限制，书中难免有不妥之处，恳请读者批评指正，作者不胜感激。

编　者
2013 年 1 月

目　录

第 1 章

清单计量与计价基础知识

学习要点

　　本章介绍了工程量清单计量与计价的基本概念、原则及其主要内容，重点阐述了工程量清单及工程量清单计价的编制程序与内容，总结了运用统筹法计算工程量的方法。通过本章的学习，要求掌握工程量计算的相关概念、工程量清单及工程量清单计价的编制内容及程序。

1.1　清单计量与计价概述

1.1.1　工程量清单计价的概念与原则

一、基本概念

　　（1）工程量清单。建设工程的分部分项工程项目、措施项目、其他项目、规费项目和税金项目的名称和相应数量等的明细清单。

　　（2）招标工程量清单。招标人依据国家标准、招标文件、设计文件以及施工现场实际情况编制的，随招标文件发布供投标报价的工程量清单。

　　（3）已标价工程量清单。构成合同文件组成部分的投标文件中已标明价格，经算术性错误修正（如有）且承包人已确认的工程量清单，包括对其的说明和表格。

　　（4）工程量偏差。承包人按照合同签订时的图纸（含经发包人批准由承包人提供的图纸）实施，完成合同工程应予计量的实际工程量与招标工程量清单列出的工程量之间的偏差。

　　（5）工程量清单计价。按照《建设工程工程量清单计价规范》（GB 50500—2008，以下简称《计价规范》）规定，依据工程量清单并采用综合单价法，由市场竞争形成工程造价的计价模式与方法。

　　（6）招标控制价（又称招标最高限价）。招标人根据国家或省级、行业建设主管部门颁发的有关计价依据和办法，按设计施工图纸计算的，对招标工程限定的最高工程造价。

　　（7）投标报价。投标人投标时报出的工程造价。

　　（8）签约合同价。发、承包双方在施工合同中约定的，包括暂列金额、暂估价、计日工的合同总金额。

　　（9）误期赔偿费。承包人未按照合同工程的计划进度施工，导致实际工期大于合同工期与发包人批准的延长工期之和，承包人应向发包人赔偿损失发生的费用。

（10）工程结算。施工企业按照合同的规定向建设单位办理已完工程价款清算的一项日常性工作。

（11）竣工结算价。发、承包双方依据国家有关法律、法规和标准规定，按照合同约定确定的最终工程造价。

二、工程量清单计价活动的基本原则

（1）依法必须招标的工程建设项目，必须采用工程量清单计价。

（2）建设工程工程量清单计价活动应遵循客观、公正、公平的原则。

（3）工程量清单、招标控制价、投标报价、工程价款结算等工程造价文件的编制与核对，应由具有资格的工程造价专业人员承担。

（4）工程量清单计价活动，除应遵守《计价规范》外，尚应符合国家现行有关标准的规定。

1.1.2　清单计量与计价的主要内容

清单计量与计价的基本过程如图 1-1 所示，其主要内容有：

（1）工程量清单编制。

（2）工程量清单计价编制，其内容包括：①编制招标控制价；②编制投标报价；③工程结算，包括工程合同价款约定、工程计量与价款支付、索赔与签证、工程价款调整、竣工结算。

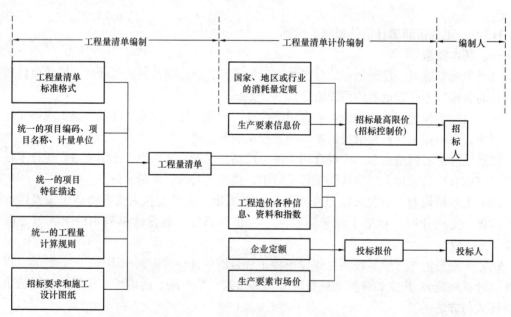

图 1-1　清单计量与计价的基本过程

1.1.3　习题精练

【1-1】　工程量清单包括（　　）。

A. 分部分项工程量清单
B. 措施项目清单

C. 其他项目清单
D. 规费和税金清单

答案： A、B、C、D

【1-2】　建设工程工程量清单计价活动应遵循（　　）的原则。

A. 客观、公正、公平　　　　　　　　B. 公正、公平、诚实

C. 合法、平等、诚信　　　　　　　　D. 公开、公正、公平

答案：A

【1-3】　工程量清单计价不适用于（　　）。

A. 施工图预算　　　　　　　　　　　B. 设计概算

C. 工程结算　　　　　　　　　　　　D. 招标控制价

答案：B

【1-4】　实行工程量清单计价，体现的是风险分担的原则，（　　）承担工程量变化的风险，投标人承担自主报价的风险。

A. 招标人　　　　　　　　　　　　　B. 投标人

C. 设计单位　　　　　　　　　　　　D. 招投标代理机构

答案：A

【1-5】　下列不属于工程结算内容的是（　　）。

A. 工程价款调整　　　　　　　　　　B. 工程计量与价款支付

C. 索赔与签证　　　　　　　　　　　D. 竣工决算

答案：D

1.2　工程量清单编制

1.2.1　概述

一、工程量清单的作用和编制要求

工程量清单是工程量清单计价的基础，是编制招标控制价、投标报价、计算工程量、支付工程款、调整合同价款、办理竣工结算以及工程索赔等的依据之一。

采用工程量清单方式招标，工程量清单必须作为招标文件的组成部分，其准确性和完整性由招标人负责。

工程量清单应由具有编制能力的招标人或受其委托，具有相应资质的工程造价咨询人编制。

二、工程量清单的编制依据

（1）建设工程工程量清单计价规范。

（2）国家、省建设主管部门颁发的计价依据和办法。

（3）建设工程设计文件及相关资料（如施工图设计文件等）。

（4）与建设工程项目有关的标准、规范、技术资料。

（5）招标文件及其补充通知、答疑纪要。

（6）施工现场情况、工程特点及常规施工方案。

（7）其他相关资料。

1.2.2　工程量清单的编制内容与程序

一、工程量清单的编制内容

（1）工程量清单封面。

（2）工程量清单总说明。

（3）分部分项工程量清单，包括甲供材料、设备数量及单价明细表，材料、设备暂估单价明细表。

（4）措施项目清单，分通用措施项目和专业措施项目。

（5）其他项目清单，包括暂列金额明细表、专业工程估价明细表、计日工、总承包服务项目表。

（6）规费、税金项目清单。

二、工程量清单的编制程序

（1）熟悉施工图纸和招标文件，了解施工现场的有关情况。了解建筑物结构形式及工程做法，搜集相关资料。

（2）划分清单项目。根据施工图和《计价规范》的规定进行计算项目的划分。写出工程量清单项目的项目编码、项目名称，并对项目特征进行详细、准确而完整的描述。

（3）确定各项目计量单位，计算各项目清单工程量。根据《计价规范》的工程量计算规则和招标文件要求，按照施工图的内容和所标注尺寸，计算上述所列各清单项目的工程量，包括分部分项工程工程量、措施项目工程量、其他项目工程量等。

（4）编制工程量清单。依据上述清单项目划分和所计算的各清单项目工程量，填写汇总各项目清单，编制拟建工程的招标用工程量清单，即分别编制拟建工程的分部分项工程量清单、措施项目清单、其他项目清单、规费和税金项目清单。

（5）校对、打印、整理、装订、审核。对所编制的工程量清单进行校对、整理后，按《计价规范》规定的内容和格式进行装订。招标用工程量清单的成果文件应由审核人、审定人进行二级审查。

招标用工程量清单的编制人、审核人应具有注册造价工程师执业资格或造价员从业资格，审定人应具有注册造价工程师执业资格。编制人、审核人、审定人应在招标用工程量清单文件上签字并盖注册造价工程师执业资格章或造价员从业资格章。

1.2.3　分部分项工程量清单

一、分部分项工程量清单的五个要件（五统一）

分部分项工程量清单应列明各分部分项工程的项目编码、项目名称、项目特征、计量单位和工程数量等内容，具体要求如下：

（1）项目编码。以五级编码设置，用12位阿拉伯数字表示。一～四级编码统一，第五级编码由工程量清单编制人区分具体工程的清单项目特征而分别编码。同一单位工程的项目编码不得有重码。

（2）项目名称。根据《计价规范》附录中的项目名称结合拟建工程的主体内容和实际情况确定。清单项目的表现形式是由主体项目和辅助项目构成，主体项目即《计价规范》中的项目名称，辅助项目即《计价规范》中的工程内容。《计价规范》中的分项工程名称如有缺陷，招标人可作补充，并报当地工程造价管理机构（省级）备案。

（3）项目特征。项目特征是设置具体清单项目的依据。它是对所列主体项目名称准确、详细而完整的描述，是影响和构成价格的因素。分部分项工程量清单的项目特征应按《计价规范》附录中规定的项目特征，结合技术规范、标准图集、施工图纸，按照工程结构、使用材质及规格或安装位置等予以描述（可增加也可减少），即若实际中出现附录中项目特征未描述到的其他特征时，清单编制人视具体情况确定，以准确描述清单项目为准。项目特征的描述充分体现了设计文件和业主的要求。

对不同项目特征进行描述，可按不同情况分为必须描述的内容、可不描述的内容、可不详细描述的内容等几类。

1）必须描述的内容。涉及正确计量的内容必须描述（如门窗洞口尺寸）；涉及结构要求的内容必须描述（如混凝土的强度等级）；涉及材质要求的内容必须描述（如油漆的品种）；涉及施工难易程度的必须描述（如抹灰的墙体类型、天棚类型）；涉及材料品种规格厚度要求的必须描述（如地砖、面砖的大小，抹灰砂浆的厚度）；涉及安装方式的内容必须描述（如钢管的连接方式）。

2）可不描述的内容。对计量计价没有实质影响的内容可不描述（如某些混凝土构件的截面大小）；应由投标人根据施工方案确定的可不描述（如石方预裂爆破的单孔深度）；应由投标人根据当地材料和施工要求确定的可不描述（如砂石的种类）；应由施工措施解决的可不描述（如现浇梁、板的标高）。

3）可不详细描述的内容。无法详细描述的内容可不详细描述（如土壤类别）；施工图纸、标准图集标注明确的可不再详细描述；取决于投标人施工组织设计的内容可不详细描述，应注明由投标人自定（如取土运距、弃土运距）。

以本书第7章中土石方工程为例，其项目编码、项目名称、项目特征的描述见表1-1。

表1-1　　　　　　　　　　　　土石方工程项目特征的描述

序号	项目编码	项目名称	规范要求描述的项目特征	本例中项目特征的描述
1	010101001001	平整场地	土壤类别；弃土运距；运土运距	素土；±30cm以内就地找平
2	010101003001	挖基础土方	土壤类别；基础类型；垫层底宽、底面积；挖土深度；弃土运距	砖基础；垫层底宽1m；底面积97.40m²；挖土深0.9m；弃土运距200m
3	010103001001	土（石）方回填	土质要求；密实度要求；粒径要求；夯填（碾压）；松填；运输距离	基础回填；素土夯实，有密实度要求
4	010103001002	土（石）方回填		室内回填；素土夯实，有密实度要求
5	010103001003	土（石）方回填		基础3：7灰土垫层；450mm厚；有密实度要求

（4）计量单位。应采用基本单位，除各专业另有说明外，均按工程量清单《计价规范》的相关规定确定计量单位和有效位数。当《计价规范》中同一项目有两个及以上计量单位时，由清单编制人根据项目特征要求选择最适宜表现该项目特征并方便计量的单位。

（5）工程数量。应按照清单《计价规范》"分部分项工程量清单项目"中规定的工程量计算规则和设计文件进行。工程量计算规则是指对清单项目工程量的计算规定。在编制清单和清单计价时，可能会涉及3种工程量，即清单项目工程量、定额项目工程量和施工项目方案量。编制分部分项工程量清单时计算的是清单项目工程量。

《计价规范》规定的清单项目工程量的计算原则是以实体安装就位的净尺寸（图纸用量）计算（不考虑预留量，如工作面、损耗等）；定额工程量的计算是在净值的基础上，加上施工操作（或定额）规定的预留量；施工项目方案量是根据施工组织设计或施工方案（具体施工方法及措施）计算的方案量。

二、工程量计算技巧

（一）工程量计算依据

工程量计算是一个重要而细致的过程。计算时，除依据清单计价规范和工程定额中工程量计算规则的各项规定外，还应依据以下文件来进行：

（1）经审定的施工设计图纸及其说明。

（2）经审定的施工组织设计或施工方案。

（3）工程招标文件或施工合同或协议。

（4）经审定的其他有关技术经济文件。

（二）土建工程量计算的基本内容

（1）建筑工程。包括土石方工程，地基与桩基础工程，砌筑工程，混凝土及钢筋混凝土工程，厂库房大门、特种门、木结构工程，金属结构工程，屋面及防水工程，防腐、隔热、保温工程。

（2）装饰装修工程。包括楼地面工程，墙柱面工程，天棚工程，门窗工程，油漆、涂料、裱糊工程，其他装饰工程。

（3）措施项目。措施项目按能否计量分，可分为依据消耗量定额计算的措施项目和依据参考费率计算的措施项目。前者能按施工内容计算工程量，主要有混凝土、钢筋混凝土模板及支架、脚手架、垂直运输、大型机械设备出场及安拆、施工排水、施工降水等。后者按"项"计算，主要包括安全文明施工、夜间施工、二次搬运费等。

（三）工程量计算的顺序与步骤

1. 手工算量

（1）单位工程（一栋房屋的土建工程）工程量的计算顺序，可按以下顺序，也可综合采用：

1）按施工顺序计算；

2）按定额和清单分部分项顺序计算；

3）力求分层分段计算；

4）统筹安排，连续计算；

5）按施工图一张张计算。

（2）分项工程每张施工图的计算顺序：

1）按顺指针方向计算；

2）按"先横后竖、先上后下、先左后右"的顺序计算；

3）按图纸上构、配件编号顺序分类依次计算。

（3）每项工程量计算的步骤：

1）划分项目，准确列项；

2）列出计算式；

3）演算计算式；

4）调整计量单位；

5）复核。

（4）运用统筹法计算工程量的基本要点：

1）利用基数，连续计算。基数是指工程量计算时重复利用的基本数据，在工程量计算中起着共同的基础和依据作用。整栋建筑物工程量计算的基数是"三线、两面、两表"。"三线"是指建筑平面图中所标示的外墙中心线、外边线和内墙净长线。"两面"是指建筑物的底层建筑面积和室内净面积。"两表"是指根据施工图所做的门窗工程量统计计算表和构件工程量统计计算表。有了基数"三线、两面、两表"，建筑工程大部分项目的工程量就可依此连续算出。例如：

$L_中$——外墙中心线长，可用于计算外墙的基槽、基底夯实、基础垫层、条形基础、墙基防潮层、基础梁、圈梁、墙身砌筑，以及外墙内面抹灰等分项工程量。

$L_内$——内墙净长，可用于计算内墙的基槽、槽底夯实、基础垫层、基础、墙基防潮层、基础梁、圈梁、墙身砌筑，以及内墙面抹灰等分项工程量。

$L_外$——外墙外边线长，可用于计算平整场地、钻探及回填孔、勒脚、腰线、勾缝、外墙面抹灰、散水、挑檐等分项工程量。

$S_底$——建筑物的底层建筑面积，可用于计算总建筑面积、平整场地、屋面、$S_净$ 等内容。

$S_净$——建筑物的室内净面积，可用于计算室内地面、楼面、天棚等分项工程。

两表——用于计算门窗、构件工程量，并作为计算墙体和墙面抹灰扣除的量。

2）统筹程序，合理安排；

3）依次算出，多次使用；

4）结合实际，灵活机动。

（5）统筹法计算工程量的步骤，如图1-2所示。

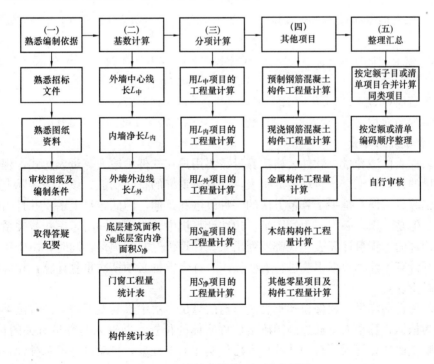

图1-2　统筹法计算工程量步骤图

以本书第7章中土石方工程为例，其清单工程量计算见表1-2。

表 1-2 土石方工程清单工程量的计算

序号	项目编码	项目名称	单位	规范要求的工程量计算规则	本例计算过程
1	010101001001	平整场地	m^2	按设计图示尺寸以建筑物首层建筑面积计算	$S_底＝(13.8＋0.24)×(9.9＋0.24)＝142.37$
2	010101003001	挖基础土方	m^3	按设计图示尺寸以基础垫层底面积乘以挖土深度计算	$[L_中＋L_{内1}－$丁头数$×($垫层底宽－墙厚$)/2]×$垫层底宽$×$挖土深度$＝[47.40＋59.88－26×(1.0－0.24)/2]×1.0×(1.5－0.6)＝87.66$
3	010103001001	土(石)方回填	m^3	基础回填按挖方体积减去设计室外地坪以下埋设的基础体积(包括基础垫层及其他构筑物)计算	$V＝$挖基础土方－灰土垫层体积－室外地坪下砖基础及构造柱体积$＝87.66－43.83－(19.85＋0.18)－0.4×0.4×0.25×28－0.24×0.24×(1.5－0.6－0.45－0.25)×28＝22.36$
4	010103001002	土(石)方回填	m^3	室内回填按主墙间净面积乘以回填厚度计算	$V＝(S_净－$楼梯处面积$)×[$室内外高差－面层及垫层厚度$]＝(117.14－2.16×4.2)×[0.6－(0.06＋0.02)]＝56.20$
5	010103001003	土(石)方回填	m^3	灰土垫层按设计图示尺寸以体积计算	$V＝$挖基础土方/挖土深度$×$灰土垫层厚度$＝87.66/(1.5－0.6)×0.45＝43.83$

外墙中心线长 $L_中＝(13.8＋9.9)×2＝47.40(m)$

外墙外边线长 $L_外＝47.40＋4×0.24＝48.36(m)$

±0.00 以下内墙净长 $L_{内1}＝(13.8－0.24)×2＋(4.2－0.24)×7＋(1.5－0.24)×4＝59.88(m)$

±0.00 以上内墙净长 $L_{内2}＝(13.8－0.24)×2＋(4.2－0.24)×7＋(1.5－0.24)×4－(2.4－0.24)＝57.72(m)$

底层建筑面积 $S_底＝(13.8＋0.24)×(9.9＋0.24)＝142.37(m^2)$

底层室内净面积 $S_净＝142.37－47.40×0.24－57.72×0.24＝117.14(m^2)$

2. 计算机辅助算量

(1) 软件表格法算量。软件表格法算量需要用户在软件中输入算量表达式,程序可自动完成工程量的计算和汇总,自动生成报表,并具有良好的打印功能。该方法实际上没有改变用户的手工算量习惯,是手工算量方法的一种改进和延伸,因此容易上手,并且出现错误后容易修改。但是,用户必须一边翻图纸一边往计算机中输入数据同时考虑扣减关系,并且必须把每个构件的工程量计算表达式都罗列出来,计算仍然非常烦琐;同时,由于建筑和装饰等专业分开计算,计算数据很难进行有效复用,许多数据必须多次重复计算,相应的重复劳动并没有减少。

(2) 软件自动算量。软件自动算量是目前的算量方法中最具发展潜力的方法。该方法以计算规则为依据,算量人员通过画图确定构件实体的位置,并输入与算量有关的构件属性,软件通过默认的计算规则,自动计算得到构件实体的工程量,自动进行汇总统计,得到工程量清单。该算量方法简化了算量输入,可以大幅度提高算量效率。

国内流行的三维算量软件一般是基于 AutoCAD 进行二次开发,而目前设计院的设计图纸也多是采用 AutoCAD 对应的文件格式,这样就为建筑图纸的自动识别提供了便利。也即三维算量软件可以通过软件接口导入设计院图纸，算量人员甚至不用画图就可以准确地计算出工程结构的工程量。

1.2.4 措施项目清单

1. 措施项目清单的列项

根据《计价规范》和拟建工程的实际情况，措施项目应分别编制通用措施项目和各专业工程措施项目。通用措施项目是指各专业工程均通用的措施项目，也即各专业工程中均存在的措施项目。专业工程措施项目是指本专业工程特有的措施项目。根据措施项目的计费方法，又可将其分为依据消耗量定额计算的措施项目与依据参考费率计算的措施项目。编制措施项目清单时，可根据《计价规范》中给出的措施项目选择列项；当招标人对措施项目有特殊要求时，可以根据实际情况将其在措施项目清单中列项，并在清单编制说明中说明。

2. 措施项目清单的编制（计算）

对于依据消耗量定额计算的措施项目，如混凝土、钢筋混凝土模板及支架、脚手架、垂直运输、大型机械设备出场及安拆、施工排水、施工降水等，它们的费用支出与完成的工程实体具有直接关系，并且可以精确计量，因此，它们既可以以"项"为单位编制，也可以采用分部分项工程量清单的方式编制。计量单位可以采用消耗量定额中表现工程实体的计量单位，如脚手架项目常采用 m^2；混凝土、钢筋混凝土模板及支架项目，预制构件常采用 m^3，现浇构件中楼梯、阳台、雨棚等常采用 m^2，其他现浇构件采用 m^3 等。但具体采用哪种计量单位，招标人在措施项目清单中必须明确。这些措施项目，应区分通用性措施项目与专业性措施项目，分别列入"措施项目清单与计价表"中。

依据参考费率计算的措施项目，在施工过程中必须发生，但费用的发生与使用时间、施工方法或者两个以上的工序相关，并大都与实际完成的实体工程量的大小关系不大，在投标时很难具体分项预测，无法单独列出项目内容，如大部分通用措施项目（安全文明施工、夜间施工、二次搬运费等），则以"项"为计量单位进行编制，列入"措施项目清单与计价表（一）"中。

措施项目清单的编制实例见本书第5章习题［5-28］和习题［5-29］。

1.2.5 其他项目清单

1. 其他项目清单的内容

（1）其他项目清单。因招标人的特殊要求而发生的与拟建工程有关的其他费用项目和相应数量的清单。《计价规范》提供了暂列金额、暂估价、计日工、总承包服务费等4项内容，作为列项的参考，是否列项取决于业主和实际工程的分包情况。

（2）其他项目清单的明细表，包括暂列金额明细表，材料暂估单价表、专业工程暂估价表，计日工表，总承包服务项目表。这些明细表格是其他项目清单的详细内容，是其他项目费的附表，不是独立的项目费用表。为了准确计价，招标人用这些表格形式详细列出有关的内容和相应数量，投标人在此表内组价。

2. 其他项目清单明细表的编制

（1）暂列金额是招标人在工程量清单中暂定并包含在合同价款中的一笔款项，用于施工合同签订时尚未确定或者不可预见的所需材料、设备、服务的采购，施工中可能发生的工程变更、合同约定调整因素出现时的工程价款调整，以及发生的索赔、现场签证确认等的费用。暂列金额由招标人填写，列出项目名称、计量单位、暂定金额等，投标人将暂列金额计入投标总价。此部分费用由招标人支配，实际发生了才给予支付。编制人在确定暂列金额时，应根据施工图纸的深度、工程环境条件、合同价款约定调整的因素等合理确定其数额。

（2）暂估价是招标人在工程量清单中提供的，用于支付必然发生但暂时不能确定的材料的单价，以及专业工程的金额，包括材料、设备暂估价和专业工程暂估价。材料、设备暂估价应按工程造价管理机构发布的工程造价信息中的材料单价计算，工程造价信息未发布的材料单价，其单价参考市场价格估算。其计入的原则是：凡材料、设备暂估价已经计入工程量清单综合单价中的，不再汇总计入暂估价；若为甲方自行采购且未计入综合单价的材料、设备，可按其供应数量乘以其单价汇总计入暂估价。专业工程暂估价应分不同的专业列项，按专业工程内容、工程量大小和有关计价依据概略计算确定。

（3）计日工是指在施工过程中，完成发包人提出的施工图纸以外的零星项目或工作，按合同中约定的综合单价计价。编制计日工清单表时，要尽可能把项目列全，发包人应根据经验估算一个比较贴近实际的数量。

（4）总承包服务费是总承包人为配合协调发包人进行的工程分包，对自行采购的设备、材料等进行管理、服务，以及施工现场管理、竣工资料汇总整理等服务所需的费用，通常包括以下三个方面的内容：

1）发包人要求对分包的专业工程进行总承包协调与管理，包括对竣工资料进行汇总整理等，总承包人所需的费用，应为总承包管理费。

2）发包人要求对分包的专业工程进行总承包协调与管理的同时，要求提供配合服务，总承包人提供配合服务所需的费用，应为总承包配合费。

3）发包人自行供应的材料、设备，交由总承包人保管的，总承包人所需的保管费用，应为总承包材料、设备保管费。

1.2.6　规费和税金清单

规费是根据国家、省级政府和省级有关主管部门规定必须缴纳的，应计入建筑安装工程造价的费用。《计价规范》中，规费包括社会保障保险（包括养老保险、失业保险、医疗保险、工伤保险、残疾人就业保险、女工生育保险），住房公积金，危险作业意外伤害保险。出现《计价规范》中未列的项目时，应根据国家、省政府和省级有关主管部门的规定列项。

税金是指国家税法规定的，应计入建筑安装工程造价内的营业税、城市维护建设税及教育费附加等。出现《计价规范》中未列的项目时，应根据税务部门的规定列项。

规费和税金项目清单的编制实例见习题［1-60］。

1.2.7　习题精练

一、填空题

【1-6】　项目编码是按五级编码设置，用12位阿拉伯数字表示；010402001001中第二级表示_____，第四级表示_____。

答案：混凝土及钢筋混凝土工程、矩形柱

【1-7】　措施项目是指为完成工程项目施工，发生于该工程施工准备和施工过程中的技术、生活、安全、环境保护等_____方面的项目。

答案：非工程实体

【1-8】　税金是指规定的应计入建筑安装工程造价内的营业税、_____和_____等。

答案：城市建设维护税、教育费附加

【1－9】　_____是在施工过程中，完成发包人提出图纸以外的零星项目或工作，按合同中约定的计价。

答案：计日工、综合单价

【1－10】　《计价规范》中"五个统一"原则是指统一的项目编码、_____、_____、_____及工程量计算规则。

答案：项目名称、项目特征、计量单位

二、选择题

【1－11】　工程数量精度要求为（　　）。

A. 以"t"为单位的，保留小数点后两位，第三位四舍五入

B. 以"m³"为单位的，保留小数点后三位，第四位四舍五入

C. 以"m²"为单位的，保留小数点后两位，第三位四舍五入

D. 以"m"为单位的，保留小数点后三位，第四位四舍五入

答案：C

【1－12】　分部分项工程量清单中项目编码以全国统一的12位阿拉伯数字表示，其项目编码由（　　）级组成。

A. 4　　　　　　　　B. 5　　　　　　　　C. 6　　　　　　　　D. 3

答案：B

【1－13】　工程量清单项目编码中第三级编码代表（　　）。

A. 分项工程名称顺序码　　　　　　　B. 分部工程名称顺序码

C. 专业工程顺序码　　　　　　　　　D. 附录顺序

答案：B

【1－14】　工程量清单中项目编码是采用12位阿拉伯数字表示，其中（　　）为分项工程顺序码。

A. 第1、2位　　　　B. 第5、6位　　　　C. 第7～9位　　　　D. 第10～12位

答案：C

【1－15】　某拟建工程工程量清单项目编码编制正确的是（　　）。

A. 040401004001　　　　　　　　　　B. 040401004

C. －040401004001　　　　　　　　　D. 040401004001－1

答案：A

【1－16】　分部分项工程量清单的项目名称应按《计价规范》中"分部分项工程量清单项目"的项目名称与（　　），并结合拟建工程的实际来确定。

A. 工作内容　　　　　　　　　　　　B. 项目内容

C. 工程内容　　　　　　　　　　　　D. 项目特征

答案：D

【1－17】　工程量清单中，施工排水、降水属于（　　）。

A. 分部分项工程量清单　　　　　　　B. 措施项目清单

C. 其他项目清单　　　　　　　　　　D. 零星工作项目清单

答案：B

【1-18】 暂列金额属于（　　）部分的费用。

A. 招标人　　　　　　　　　　　B. 投标人

C. 设计单位　　　　　　　　　　D. 监理单位

答案：A

【1-19】 住房公积金属于（　　）。

A. 直接工程费　　　　　　　　　B. 措施费

C. 规费　　　　　　　　　　　　D. 企业管理费

答案：C

【1-20】 规费属不可竞争费用，应按规定的费率计算。下列费用中（　　）不属于规费。

A. 工伤保险　　　　　　　　　　B. 劳动保险费

C. 失业保险　　　　　　　　　　D. 医疗保险

答案：B

【1-21】 工程量清单不仅是招标文件的组成部分，也是（　　）的依据。

A. 确定风险　　B. 工程索赔　　C. 调整工程量　　D. 工程计价

E. 支付工程价款

答案：B、C、D、E

【1-22】 下列说法中正确的是（　　）。

A. 项目名称如有缺项，投标人可按相应的原则进行补充，并报当地工程造价管理部门备案

B. 项目编码第五级可由编制人员自行编制，无强制性规定

C. 项目特征是影响价格的因素，是设置具体清单项目的依据

D. 工程内容可供招标人确定清单项目和投标人投标报价

答案：B、C、D

【1-23】 编制"分部分项工程量清单项目"时，应根据项目名称和项目特征，并结合拟建工程的实际确定。项目特征是指项目实体名称、型号、质量、（　　）等。

A. 规格　　　　　B. 材质　　　　　C. 工程内容　　　　D. 连接形式

E. 品种

答案：A、B、D、E

【1-24】 构成一个分部分项工程量清单的五个要素分别是项目名称、工程数量和（　　）。

A. 序号　　　　　B. 项目编号　　　　C. 项目特征　　　　D. 计量单位

答案：B、C、D

【1-25】 关于分部分项工程量清单编制的规定，下列说法中正确的是（　　）。

A. 分部分项工程量清单项目中的项目名称应按《计价规范》中的项目名称与项目特征，并结合拟建工程的实际确定

B. 编制人补充的分部分项清单项目、工程数量均应为实体数量，并具有可计量性

C. 分部分项工程量清单的工程数量应保留小数点后两位数字，第三位四舍五入

D. 《计价规范》中的项目特征和工程内容不得随意增加和减少

答案：A、B、D

【1-26】　下列项目中属于工程量清单中"措施项目"的是（　　）。

A. 临时设施
B. 工程排污费
C. 大型机械安拆及进出场
D. 总承包服务费
E. 锚杆支护或土钉支护

答案：A、C

【1-27】　下列项目中属于措施项目中"通用项目"的是（　　）。

A. 垂直运输机械
B. 二次搬运
C. 深基坑防护
D. 脚手架
E. 已完工程保护

答案：B、E

【1-28】　属于招标人部分的其他项目费是（　　）。

A. 总承包方服务费
B. 分包费
C. 暂列金额
D. 材料购置费

答案：B、C、D

【1-29】　关于工程量清单编制的规定，下列说法中正确的是（　　）。

A. 工程量清单是工程计价的依据，是招标文件的组成部分
B. 工程量清单由分部分项工程量清单、措施项目清单和零星工作项目清单三部分组成
C. 分部分项工程量清单的编制应遵守"五统一"的规定
D. 计日工表应根据拟建工程的具体情况列出项目，工程数量可按暂估数量给出

答案：A、C、D

1.3　工程量清单计价的编制

1.3.1　工程量清单计价基本规定

一、工程量清单计价费用构成与计价程序（以陕西省清单计价取费为例）

工程量清单计价应采用综合单价法，按表1-3所示的内容和程序进行。

表1-3　　工程量清单费用构成与计价程序表

序号	费用内容	计算式
1	分部分项工程费	∑（综合单价×工程量）＋按规定应计列的差价
2	措施项目费	通用措施项目费＋专业措施项目费
2.1	通用措施项目费	a＋b＋c＋d＋e＋f＋g＋h＋i＋j
a	安全文明施工费（含环境保护、文明施工、安全施工、临时设施）	∑[（1＋2－a＋3）×费率]
b	测量放线、定位复测、检验试验费	∑[人工费或（分部分项工程费－按规定应计列的差价）×费率]
c	冬雨季、夜间施工措施费	∑[人工费或（分部分项工程费－按规定应计列的差价）×费率]

续表

序号	费用内容	计算式
d	二次搬运费	$\sum$[人工费或(分部分项工程费－按规定应计列的差价)×费率]
e	大型机械设备进出场及安拆费	$\sum$(综合单价×工程量)或按项计算
f	施工排水	$\sum$(综合单价×工程量)或按项计算
g	施工降水	$\sum$(综合单价×工程量)或按项计算
h	地上、地下设施、建筑物的临时保护设施	按项计算
i	已完工程及设备保护	按项计算
j	各专业工程的措施项目	按项计算
2.2	专业措施项目费	k＋m＋n
k	混凝土、钢筋混凝土模板及支架	$\sum$(综合单价×工程量)＋按规定应计列的差价
m	脚手架	$\sum$(综合单价×工程量)＋按规定应计列的差价
n	垂直运输及超高降效	$\sum$(综合单价×工程量)＋按规定应计列的差价
3	其他项目费	p＋q＋r＋s
p	暂列金额	直接填写
q	暂估价	$\sum$(综合单价×工程量)
r	计日工	$\sum$(综合单价×工程量)
s	总承包服务费	发包人供应材料价值×费率 专业工程造价×费率
4	规　费	t＋u＋v
t	社会保障费	(1＋2＋3)×费率
u	住房公积金	(1＋2＋3)×费率
v	危险作业意外伤害保险	(1＋2＋3)×费率
5	税金 (包括营业税、城市维护建设税及教育费附加)	(1＋2＋3＋4)×适用税率 (纳税地点在市区的企业：3.41%； 纳税地点在县城、镇的企业：3.35%； 纳税地点不在市区、县城、镇的企业：3.22%)
	含税工程造价	1＋2＋3＋4＋5

注 1. 表中计算内容综合了编制招标控制价、投标报价和工程结算三种情况。只有进行结算时存在"按规定应计列的差价"，只有编制招标控制价、投标报价时存在暂列金额和暂估价。下同。

2. "计算式"一栏运算式中数字为序号代号。

二、工程量清单计价格式

工程量清单计价应采用统一格式，并应随招标文件发至投标人。工程量清单计价格式组成内容包括：

（1）工程量清单计价封面。

（2）总说明。

（3）总价表：分为招标控制价、投标总价和竣工结算总价。

（4）工程项目总造价表。

（5）单项工程造价汇总表。

（6）单位工程造价汇总表。

（7）分部分项工程量清单计价表。

（8）措施项目清单计价表。

（9）其他项目清单与计价汇总表，暂列金额明细表，材料暂估单价表、专业工程暂估价表，计日工表，总承包服务费计价表（仅编制招标最高限价和投标报价时有"暂列金额明细表，材料暂估单价表、专业工程暂估价表"）。

（10）规费、税金项目清单计价表。

（11）工程量清单综合单价分析表。

（12）主要材料价格表。

（13）主要材料、设备差价表（仅编制工程结算时有）。

（14）索赔与现场签证计价汇总表（仅编制工程结算时有）。

（15）费用索赔申请（核准）表（仅编制工程结算时有）。

（16）现场签证表（仅编制工程结算时有）。

三、工程量清单计价依据

1. 工程量清单计价的基本依据

（1）消耗量定额。确定一定计量单位的分项工程或结构构件的人工、材料、施工机械台班定额消耗的数量标准，是国家及地区编制和颁发的一种法令性指标。

（2）单位估价表（价目表）。以消耗量定额为基础编制的，反映完成规定计量单位的分部分项工程或结构构件所需人工费、材料费、机械费的社会平均水平，是形成综合单价的依据。

（3）费用定额（计价费率、取费标准）。根据《计价规范》，结合本省实际水平编制的，反映间接费、部分措施项目费、利润的参考费率，是形成综合单价、计取有关费用的基础。

2. 招标最高限价编制的其他依据

省、市工程造价管理机构发布的工程造价信息，若没有发布，则参照市场价。

3. 投标报价编制的其他依据

（1）企业定额。企业内部根据自身的生产力水平，结合企业实际情况编制的符合本企业实际利益的定额，一般高于国家现行定额的水平。

（2）市场价格信息或参考省、市工程造价管理机构发布的工程造价信息。

（3）施工现场情况、工程特点及拟定的投标施工组织设计或施工方案。

1.3.2　工程量清单计价程序

一、熟悉招标文件和施工图设计

招标文件是投标人参与投标活动、进行投标报价的行动指南。招标文件一般包括前附表、投标人须知、合同通用条款、合同专用条款、技术规范、图纸、评标和定标办法、工程量清单，以及必要的附表，如各种担保或保函的格式等。目的有两个：一是让投标人了解需遵守的规定，二是要求投标人提供所需的文件内容及格式。其中，商务标的内容及格式是招标投标工作的焦点。

施工图设计是施工的基本依据，也是施工招标、工程计量和计价的对象。房屋施工图设计文件一般包括设计说明、建筑施工图（简称建施）、结构施工图（简称结施）和设备施工

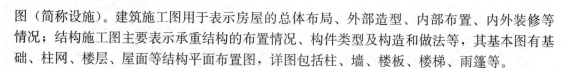

图（简称设施）。建筑施工图用于表示房屋的总体布局、外部造型、内部布置、内外装修等情况；结构施工图主要表示承重结构的布置情况、构件类型及构造和做法等，其基本图有基础、柱网、楼层、屋面等结构平面布置图，详图包括柱、墙、楼板、楼梯、雨篷等。

二、参加招标答疑，进行现场踏勘，收集其他计价依据

其他计价依据还包括施工组织设计或施工方案、施工现场资料、《计价规范》等。施工组织设计或施工方案是招标人评标时考虑的主要因素之一，是编制投标文件的一项主要工作，也是投标人确定工程量、计算措施项目费用的基本依据之一。施工现场资料包括现场的地质、水文、气象以及地上的有关情况，这些资料均会对工程投标报价（如对土方工程、临时设施、二次搬运等）产生影响。同时，这些资料也是将来进行工程索赔的基础资料。

三、审核工程量清单并计算组价有关工程量

工程量清单是招标文件的组成部分，是招标人提供的，供投标人用于报价的各项目名称、特征和相应工程数量的明细清单，也是最终结算和支付的依据。如果投标人认为招标人提供的工程量清单内容有不妥之处，或投标人为确定投标策略及把握索赔机会，可重新计算和复核分部分项工程项目和措施项目工程量。复核的目的在于：①了解图纸和清单在施工中发生变化的可能性。对于不变的报价，要适中；对于可能变化的报价，要有策略。②通过计算和复核工程量，可准确地确定材料、设备等资源数量，防止因超量、少购等造成浪费、积压或停工待料等。

计价时，若编招标控制价，应依据消耗量定额和常规施工方案进行项目工程量计算和组价，在单价中考虑施工中的各种损耗和需要增加的工程量；若编投标报价，则应依据企业定额和施工方案进行项目工程量计算和组价，并在单价中考虑施工中的各种损耗和需要增加的工程量。

四、询价，确定人工、材料和机械台班单价

编制招标控制价时，人工、材料、机械的单价应通过市场调查或参考当地造价管理部门发布的造价信息确定；编制投标报价时，企业根据自身的生产力水平，结合实际情况确定人工、材料、机械单价。

五、进行分部分项工程量清单项目综合单价分析

（一）基本原理

工程量清单计价采用的是综合单价法。因此，要进行工程计价，必须先分析和确定各分部分项工程量清单项目的综合单价。

编制招标控制价时，根据国家和地区或行业制定的消耗量定额和单位估价表及市场调查，或参考当地造价管理部门发布的造价信息确定的单价确定综合单价。

编制投标报价时，企业根据企业定额及市场的价格信息等确定综合单价。但是，目前许多企业还没有建立起自身的定额体系。在没有自身企业定额的情况下，作为过渡，也可利用国家和地区或行业制定的消耗量定额和单位估价表，作为工料分析、计算成本和投标报价的依据。

具体应用时，首先根据分部分项工程量清单中某一项目的特征和工程内容，在定额中找出对应的定额子目名称和编号（注意：一个清单项目对应的定额子目可能不止一个，可能要套用若干个定额子目才能准确表达一个清单项目的整个施工内容，从而组出该清单项目完整的综合单价）；然后，计算定额项目的工程量，套用定额得到"三量"（人工、材料、机械消耗量）；三量分别乘以投标人所选定的"三价"（人工工日单价、材料单价、机械台班单价）就可得到"三费"（人工费、材料费、机械费）；再确定管理费和利润，并适当考虑风险，最后获得分部分项工程量清单某一项目的综合单价。

（二）综合单价的组成

综合单价由人工费、材料费、机械费、一定范围内的风险费用、管理费、利润等六项费用组成。

（三）综合单价的组价方法（以陕西省清单组价为例）

1. 按清单《计价规范》要求组价方法（见表1-4和表1-5）

表1-4　　　　　适用于一般土建、桩基工程、机械土石方、装饰工程的组价方法

清单或定额项目（编码）	工程量	人工费	材料费	机械费	一定范围内的风险费用	管理费	利润	综合单价
清单项目	Q	a_i+a_{i+1}	b_i+b_{i+1}	c_i+c_{i+1}	d_i+d_{i+1}	e_i+e_{i+1}	f_i+f_{i+1}	g_i+g_{i+1}
定额 i	q_i	$q_i \times$定额人工费$/Q=a_i$	$q_i \times$定额材料费$/Q=b_i$	$q_i \times$定额机械费$/Q=c_i$	$(a_i+b_i+c_i)\times$一定范围内的风险费率$=d_i$	$(a_i+b_i+c_i+d_i)\times$管理费率$=e_i$	$(a_i+b_i+c_i+d_i+e_i)\times$利润率$=f_i$	$g_i=a_i+b_i+c_i+d_i+e_i+f_i$
定额 $i+1$	q_{i+1}	a_{i+1}	b_{i+1}	c_{i+1}	d_{i+1}	e_{i+1}	f_{i+1}	g_{i+1}

表1-5　　　　　　　　　适用于人工土石方、安装工程的组价方法

清单或定额项目（编码）	工程量	人工费	材料费	机械费	一定范围内的风险费用	管理费	利润	综合单价
清单项目	Q	a_i+a_{i+1}	b_i+b_{i+1}	c_i+c_{i+1}	d_i+d_{i+1}	e_i+e_{i+1}	f_i+f_{i+1}	g_i+g_{i+1}
定额 i	q_i	$q_i \times$定额人工费$/Q=a_i$	$q_i \times$定额材料费$/Q=b_i$	$q_i \times$定额机械费$/Q=c_i$	$(a_i+b_i+c_i)\times$一定范围内的风险费率$=d_i$	$a_i\times$管理费率$=e_i$	$a_i\times$利润率$=f_i$	$g_i=a_i+b_i+c_i+d_i+e_i+f_i$
定额 $i+1$	q_{i+1}	a_{i+1}	b_{i+1}	c_{i+1}	d_{i+1}	e_{i+1}	f_{i+1}	$\boldsymbol{g_{i+1}}$

（1）按清单计价的简化组价方法一，见表1-6。

表1-6　　　适用于一般土建、桩基工程、机械土石方、装饰工程的简化组价方法一

清单或定额项目（编码）	工程量	直接工程费	一定范围内的风险费用	管理费	利润	综合单价
清单项目	Q	a_i+a_{i+1}	d_i+d_{i+1}	e_i+e_{i+1}	f_i+f_{i+1}	g_i+g_{i+1}
定额 i	q_i	$q_i \times$定额基价$/Q=a_i$	$a_i\times$一定范围内的风险费率$=d_i$	$(a_i+d_i)\times$管理费率$=e_i$	$(a_i+d_i+e_i)\times$利润率$=f_i$	$g_i=a_i+d_i+e_i+f_i$
定额 $i+1$	q_{i+1}	a_{i+1}	d_{i+1}	e_{i+1}	f_{i+1}	$g_{i+1}=a_{i+1}+d_{i+1}+e_{i+1}+f_{i+1}$

（2）按清单计价的简化组价方法二，见表1-7和表1-8。

表 1-7　　　　　适用于一般土建、桩基工程、机械土石方、装饰工程的简化组价方法二

清单或定额项目（编码）	工程量	人工费	材料费	机械费	一定范围内的风险费用	管理费	利润	综合单价
清单项目	Q	$A_i=(a_i\times q_i+a_{i+1}\times q_{i+1})/Q$	$B_i=(b_i\times q_i+b_{i+1}\times q_{i+1})/Q$	$C_i=(c_i\times q_i+c_{i+1}\times q_{i+1})/Q$	$D_i=(d_i\times q_i+d_{i+1}\times q_{i+1})/Q$	$E_i=(e_i\times q_i+e_{i+1}\times q_{i+1})/Q$	$F_i=(f_i\times q_i+f_{i+1}\times q_{i+1})/Q$	$A_i+B_i+C_i+D_i+E_i+F_i=g_i+g_{i+1}$
定额 i	q_i	定额人工费 a_i	定额材料费 b_i	定额机械费 c_i	$(a_i+b_i+c_i)\times$一定范围内的风险费率$=d_i$	$(a_i+b_i+c_i+d_i)\times$管理费率$=e_i$	$(a_i+b_i+c_i+d_i+e_i)\times$利润率$=f_i$	$g_i=(a_i+b_i+c_i+d_i+e_i+f_i)\times q_i/Q$
定额 $i+1$	q_{i+1}	a_{i+1}	b_{i+1}	c_{i+1}	d_{i+1}	e_{i+1}	f_{i+1}	$g_{i+1}=(a_{i+1}+b_{i+1}+c_{i+1}+d_{i+1}+e_{i+1}+f_{i+1})\times q_{i+1}/Q$

表 1-8　　　　　　　　适用于人工土石方、安装工程简化组价方法二

清单或定额项目（编码）	工程量	人工费	材料费	机械费	一定范围内的风险费	管理费	利润	综合单价
清单项目	Q	$A_i=(a_i\times q_i+a_{i+1}\times q_{i+1})/Q$	$B_i=(b_i\times q_i+b_{i+1}\times q_{i+1})/Q$	$C_i=(c_i\times q_i+c_{i+1}\times q_{i+1})/Q$	$D_i=(d_i\times q_i+d_{i+1}\times q_{i+1})/Q$	$E_i=(e_i\times q_i+e_{i+1}\times q_{i+1})/Q$	$F_i=(f_i\times q_i+f_{i+1}\times q_{i+1})/Q$	$A_i+B_i+C_i+D_i+E_i+F_i=g_i+g_{i+1}$
定额 i	q_i	定额人工费 a_i	定额材料费 b_i	定额机械费 c_i	$(a_i+b_i+c_i)\times$一定范围内的风险费率$=d_i$	$a_i\times$管理费率$=e_i$	$a_i\times$利润率$=f_i$	$g_i=(a_i+b_i+c_i+d_i+e_i+f_i)\times q_i/Q$
定额 $i+1$	q_{i+1}	a_{i+1}	b_{i+1}	c_{i+1}	d_{i+1}	e_{i+1}	f_{i+1}	$g_{i+1}=(a_{i+1}+b_{i+1}+c_{i+1}+d_{i+1}+e_{i+1}+f_{i+1})\times q_{i+1}/Q$

2. 定额工程量计算（q_i）

以本书第 7 章中土石方工程为例说明定额工程量的计算，计算见表 1-9。其中，查用的定额为《陕西省建筑、装饰工程消耗量定额（2004）》（以下简称《陕西省定额》，也称陕定额）及《陕西省建筑、装饰工程价目表（2009）》（以下简称《陕西省价目表》）。

表 1-9　　　　　　　　土石方工程定额工程量的计算

序号	清单项目编号	定额编号	名称	单位	定额中相关规定	本例计算过程
1	010101001001	1-19	平整场地	100m²	按建筑物外墙外边线每边各加 2m，以 m² 计算	$S=(S_{底}+L_{外}\times2+16)\div100$ $=(142.37+48.36\times2+16)\div100=2.551$

续表

序号	清单项目编号	定额编号	名称	单位	定额中相关规定	本例计算过程
2	010101003001	1-5	人工挖沟槽，深2m以内	100m³	基础采用人工挖土、运土、回填土，挖土深度考虑到垫层底，挖深0.9m，小于1.5m，不考虑放坡；仅考虑基础施工所需工作面，查定额砖基础每边施工所需工作面宽度应加200mm	[$L_中+L_{内1}$—丁头数×（垫层底宽—墙厚)/2]×垫层底宽×挖土深度÷100＝[47.40＋59.88—26×(1.0—0.24)/2]×1.0×(1.5—0.6)÷100＝0.877
		(1-33)×2	单（双）轮车运土，每增50m	100m³	按实际运输量及运输距离计算	0.877×2＝1.754
		1-20	钻探及回填孔	100m²	以建筑物外墙外边线每边各加3m，以 m² 计算	$S=(S_底+L_外×3+36)÷100$＝(142.37＋48.36×3＋36)÷100＝3.235
3	010103001001	1-26	回填夯实素土	100m³	挖方体积减去设计室外地坪以下砌筑量	V＝(挖基础土方—灰土垫层体积—室外地坪下砖基础及构造柱体积)÷100＝(87.66—43.83—(19.85＋0.18)—0.4×0.4×0.25×28—0.24×0.24×(1.5—0.6—0.45—0.25)×28)÷100＝0.224
4	010103001002	1-26	回填夯实素土	100m³	按主墙之间的面积乘以填土平均厚度计算	V＝($S_净$—楼梯处面积)×(室内外高差—面层及垫层厚度)÷100＝(117.14—2.16×4.2)×[0.6—(0.06＋0.02)]÷100＝0.562
5	010103001003	1-28	3:7灰土垫层	100m³	同清单工程量	V＝挖基础土方/挖土深度×灰土垫层厚度÷100＝87.66/(1.5—0.6)×0.45÷100＝0.438

注 (1-33)×2表示套用两次《陕西省定额》1-33子目。

3. 组价时定额的换算

(1) 与定额材料不同时的换算：

1) 砖基础（3-1换），将定额中的 M10 水泥砂浆换算为 M5 水泥砂浆。

查《陕西省价目表》中 3-1 子目（元/10m³），得到：人工费＝495.18 元，材料费＝1513.46 元，机械费＝27.86 元。

查《陕西省定额》第十六章 16-178 子目，换出 16-178 子目中的 M10 水泥砂浆，换入 16-174 子目中的 M5 水泥砂浆。

换算后

材料费＝原定额材料费＋定额水泥砂浆用量×（换入水泥砂浆价格－换出水泥砂浆价格）

$$=1513.46+2.360×(106.13-126.93)=1464.37（元）$$

$$基价=495.18+1464.37+27.86=1987.41（元）$$

2）混凝土（4-1换），将定额中的C20砾石混凝土换算为C25砾石混凝土。

查《陕西省价目表》中4-1子目（元/m³），基价为268.43元，其中人工费＝76.44元，材料费＝174.26元，机械费＝17.73元。

查《陕西省定额》第十六章16-21子目，换出16-21子目中的C20普通砾石混凝土1～3cm，换入16-37子目中的C25普通砾石混凝土1～3cm。

换算后

材料费＝原定额材料费＋定额混凝土用量×（换入混凝土价格－换出混凝土价格）

$$=174.26+1.015×(171.49-163.39)=182.48（元）$$

$$基价=76.44+182.48+17.73=276.65（元）$$

3）楼地面（4-1换），将定额中的C20砾石混凝土换算为C15砾石混凝土。

查《陕西省价目表》中4-1子目（元/m³），基价为268.43元，其中人工费＝76.44元，材料费＝174.26元，机械费＝17.73元。

查《陕西省定额》第十六章16-21子目，换出16-21子目中的C20普通砾石混凝土1～3cm，换入16-11子目中的C15普通砾石混凝土1～3cm。

换算后

材料费＝原定额材料费＋定额混凝土用量×（换入混凝土价格－换出混凝土价格）

$$=174.26+1.015×(150.10-163.39)=160.77（元）$$

$$基价=76.44+160.77+17.73=254.94（元）$$

说明：本题中水泥砂浆抹灰在建筑说明中只给出了厚度，未说明比例，故可直接套用定额中做法；若实际做法与定额不同，可按上述方法进行换算。

（2）价格的换算（当市场价与价目表中单价不同时）：

1）主要材料价格换算。例如：空心板（4-160），材料中有圆钢筋（综合）10.0kg，按照投标报价编制方法进行组价时，如果钢筋市场价与定额单价不同，需要将价差计入材料费中。

查《陕西省价目表》中4-160子目（元/10m³），基价为700.74元，其中人工费＝292.74元，材料费＝389.67元，机械费＝18.33元。

换算后

材料费＝原定额材料费＋定额中主要材料的用量

×（材料的市场价格－价目表中该种材料的价格）

$$=389.67+10.000÷1000×(3800-3550)=392.17（元）$$

$$基价=292.74+392.17+18.33=703.24（元）$$

2）人工费换算。按照投标报价编制方法进行组价时，若市场人工单价与定额人工单价不同，需将人工费的差价计入人工费中。根据2009年《陕西省建筑、装饰工程价目表》可知

一般土建、桩基工程、机械土石方人工费＝定额中综合工日数×市场人工单价　（1-1）

或

一般土建、桩基工程、机械土石方人工费 ＝（定额人工费 /42）×市场人工单价（1-2）

装饰工程人工费可用式（1-1）计算，或采用以下计算公式

装饰工程人工费 ＝（定额人工费 /50）×市场人工单价　　　　　　　（1-3）

（四）关于暂估单价

如果招标人在工程量清单中提供材料、设备暂估单价，其单价应根据省、市工程造价管理机构发布的工程造价信息或参照市场价格确定，并应反映当期市场价格实际水平。材料、设备的暂估单价应计入分部分项工程量清单项目的综合单价内。提供专业工程暂估价的，按有关计价依据确定。

（五）关于风险

（1）采用工程量清单计价的工程，其工程计价风险实行发包人、承包人合理分担，发包人承担工程量清单计量不准、不全及设计变更引起的工程量变化风险，承包人承担合同约定的风险内容、幅度内自主报价的风险。

（2）发包人、承包人约定工程计价风险应遵循以下四个基本原则：

1）发包人、承包人均不得要求对方承担所有风险、无限风险，也不得变相约定由对方承担所有风险或无限风险。

2）主要建筑材料、设备因市场波动导致的风险，应约定主要材料、设备的种类及其风险内容、幅度。约定内的风险由承包人自主报价、自我承担，约定外的风险由发包人承担。

3）法律、法规及省级或省级以上行政主管部门规定的强制性价格调整导致的风险，由发包人承担。

4）承包人自主控制的管理费、利润等风险由承包人承担。

以上四款原则应由发包人在招标文件中明确。

（3）编制招标控制价时，对材料费等应考虑一定幅度的风险费用，如合同约定材料费的调整幅度为 5％时，计算招标控制价应将材料费的＋5％算入风险费用中。

六、计算分部分项工程费、措施项目费和其他项目费

1. 计算分部分项工程费

依据编制的"分部分项工程量清单综合单价分析表"和"分部分项工程量清单计价表"进行分部分项工程费的计算，其计算原理为

单位工程分部分项工程费＝$\sum i$ 分项工程清单工程量×i 分项工程的综合单价

＋按规定应计列的差价　　　　　　　（1-4）

2. 计算措施项目费

措施项目费＝依据参考费率计算的措施项目费

＋依据消耗量定额计算的措施项目费＋按规定应计列的差价　（1-5）

（1）依据消耗量定额计算的措施项目，按综合单价进行计算，其计算方法同分部分项工程费计算方法，根据特征描述找到定额中与之相对应的项，进行定额工程量的计算，套用其人工费、材料费、机械费，并计算管理费、利润和风险费用，确定综合单价。其计算公式为

依据消耗量定额计算的措施项目费＝$\sum$（综合单价×工程量）　　　（1-6）

（2）依据参考费率计算的措施项目，以"人工费"、"分部分项工程费"或"分部分项工程费＋措施费＋其他项目费"作为计算基础，按一定的费率计算。费率应根据项目及企业的

实际情况并参考本省的相关规定进行确定，其中安全及文明施工费应按国家或省级、行业建设主管部门的规定计价，为不可竞争性费用。其计算公式为

安全及文明施工费＝(分部分项工程费＋措施费＋其他项目费)×费率　　　(1-7)

其他依据参考费率计算的措施项目费

$=\sum$(人工土石方的人工费×费率＋机械土石方的分部分项工程费×费率

＋桩基础工程的分部分项工程费×费率＋一般土建的分部分项工程费×费率

＋装饰装修工程的分部分项工程费×费率)　　　(1-8)

式中措施费为除安全及文明施工费以外的措施项目的费用。

机械土石方的分部分项工程费

$=\sum$[(机械土石方定额项目的人工费＋材料费＋机械费

＋一定范围内的风险费＋管理费＋利润)×相应定额项目的工程量]　　　(1-9)

桩基础工程的分部分项工程费

$=\sum$[(桩基础工程定额项目的人工费＋材料费＋机械费

＋一定范围内的风险费＋管理费＋利润)×相应定额项目的工程量]　　　(1-10)

一般土建的分部分项工程费

$=\sum$[(一般土建定额项目的人工费＋材料费＋机械费＋一定范围内的风险费

＋管理费＋利润)×相应定额项目的工程量]　　　(1-11)

装饰装修工程的分部分项工程费

$=\sum$[(装饰工程定额项目的人工费＋材料费＋机械费＋一定范围内的风险费

＋管理费＋利润)×相应定额项目的工程量]　　　(1-12)

3. 计算其他项目费

依据其他项目清单计算其他项目费，其计算公式为

其他项目费＝招标人部分(暂列金额＋暂估价)＋投标人部分(计日工费用＋总承包服务费)

＝暂列金额＋暂估价＋$\sum$工程量×综合单价＋按规定应计列的差价　　　(1-13)

(1) 暂列金额按工程量清单给定的金额进行计价。

(2) 暂估价应按工程量清单给定的金额进行计价，其中专业工程暂估价分不同的专业计列；材料、设备暂估价凡是已经计入工程量清单综合单价中的，不再汇总计入暂估价。

(3) 计日工包括人工、材料和施工机械，其工程量应根据工程量清单中给定的计日工的数量计列；人工单价、材料单价和机械台班单价按市场价格或参考工程造价信息颁布的价格计算，根据工程实际情况，参考本省费用定额的规定计取管理费、利润及风险费用，最终以综合单价的形式计列，再由工程量及此处形成的综合单价计算合价。

(4) 编制招标控制价时，总承包服务费应根据招标文件明确的总承包服务的范围及深度，参考以下标准计取：①招标人仅要求对分包的专业工程进行总承包管理和协调时，按分包的专业工程估算造价的1.5%～2%计取；②招标人要求对分包的专业工程进行总承包管理和协调，并同时要求提供配合服务时，可根据招标文件中列出的配合服务内容和提出的要求，按分包的专业工程估算造价的3%～5%计取；③招标人自行供应材料、设备，交由承包人保管的，总承包人所需的保管费用可按招标人供应材料、设备价值的1%～1.2%计取。

编制投标报价时，总承包服务费应根据招标文件明确的总承包服务的范围及深度计算。若招标人要求对分包的专业工程进行总承包管理和协调，并同时要求提供配合服务，可根据

招标文件中列出的配合服务内容和提出的要求，按分包的专业工程估算造价的 $2\% \sim 5\%$ 计取；招标人供应材料、设备，总承包人所需的保管费用可按招标人供应材料、设备价值的 $0.8\% \sim 1.2\%$ 计取。其计算公式为

$$总承包服务费＝总承包管理费＋总承包配合费＋总承包材料、设备保管费 \quad (1-14)$$

或

$$总承包服务费＝发包人供应材料价值×费率＋专业工程造价×费率 \quad (1-15)$$

七、计算单位工程造价

$$单位工程造价＝分部分项工程费＋措施项目费＋其他项目费＋规费＋税金 \quad (1-16)$$

（1）规费一般按国家及有关部门规定的基数及费率标准计算。其计算公式为

$$规费＝\sum[分部分项工程费＋措施项目费(含安全文明施工措施费)＋其他项目费]×费率$$
$$(1-17)$$

（2）建筑安装工程税金由营业税、城市维护建设税及教育费附加构成，是国家税法规定的应计入工程造价内的税金，具有法定性和强制性。其计算公式为

$$税金＝不含税工程造价×税率 \quad (1-18)$$

其中

$$不含税工程造价＝分部分项工程费＋措施项目费（含安全文明施工措施费）$$
$$＋其他项目费＋规费 \quad (1-19)$$

税率计算方法按纳税地点的划分如下：

1）纳税地点在市区的企业

$$税率＝\frac{1}{1-3\%-(3\%×7\%)-(3\%×3\%)}-1=3.41\% \quad (1-20)$$

2）纳税地点在县城、镇的企业

$$税率＝\frac{1}{1-3\%-(3\%×5\%)-(3\%×3\%)}-1=3.35\% \quad (1-21)$$

3）纳税地点不在市区、县城、镇的企业

$$税率＝\frac{1}{1-3\%-(3\%×1\%)-(3\%×3\%)}-1=3.22\% \quad (1-22)$$

八、汇总计算总造价

将单位工程造价进行汇总，计算出单项工程造价；将单项工程造价汇总，计算出建设项目总造价。

九、整理工程量清单计价文件

校对工程量清单计价文件，填写总价及封面，最后按工程量清单计价格式和顺序打印、整理、装订并盖章。

1.3.3 编制招标控制价的有关规定

1. 招标控制价的基本规定

（1）依法必须招标的工程建设项目必须实行工程量清单招标，并应编制招标控制价。招标控制价超过批准的概算时，招标人应将其报原概算审批或核准部门审核。投标人的投标报价高于招标控制价的，其投标应予以拒绝。

（2）招标控制价应在招标时公布，并不得上调或下浮。公布的招标控制价，一般应包括总价及分部分项工程费、措施项目费、其他项目费、规费、税金。招标人应将招标控制价及

有关资料报送工程所在地工程造价管理机构备查。

（3）投标人经复核认为招标人公布的招标控制价未按照本规则的规定进行编制的，可向招标人提出未按规定编制的具体内容，并可提出更正要求。若招标人不予受理或受理后办理情况投标人不满意的，投标人应按招投标监督机构规定的时限，在开标前向招投标监督机构和工程造价管理机构投诉。招投标监督机构应会同工程造价管理机构对投诉进行处理，发现确有错误的，应责惩招标人修改。

2. 招标控制价编制的具体要求

（1）分部分项工程量清单计价：分部分项工程费应依据招标文件中的分部分项工程量清单项目的工程量，按社会平均水平确定的综合单价计算。分部分项工程量清单项目的综合单价应符合该项目的特征描述及有关要求，并应包括招标文件中要求投标人承担的风险费用。招标文件提供了暂估单价的材料、设备，按暂估的单价计入综合单价。

（2）措施项目清单计价：措施项目费应根据招标文件中的措施项目清单按相关规定计价。

（3）其他项目清单计价：

1）暂列金额应按招标人在其他项目清单中所给的暂列金额填写。

2）暂估价中应按招标人在其他项目清单中列出的金额计列，不可调整，其中专业工程暂估价分不同的专业，按其他项目清单中列出的金额计列；材料、设备暂估价凡是已经计入工程量清单综合单价中的，不再汇总计入暂估价。

3）计日工包括人工、材料和施工机械，应根据工程量清单中计日工明细表给定的人工、材料和施工机械的数量计列，人工单价、材料单价和机械台班单价应按省级、行业建设主管部门或其授权的工程造价管理机构公布的单价计算，未发布单价的应按市场调查确定的单价计算，并计取一定的管理费和利润，以综合单价的形式计列。

4）总承包服务费应根据招标文件列出的内容和要求估算。

（4）规费和税金计价：规费和税金为不可竞争费，应按国家、省政府和省级有关主管部门的规定计算。

1.3.4 编制投标报价的有关规定

1. 投标报价的基本规定

（1）除《计价规范》强制性规定外，投标价由投标人自主确定，但不得高于招标控制价，不得低于成本。投标价应由投标人或受其委托具有相应资质的工程造价咨询人编制。

（2）投标人应按招标人提供的工程量清单自主报价。填写的项目编码、项目名称、项目特征、计量单位、工程量必须与招标人提供的一致。

（3）投标总价应当与分部分项工程费、措施项目费、其他项目费和规费、税金的合计金额一致。投标综合单价应与综合单价分析表相一致，进入综合单价的材料单价应与"主要材料数量及价格表"中的单价一致。

2. 投标报价编制的具体要求

（1）分部分项工程量清单计价：分部分项工程费应依据招标文件中分部分项工程量清单项目的工程量及自主确定的综合单价计算。分部分项工程量清单项目的综合单价应符合该项目的特征描述及有关要求，并应包括招标文件中要求投标人承担的风险费用。招标文件中提供了暂估单价的材料、设备，按暂估单价计入综合单价。招标文件中要求投标人自主报价的材料、设备单价可按当期市场价格水平适当浮动，但不得过低（高）于市场价格水平。

（2）措施项目清单计价：措施项目费应根据招标文件中的措施项目清单及投标时拟定的施工组织设计或施工方案，按本省计价规范的规定自主确定。其中，安全文明施工措施费为不可竞争费，应按照规定的计价程序和省建设主管部门发布的费率，参照规费计价基数计取。增补或调整的措施项目在报价单中应单列并予以说明。

（3）其他项目清单计价：

1）暂列金额和暂估价应按招标人在其他项目清单中列出的金额填写；

2）暂估价中的专业工程暂估价应分专业计列，对于材料、设备暂估价，凡已经计入工程量清单综合单价中的，不再汇总计入暂估价；

3）计日工按招标人在其他项目清单中列出的项目和数量，自主确定综合单价并计算计日工费用；

4）总承包服务费根据招标文件中列出的内容和提出的要求自主确定。

（4）规费和税金计价：规费和税金为不可竞争费，应按国家、省政府和省级有关主管部门的规定计算。

1.3.5 《陕西省建设工程工程量清单计价费率 (2009)》使用说明

一、适用范围

计价费率适用于房屋建筑、市政基础设施新建和扩建工程。计价费率的项目由企业管理费、利润、以费率计取的措施费、规费和税金五项费用组成。

（一）建筑工程、装饰工程 企业管理费、利润

进行综合单价组价，计取企业管理费、利润时所划分的各专业适用范围如下。

1. 建筑工程

（1）人工土石方工程的取费费率适用于人工施工的土石方工程。凡是套用《陕西省定额》中的第一章人工土方、人工石方子目进行组价时，不论方量大小，均按人工土石方工程取费，但不包括综合在"室内地沟"定额项目中的土方工程。

（2）机械土石方工程的取费费率适用于机械施工的土石方及强夯工程。凡是套用《陕西省定额》中的第一章机械土方、机械石方、强夯工程子目进行组价时，不论方量大小，均按机械土石方工程取费。

（3）桩基工程的取费费率适用于机械施工各种混凝土预制桩、钢板桩，以及各类灌注桩、挤密桩、震冲桩、深层搅拌喷粉（浆）桩等桩基础工程。要强调的是，此项规定桩基工程取费时对打、压、拔各种混凝土预制桩、钢板桩应包含桩本身的价值，目的是为了方便计算，以前一个机械打桩工程预算出现几种取费的办法比较麻烦。

（4）一般土建工程的取费费率，适用于上述（1）～（3）和下述"2. 装饰装修工程"中规定内容以外的、使用《陕西省定额》进行清单项目组价时的取费计算。

2. 装饰装修工程

适用于套用《陕西省定额》第十章全部，第十三章装饰装修脚手架子目，第十四章装饰装修工程垂直运输，第十五章装饰装修工程超高增加人工、机械降效等用于装饰工程进行组价的工程项目。

陕西省建筑、装饰工程企业管理费及利润费率见表1-10、表1-11。

表 1-10   陕西省建筑、装饰工程企业管理费费率

适用项目		计费基础	费率（%）
建筑工程	一般土建工程	分项直接工程费	5.11
	机械土石方	分项直接工程费	1.70
	桩基础	分项直接工程费	1.72
	人工土石方	人工费	3.58
装饰工程		分项直接工程费	3.83

表 1-11   陕西省建筑、装饰工程利润费率

适用项目		计费基础	费率（%）
建筑工程	一般土建工程	分项直接工程费＋企业管理费	3.11
	机械土石方	分项直接工程费＋企业管理费	1.48
	桩基础	分项直接工程费＋企业管理费	1.07
	人工土石方	人工费	2.88
装饰工程		分项直接工程费＋管理费	3.37

（二）措施费

以费率计取的措施项目费包括：①安全文明施工措施费；②冬雨季、夜间施工措施费；③二次搬运费；④测量放线、定位复测、检测试验费四项。其中，安全文明施工措施费包括安全施工费、文明施工费、环境保护费（含工程排污费）和临时设施费。安全文明施工措施费为不可竞争费用，它虽然不是规费，但其计取方法与规费一样。

陕西省建筑、装饰工程以费率计取的措施项目费费率见表 1-12、表 1-13。

表 1-12   陕西省建筑、装饰工程措施费费率   %

适用项目		计费基础	冬雨季、夜间施工措施费	二次搬运费	测量放线、定位复测、检验试验费
建筑工程	一般土建工程	分部分项工程费减按规定应计列的差价	0.76	0.34	0.42
	机械土石方	分部分项工程费减按规定应计列的差价	0.10	0.06	0.04
	桩基础工程	分部分项工程费减按规定应计列的差价	0.28	0.28	0.06
	人工土石方	人工费	0.86	0.76	0.36
装饰工程		分部分项工程费减按规定应计列的差价	0.30	0.08	0.15

表 1-13   陕西省建筑、安装、装饰工程安全文明施工措施费费率   %

计费基础	安全文明施工费	环境保护费（含排污）	临时设施费	合计
分部分项工程费＋措施费＋其他项目费	2.60	0.4	0.80	3.8

（三）规费

规费是根据国家、省级政府和省级有关主管部门规定必须缴纳的，应计入建筑安装工程造价的费用。主要有两层含义：一是规费项目与标准（费率）是依据有关法律法规规定设置和确定的，必须列入建安工程造价的费用；二是该费用属于不可竞争费用。

规费包括包括社会保障保险（包括养老保险、失业保险、医疗保险、工伤保险、残疾人就业保险、女工生育保险）、住房公积金、危险作业意外伤害保险。其中，陕西省养老保险仍实行行业统筹，即建筑业企业向社会保障保险主管部门缴纳的养老保险费用由行业统筹机构返还调剂。陕西省规费费率见表1-14。

表1-14 陕西省规费费率（不分专业） %

计费基础	养老保险（劳保统筹基金）	失业保险	医疗保险	工伤保险	残疾就业保险	生育保险	住房公积金	意外伤害保险	合计
分部分项工程费+措施项目费+其他项目费	3.55	0.15	0.45	0.07	0.04	0.04	0.30	0.07	4.67

（四）税金

税金是指国家税法规定的应计入建筑安装工程造价内的营业税、城市维护建设税及教育费附加等。陕西省税金取费见表1-15。

表1-15 陕西省税金取费（不分专业）

计费基础	适用范围	税率（%）
分部分项工程费+措施项目费+其他项目费+规费	纳税地点在市区	3.41
	纳税地点在县城、镇	3.35
	纳税地点在市区、县城、镇以外	3.22

二、《陕西省计价费率》的基期综合人工单价

建筑工程、安装工程、市政工程、园林绿化工程的基期综合人工单价为42元/工日，装饰工程为50元/工日。

综合人工单价仍为政策性规定价格。编制招标控制价时应执行统一的综合人工单价，投标报价自主确定工日单价，可以参考统一的综合工日单价。

三、《陕西省计价费率》的使用规定

（1）《陕西省计价费率》中的规费、安全文明施工措施费和税金为不可竞争费率，编制招标控制价、投标报价、约定合同价以及竣工结算时均必须按照规定计取，不得缺项，也不得对费率实行浮动。

（2）编制招标控制价时，应以《陕西省计价费率》中全部费率为依据，以体现招标控制价为社会平均价的编制原则。

（3）编制投标报价时，除规费、安全文明施工措施费和税金三项不可竞争费率外，其余费率由投标人自主确定，也可参考《陕西省计价费率》中的相关费率。

（4）约定合同价时，招标工程应以中标价中的计价费率为依据，不得改变其计价费率。

（5）采用工程量清单计价方式直接发包的工程，合同价中的规费、安全文明施工措施费和税金三项不可竞争费应按规定费率计取，其他费率可由发承包双方协商确定，也可参照以上计价费率表计取。

（6）竣工结算依据合同约定的计价费率计取。竣工结算时若发生《计价规范》规定的价款调整事项，合同约定的相关费率中，既无适用的费率，又无类似费率时，可由双方参考以上费率相关规定协商确定。"合同约定"应包括该工程从发承包到竣工整个施工阶段的合同（协议）、补充合同（协议），以及按约定由现场规定人员签认的所有有效技术经济文件的内容。

（7）养老保险（劳保统筹基金）实行行业统筹。该费用虽然由项目业主缴纳，但为体现建筑安装工程造价的完整性，编制招标控制价和投标报价时按规定计价。工程价款支付、结算均不包括养老保险（劳保统筹基金）。

（8）税金不分专业，以分部分项工程费、措施项目费、其他项目费、规费之和为基础计价。

1.3.6 习题精练

一、填空题

【1-30】 安全文明施工费应按照省建设主管部门发布的_____进行计价，不得作为_____。

答案：费率、竞争性费用

【1-31】 综合单价包含了完成一个规定计量单位分项工程所需的人工费、材料费和机械费、_____、_____，并应考虑风险因素。

答案：管理费、利润

【1-32】 招标最高限价是招标人根据国家或省级、行业建设主管部门颁发的有关计价依据和办法，按设计施工图纸计算的，对招标工程限定的_____。

答案：最高工程造价

【1-33】 单位估价表是以消耗量定额为基础编制的，反映了当时完成规定计量单位的分部分项工程或结构构件所需人工费、材料费、机械费的_____。在工程量清单计价时，是形成_____的依据。

答案：社会平均水平、综合单价

【1-34】 投标报价时，人工、材料、机械的单价应通过_____或参考当地造价管理部门发布的_____确定。

答案：市场调查、造价信息

【1-35】 _____应在招标时公布，并不得上调或下浮。

答案：招标最高限价

【1-36】 采用工程量清单方式招标时，工程量清单必须作为招标文件的组成部分，其准确性和完整性由_____负责。

答案：招标人

二、选择题

【1-37】 西安市周至县某单位拟建一栋办公楼，税前造价为180万元，承包人为西安市某建筑公司，则该纳税人应缴纳的税金为（ ）元。

A. 61 380　　　　B. 60 300　　　　C. 57 960　　　　D. 54 000

答案：B

【1-38】　西安市某单位拟建一职工住宅楼，其税前造价为 150 万元。承包人为陕西省西安市某建筑公司，则该纳税人应缴纳的税金为（　　）元。

　　A. 51 150　　　　　B. 50 250　　　　　C. 48 300　　　　　D. 45 000

　　答案：A

【1-39】　已知某楼，其工程直接费为 200 万元，企业管理费为 35 万元，利润为 20 万元，措施费用为 45 万元，规费为 50 万元；该工程适用的营业税率为 3%，城市维护建设税率为 7%，教育费附加费率为 3%，则该工程应缴纳的税金为（　　）万元。

　　A. 10.230　　　　　B. 45.500　　　　　C. 11.250　　　　　D. 11.935

　　答案：D

【1-40】　关于工程量清单的工程量与工程量清单综合单价组价时的工程量，下列说法中不正确的是（　　）。

　　A. 完全相同　　　B. 可能相同　　　C. 不完全相同　　　D. 不一定相同

　　答案：A

【1-41】　工程量清单计价以综合单价计价，投标报价时，人工费、材料费、机械费均为（　　）。

　　A. 参考价格　　　B. 预算价格　　　C. 市场价格　　　D. 考虑风险后价格

　　答案：C

【1-42】　建筑安装工程费用中社会保障费不包括（　　）。

　　A. 养老保险费　　　B. 失业保险金　　　C. 住房公积金　　　D. 医疗保险费

　　答案：C

【1-43】　规费是根据省级政府或有关权力部门规定必须缴纳的，应计入建筑安装工程造价的费用，应由（　　）缴纳。

　　A. 政府机关　　　B. 建设单位　　　C. 施工单位　　　D. 税收部门

　　答案：C

【1-44】　在编制招标控制价时，综合单价按《陕西省计价费率》的规定和程序组价，其中桩基工程利润的计算基础是（　　）。

　　A. 直接费　　　　　　　　　　B. 直接工程费

　　C. 分部分项工程费用　　　　　D. 直接工程费＋管理费

　　答案：D

【1-45】　实行工程量清单计价，对于编制招标控制价的装饰工程而言，利润以（　　）作为取费基础。

　　A. 人工费　　　　　　　　　　B. 人工费＋机械费

　　C. 直接工程费　　　　　　　　D. 直接工程费＋管理费

　　答案：D

【1-46】　《陕西省计价费率》中规定了部分措施项目计算的参考费率和计算基础，其中建筑工程部分措施费的计算基础是（　　）。

　　A. 直接费　　　　　　　　　　B. 直接工程费

　　C. 直接工程费＋管理费　　　　D. 分部分项工程费用

　　答案：D

【1－47】 工程量清单计价就其计价的内容而言，包括（　　）。

A. 分部分项工程费用　　　　　　　　B. 措施项目费用和其他项目费用

C. 风险费用　　　　　　　　　　　　D. 零星项目费用

E. 规费和税金

答案：A、B、E

【1－48】 关于工程量清单计价的标准格式，以下说法中不正确的是（　　）。

A. 工程量清单及其计价必须采用统一格式

B. 工程招投标阶段，工程量清单计价格式应按照招标文件中规定的格式进行

C. 工程量清单的编制者必须是造价员或造价工程师

D. 工程量清单格式中的"填表须知"是不允许变动的

答案：D

【1－49】 综合单价包含了完成一个规定计量单位分项工程所需的人工费、材料费、机械费和（　　）。

A. 管理费　　　　　　B. 利润　　　　　　C. 风险因素　　　　　　D. 税金

答案：A、B、C

【1－50】 下列属于企业管理费的是（　　）。

A. 施工排水和降水费　　　　　　　　B. 财产保险费

C. 社会保障费　　　　　　　　　　　D. 劳动保险费

答案：B、D

【1－51】 工程量清单计价应包括按招标文件规定完成工程量清单所需的全部费用，通常包括（　　）。

A. 实体项目费用　　　　　　　　　　B. 非实体项目费用

C. 管理费　　　　　　　　　　　　　D. 夜间施工费用

答案：A、B

【1－52】 用工程量清单计价方法编制招标控制价的依据有（　　）。

A. 工程量清单　　　　　　　　　　　B. 参考费率

C. 招标文件　　　　　　　　　　　　D. 企业定额

E. 《计价规范》

答案：A、B、C、E

【1－53】 招标控制价编制的主要作用是（　　）。

A. 确定合同价格　　　　　　　　　　B. 评审投标人报价是否合理

C. 指导投标人报价　　　　　　　　　D. 控制概算

答案：A、B、C、D

【1－54】 对工程量清单计价的规定，以下说法中不正确的是（　　）。

A. 编制招标控制价和投标报价时，其计价的依据相同

B. 投标报价综合单价中的材料费不包括材料价差（指实际单价与价目表之差），其材料价差列入风险中

C. 投标报价时，投标人对业主提供的措施项目清单可根据情况选择性报价

D. 安全及文明施工、劳保统筹基金必须计价且不得优惠和变更

答案：A、B

【1-55】　关于工程量清单计价的规定，以下说法中正确的是（　　　　）。

A. 编制投标报价和招标控制价时，其计价的依据不同

B. 工程量清单计价以综合单价计价。综合单价不仅适用于分部分项工程量清单，也适用于措施项目清单和其他项目清单

C. 投标报价时，投标人对业主提供的措施项目清单可根据情况选择性报价（安全及文明施工除外）

D. 投标报价不得低于社会平均成本

答案：A、B、C

【1-56】　工程量清单计价中，编制投标报价时，必须考虑的因素有（　　　　）。

A. 工程项目的目标工期　　　　　　　B. 工程项目的质量标准

C. 建设单位的经济实力　　　　　　　D. 建筑材料的市场价格

答案：A、B、C、D

【1-57】　投标人应按招标人提供的工程量清单自主报价。填写的项目编码、（　　　　）必须与招标人提供的一致。

A. 项目名称　　　　　B. 项目特征　　　　　C. 计量单位　　　　　D. 工程量

答案：A、B、C、D

【1-58】　某工程分部分项工程费100万元、措施项目费10万元、其他项目费2万元、规费5万元、施工现场管理费10万元、利润8万元、税金6万元，该工程含税造价为（　　　　）万元。

A. 141　　　　　　　　B. 135　　　　　　　　C. 131　　　　　　　　D. 123

答案：D

分析：含税工程造价＝分部分项工程费＋措施项目费＋其他项目费＋规费＋税金

　　　　　　　　＝100＋10＋2＋5＋6＝123（万元）

【1-59】　建筑产品的个体差异性决定了每项工程都必须单独计算造价，其反映的是工程造价计价特征的（　　　　）。

A. 单件性　　　　　B. 多次性　　　　　C. 组合性　　　　　D. 计价依据的复杂性

答案：A

三、计算题

【1-60】　某市注册的甲公司到某县城承包了一个工程，其不含税工程造价为3000万元。计算该公司应缴纳的营业税。

解　税金＝3000×3.35%＝100.50（万元）

　　　　含税工程造价＝3000＋100.50＝3100.50（万元）

则

　　　　　　　　营业税＝3%×3100.50＝93.02（万元）

第 2 章

建筑面积的计算及运用

📐 学习要点

　　建筑面积是计算清单工程量和定额工程量的基础数据。通过本章的学习，要求理解建筑面积的定义，熟悉建筑面积计算规则，掌握不同结构形式建筑物建筑面积的计算，可以熟练、准确地计算建筑物、构筑物的建筑面积。

2.1　建　筑　面　积　概　述

2.1.1　建筑面积的概念及其作用

1. 建筑面积的基本概念

建筑面积也称建筑展开面积，是指建筑物各层水平面积的总和。

建筑面积＝有效面积＋结构面积＝使用面积＋辅助面积＋结构面积

　　其中，使用面积是指建筑物各层平面布置中可直接为人们生活、工作和生产使用的净面积的总和。辅助面积是指建筑物各层平面布置中为辅助生产、生活和工作所占的净面积（如建筑物内的设备管道层、储藏室、水箱间、垃圾道、通风道、室内烟囱等）及交通面积。结构面积是指建筑物各层平面布置中的内外墙、柱体等结构所占面积的总和（不含抹灰厚度所占面积）。

　　2. 建筑面积的作用

　　(1) 是控制设计、评价设计方案的重要依据。

　　(2) 是编制和考核固定资产投资计划，评价国民经济建设和发展状况的一项重要的经济指标。

　　(3) 是编制工程计价文件和建筑房屋计算工程量的基础。

　　(4) 是计算单位建筑面积工程造价、用工、用料等技术经济指标的基础。

　　(5) 对于建筑施工企业实行内部经济承包责任制、投标报价、编制施工组织设计、配备施工力量、成本核算及物资供应等各方面，都具有重要意义。

2.1.2　习题精练

一、填空题

【2-1】　基于建筑面积的可以作为评价设计方案和经济效益的技术经济指标有

————、————、————。

答案：单方造价、单方用工量、单方用料量

【2-2】 单方造价就是单位（项）工程每平方米建筑面积的造价，即————除以————。

答案：工程总造价、总建筑面积

二、选择题

【2-3】 建筑面积由（ ）组成。

A. 有用面积　　　　B. 结构面积　　　　C. 使用面积　　　　D. 辅助面积

答案：B、C、D

【2-4】 下列属于交通面积的有（ ）。

A. 楼梯间　　　　B. 通道　　　　C. 电梯井　　　　D. 通风道

答案：A、B、C

【2-5】 建筑面积在（ ）方面具有重要的经济意义。

A. 合理进行平面布局　　　　　　　　B. 评价设计水平

C. 加强企业管理　　　　　　　　　　D. 降低工程造价

E. 充分利用建筑空间

答案：A、B、C、D、E

2.2 建筑面积的计算

2.2.1 建筑面积计算规则及总结

1. 建筑面积计算规则

（1）单层建筑物的建筑面积（S）应按其外墙勒脚以上结构外围水平面积计算。单层建筑物高度（H）在 2.2m 及以上者，计算全面积；高度不足 2.2m 者，计算 1/2 面积。利用坡屋顶内空间时净高超过 2.1m 的部位，计算全面积；净高在 1.2～2.1m 的部位，计算 1/2 面积；净高不足 2.1m 的部分，不应计算面积，如图 2-1 所示。计算式如下

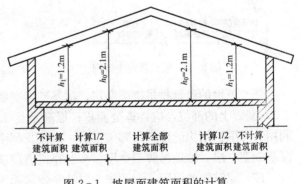

图 2-1 坡屋面建筑面积的计算

1) $H \geqslant 2.2m$ 时，$S = L \times B$，其中 L 为建筑物长度，B 为建筑物宽度。

2) $1.2m \leqslant H < 2.2m$ 时，$S = L \times B/2$。

3) $H < 1.2m$ 时，$S = 0$（即不计算建筑面积）。

（2）单层建筑物内设有局部楼层时，局部楼层的二层及以上楼层，有围护结构的应按其围护结构外围水平面积计算，无围护结构的应按其结构底板水平面积计算。层高在 2.2m 及以上者，计算全面积；层高不足 2.2m 者，应计算 1/2 面积。

1) 当图 2-2 中 $H_2 \geqslant 2.2m$ 时，$S = 底层建筑面积 + 局部楼层外围水平面积 = S_底 + ab$。

2) 当图 2-2 中 $H_2 < 2.2m$ 时，$S = 底层建筑面积 + 1/2 局部楼层外围水平面积 =$

$S_底+ab/2$。

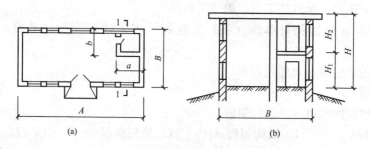

图2-2 有局部楼层的单层建筑物
(a) 平面图；(b) 立面图

（3）多层建筑物首层应按其外墙勒脚以上结构的外围水平面积计算；二层及以上楼层应按其外墙结构外围水平面积计算。层高在2.2m及以上者，计算全面积；层高不足2.2m者，计算1/2面积。

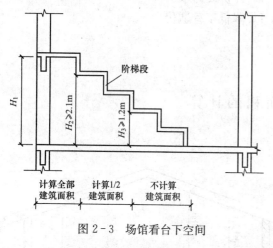

图2-3 场馆看台下空间

（4）多层建筑坡屋顶内和场馆看台下，设计加以利用时净高超过2.1m的部位应计算全面积，净高在1.2～2.1m的部位计算1/2面积；当设计不利用或室内净高不足1.2m时，不应计算面积，如图2-3所示。

（5）地下室、半地下室（车间、商店、车站、车库、仓库等），包括相应的有永久性顶盖的出入口，应按其外墙上口（不包括采光井、外墙防潮层及其保护墙）外边线所围水平面积计算。层高在2.2m及以上者，计算全面积；层高不足2.2m者，计算1/2面积。

（6）坡地的建筑物吊脚架空层、深基础架空层，设计加以利用并有围护结构的，层高在2.2m及以上的部位，应计算全面积；层高不足2.2m的部位，应计算1/2面积。设计加以利用、无围护结构的建筑吊脚架空层，应按其利用部位水平面积的1/2计算；设计不利用的深基础架空层、坡地吊脚架空层、多层建筑坡屋顶内、场馆看台下的空间，不应计算面积。

（7）建筑物的门厅、大厅按一层计算建筑面积。门厅、大厅内设有回廊时，应按其结构底板水平面积计算。层高在2.2m及以上者，应计算全面积；层高不足2.2m者，应计算1/2面积。

（8）建筑物间有围护结构的架空走廊，应按其围护结构外围水平面积计算。层高在2.2m及以上者，应计算全面积；层高不足2.2m者，应计算1/2面积。有永久性顶盖无围护结构的，应按其结构底板水平面积的1/2计算。

（9）立体书库、立体仓库、立体车库，无结构层的应按一层计算，有结构层的应按其结构层面积分别计算。层高在2.2m及以上者，应计算全面积；层高不足2.2m者，应计算1/2面积。

（10）有围护结构的舞台灯光控制室，应按其围护结构外围水平面积计算。层高在2.2m及以上者，应计算全面积；层高不足2.2m者，应计算1/2面积。

（11）建筑物外有围护结构的落地橱窗、门斗、挑廊、走廊、檐廊，应按其围护结构外围水平面积计算。层高在2.2m及以上者，应计算全面积；层高不足2.2m者，应计算1/2面积。有永久性顶盖无围护结构的，应按其结构底板水平面积的1/2计算。

（12）有永久性顶盖无围护结构的场馆看台，应按其顶盖水平投影面积的1/2计算。

（13）建筑物顶部有围护结构的楼梯间、水箱间、电梯机房等，层高在2.2m及以上者，计算全面积；层高不足2.2m者，计算1/2面积。

（14）设有围护结构不垂直于水平面而超出底板外沿的建筑物，应按其底板面的外围水平面积计算。层高在2.2m及以上者，应计算全面积；层高不足2.2m者，应计算1/2面积，如图2-4所示：

1）$H \geq 2.2m$时，$S = L \times B$。

2）$H < 2.2m$时，$S = L \times B/2$。

（15）建筑物内的室内楼梯间、电梯井、观光电梯井、提物井、管道井、通风排气竖井、垃圾道、附墙烟囱，按建筑物的自然层计算。

（16）雨篷结构的外边线至外墙结构外边线的宽度超过2.1m者，应按雨篷结构板的水平投影面积的1/2计算。

（17）有永久性顶盖的室外楼梯，应按建筑物自然层的水平投影面积的1/2计算，如图2-5所示。

$$S = 4 \times a \times b \times 1/2$$

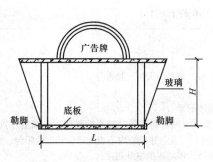

图2-4　围护结构不垂直于水平
面的建筑物剖立面

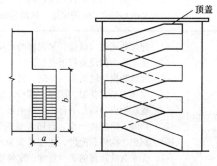

图2-5　室外楼梯

（18）建筑物的阳台均应按其水平投影面积的1/2计算。

（19）有永久性顶盖，无围护结构的车棚、货棚、站台、加油站、收费站等，应按其顶盖水平投影面积的1/2计算。

（20）高低联跨的建筑物，应以高跨结构外边线为界分别计算建筑面积；其高低跨内部连通时，变形缝应计算在低跨面积内。

（21）以幕墙作为围护结构的建筑物，应按幕墙外边线计算建筑面积。

（22）建筑物外墙外侧有保温隔热层的，应按保温隔热层外边线计算建筑面积。

（23）建筑物内的变形缝，应按其自然层合并在建筑物面积内计算。

2. 建筑面积计算规则总结

建筑面积是计算建筑工程工程量及相关技术经济指标的基础数据，因此正确计算建筑面积有着非常重要的意义。建筑面积计算规则总结如表 2-1 所示。

表 2-1　　　　　　　　　　　建筑面积计算规则总结

类别	建筑内容特征与计算规则	计算方法
有围护结构	(1) 平屋顶：以 2.2m 划分，$H \geqslant 2.2m$ 时计算全面积，$H < 2.2m$ 时按 1/2 计算。 　1) 建筑物间的架空走廊； 　2) 单层建筑物设有局部楼层者，局部楼层的二层及以上楼层； 　3) 建筑吊脚架空层； 　4) 建筑物外落地橱窗、门斗、挑廊、走廊、檐廊。 (2) 坡屋顶：多层屋顶和场馆看台下，1.2~2.1m 计算 1/2，1.2m 以下不计算，超过 2.1m 全部计算	按围护结构外围面积计算
无围护结构	以 2.2m 划分，$H \geqslant 2.2m$ 时计算全面积，$H < 2.2m$ 时按 1/2 计算： (1) 单层建筑物设有局部楼层者，局部楼层的二层及以上楼层； (2) 门厅大厅内的回廊	按底板水平面积计算
	(1) 有永久性顶盖的建筑物间的架空走廊；建筑物外落地橱窗、门斗、挑廊、走廊、檐廊；室外楼梯；车棚、货棚、站台、加油站、收费站； (2) 加以利用的场馆看台、建筑吊脚架空层	按结构底板或顶部投影水平面积的 1/2 计算
特殊情况	(1) 高低联跨的建筑物，应以高跨结构外边线为界分别计算建筑面积； (2) 以幕墙作为围护结构的建筑物，应按幕墙外边线计算建筑面积； (3) 建筑物内的变形缝，应按其自然层合并在建筑物面积内计算； (4) 所有阳台不论是否封闭，均按其水平投影面积的 1/2 计算； (5) 宽度超过 2.1m 的雨篷，按结构板的水平投影面积的 1/2 计算	
不计算面积的情况	(1) 建筑物通道（骑楼、过街楼的底层）； (2) 建筑物内的设备管道夹层； (3) 建筑物内分隔的单层房间，舞台及后台悬挂幕布、布景的天桥、挑台等； (4) 屋顶水箱、花架、凉棚、露台、露天游泳池； (5) 建筑物内的操作平台、上料平台、安装箱和罐体的平台； (6) 勒脚、附墙柱、垛、台阶、墙面抹灰、装饰面、镶贴块料面层、装饰性幕墙、空调室外机搁板（箱）、飘窗、构件、配件、宽度在 2.1m 及以内的雨篷，以及与建筑物内不相连通的装饰性阳台、挑廊； (7) 无永久性顶盖的架空走廊、室外楼梯和用于检修、消防等的室外钢楼梯、爬梯； (8) 自动扶梯、自动人行道等设备； (9) 独立烟囱、烟道、地沟、油（水）罐、气柜、水塔、贮油（水）池、贮仓、栈桥、地下人防通道、地铁隧道等构筑物	
不利用者均不计算 不管是否利用，不管有无围护结构，无顶盖均不计算		

3. 建筑面积计算口诀

为方便记忆，现将建筑面积计算规则总结为如下口诀：

建筑面积要算准，计算规则记心中。

顶盖围护量不同，没有围护按底板。

平顶坡顶明区分，利用与否各不同。

屋顶有盖有围护，利用面积全计算；屋顶有盖无围护，利用面积对半算。

平顶坡顶单层房，面积计算看高度。

平顶房屋要算全，2米2高是底线，不到底线对半算。

坡顶房屋及看台，利用面积分高算，1米2下不计算，2米1上全计算，中间面积对半算。

门厅大厅设回廊，围护结构倾斜房，高度底线照平房，面积均按底板算。

坡地建筑架空层，利用面积有围护，计算面积看高度，若无围护折半算。

橱窗门斗和四廊，若有围护同平房，倘若有顶无围护，结构底板对半算。

内外楼梯要区分，室内楼梯全计算，室外楼梯算一半，顶层无盖不计算。

车棚货棚三站台，仅有顶盖无围护，水平投影面折半。

楼顶两间一机房，地下车间及仓库，计算参考平顶房。

雨篷伸出2米1，底板面积折半算。阳台计算很特殊，无论如何对半算。

2.2.2 习题精练

一、选择题

【2－6】 下列项目应计算建筑面积的是（　　　　）。

A. 地下室的采光井　　　　　　　　B. 室外台阶

C. 建筑物内的回廊　　　　　　　　D. 穿过建筑物的通道

答案：C

分析：建筑面积计算规则规定：室外台阶、穿过建筑物的通道不计算建筑面积，地下室要计算建筑面积但不包括采光井，所以本题计算建筑面积的只有C项。

【2－7】 一幢六层住宅，勒脚以上结构的外围水平面积每层为448.38m²，1～6层无围护结构的挑阳台的水平投影面积之和为108m²，则该工程的建筑面积为（　　　　）m²。

A. 556.38　　　　B. 2480.38　　　　C. 2744.28　　　　D. 2798.28

答案：C

分析：阳台建筑面积为其水平投影面积的一半。因此，该工程的建筑面积应为：448.38×6+1/2×108=2744.28（m²）。

【2－8】 一般住宅层高为3m，某单层住宅，其层高为9m，则其建筑面积应按（　　　　）层计算。

A. 1　　　　B. 1.5　　　　C. 3　　　　D. 视不同情况而定

答案：A

【2－9】 下列项目不计算建筑面积的是（　　　　）。

A. 无围护结构的挑阳台　　　　　　B. 建筑物内的变形缝

C. 无顶盖的室外楼梯　　　　　　　D. 突出外墙有围护结构的橱窗

E. 1.2m宽的悬挑雨篷

答案：C、E

分析：按规则，A项按1/2计算，B、D项按全部面积计算，C、E项不计。

【2－10】 下列项目按水平投影面积1/2计算建筑面积的有（　　　　）。

A. 有围护结构的阳台　　　　　　　B. 有永久性顶盖的室外楼梯

C. 有顶盖无围护结构的车棚　　　　D. 层高2m的地下室

E. 屋顶上的水箱

答案：A、B、C、D

分析：E项属不计算建筑面积的内容，其余各项按 1/2 面积计算。

【2-11】 某四层框架结构教学楼，层高均为 3m，外墙外边线尺寸为 30m×15m，沿外墙正立面长边外挑有柱（无墙）走廊，挑出宽度 2.1m；雨篷（共 2 个）长 3.84m，挑出宽度 2.0m；出屋面楼梯间面积为 20m² （层高为 3m）。下面说法中正确的是（   ）。

A. 建筑面积是 2087.36m²　　　　　B. 建筑面积是 2072m²

C. 建筑面积是 1946m²　　　　　D. 雨篷部分不计算建筑面积

答案：C、D

分析：该框架结构的层高均超过 2.2m，各层计算全面积；由于沿外墙的走廊无围护结构，只计算 1/2 面积；雨篷挑出宽度 2.0m＜2.1m，不计算面积。因此，其建筑面积为：30×15×4＋1/2×30×2.1×4＋20＝1946 （m²）。

【2-12】 某住宅楼共 6 层，层高均为 3.2m；每层外墙围成面积 800m²，雨篷共 2 个，外挑宽度 2.2m；每个雨篷的水平投影面积为 5m²，阳台水平投影面积共 200m²；屋面水箱间层高 2.15m，外墙围成面积 10m²，则该住宅楼的建筑面积为（   ）m²。

A. 5015　　　　　B. 4910　　　　　C. 4905　　　　　D. 4900

答案：B

分析：该住宅楼的层高均超过 2.2m，各层计算全面积；阳台无论其形式均只计算 1/2 面积；雨篷挑出宽度为 2.2m，计算 1/2 面积；屋面水箱间 2.15m＜2.2m 时，计算 1/2 建筑面积。因此，其建筑面积为：800×6＋5×1/2×2＋200×1/2＋10×1/2＝4910 （m²）。

二、计算题

【2-13】 图 2-6 所示为局部带二层的单层建筑物，总高 $H=6.5m$，二层层高 $H_2=3.0m$，计算其建筑面积。

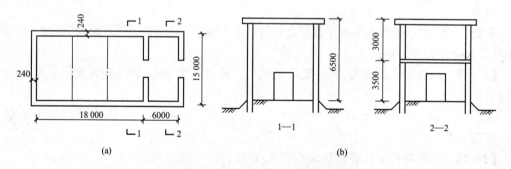

(a)　　　　　　　　　(b)

图 2-6 有局部楼层的单层建筑物示意图

(a) 平面图；(b) 剖面图

解 $S=(18.0+6.0+0.24)×(15.0+0.24)+(6.0+0.24)×(15.0+0.24)=464.52$ （m²）

分析：由于 $H=6.5m≥2.2m$，$H_2=3.0m≥2.2m$，因此应计算全面积。

【2-14】 如图 2-7 所示，某单层建筑物内设有部分楼层，试求其建筑面积。

解 建筑面积 $S=$ 一层建筑面积＋二层建筑面积＋三层建筑面积

$=(6.9+6.0+0.24)×(3.9+2.4+0.24)+(6.0+0.24)×(3.9$

$+0.24)×1/2+(6.0+0.24)×(3.9+0.24)$

$=124.69$ （m²）

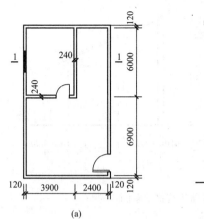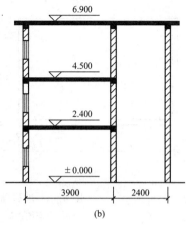

图 2-7 单层建筑物带局部楼层示意图

(a) 平面图；(b) 1-1 剖面图

分析：第二层层高 2.1m<2.2m，按投影面积的 1/2 计算；其余楼层层高均大于 2.2m，所以应计算全面积。

【2-15】 某建筑地面以上共 12 层，第 7 层为设备管道层，层高 2.1m，其余层高为 2.9m；建筑外设有室外楼梯，顶层有永久性顶盖，室外楼梯每层水平投影面积为 20m²。

(1) 首层外墙勒脚以上的外围水平面积为 600m²，首层设有一处门斗，围护水平面积为 20m²，并有一处无柱檐廊，有永久性顶盖，无围护结构，挑出墙外宽度为 1.6m，其水平投影面积为 30m²。造价员计算其首层建筑面积为 670m²。计算结果是否正确？

(2) 该建筑 2 层以上（包括 2 层），每层外墙外围水平面积为 600m²，该造价员计算建筑面积为 6820m²，结果是否正确？

(3) 该建筑附属建筑物有两处自行车棚。一为单排柱，其顶盖水平投影面积为 80m²；另一处为双排柱，其顶盖水平投影面积为 80m²，柱外围水平面积为 60m²。室外有一贮水池，水平投影面积为 50m²。造价员计算出该附属建筑物的建筑面积为 210m²，是否正确？并请写出以上几问的正确计算式和结果。

解 (1) 不正确。首层建筑面积 $=S_{外围水平}+S_{门斗}+(S_{檐廊}+S_{室外楼梯})\times 1/2$

$$=600+20+(30+20)\times 1/2=645(m^2)$$

(2) 不正确。2 层以上建筑面积 $=S_{外围水平}+S_{室外楼梯}\times 1/2$

$$=600\times 10+20\times 10\times 1/2=6100(m^2)$$

(3) 不正确。附属建筑物的建筑面积 $=(S_{单排柱}+S_{双排柱})\times 1/2=(80+80)\times 1/2=80(m^2)$

【2-16】 如图 2-8 所示，试求坡屋顶建筑物的建筑面积。

解 依《建筑工程建筑面积计算规范》（GB/T 50353—2005），图中所示坡屋顶建筑物建筑面积由三部分组成：

(1) 净高 $H<1.2m$ 的部位，不应计算建筑面积；

(2) 净高 $1.2m\leqslant H\leqslant 2.1m$ 的部位，计算 1/2 面积；

(3) 净高 $H>2.1m$ 的部位，计算全面积。

因此，建筑面积 $S=0+(6.6+0.12\times 2)\times 2.1\times 1/2+(6.6+0.12\times 2)\times(1.8+0.12)$

$$=0+7.18+13.13=20.31(m^2)$$

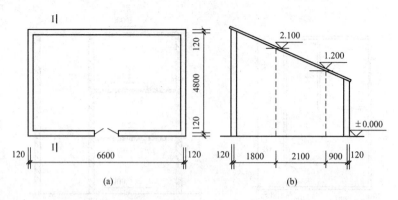

图 2-8　坡屋顶建筑物示意图

（a）平面图；（b）Ⅰ-Ⅰ剖面图

【2-17】 某体育馆看台如图 2-9 所示，试计算看台下建筑面积。

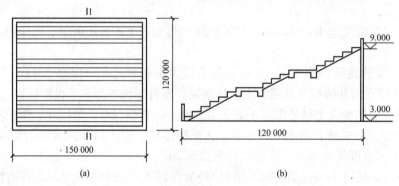

图 2-9　某体育馆看台示意图

（a）平面图；（b）1-1 剖面图

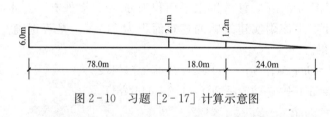

图 2-10　习题［2-17］计算示意图

解　根据《建筑工程建筑面积计算规范》，本题计算分以下两种情况：

（1）若此看台下空间设计不加以利用，则不应计算建筑面积，$S=0$；

（2）若设计加以利用，则区分不同高度分别计算建筑面积：按比例确定出净高 1.2m 和 2.1m 的计算长度，如图 2-10 所示，则

$$S=150\times78+150\times18\times1/2+0=11\ 700+1350+0=13\ 050\ (\text{m}^2)$$

【2-18】 某多层建筑物如图 2-11 所示，计算其建筑面积。

解　$S=(6.0\times3+0.50)\times(12+0.50)+(6.0\times3+0.24)\times(12+0.24)\times6=1570.80\ (\text{m}^2)$

分析：由于一层为 370 墙，二~七层为 240 墙，且外墙内侧平齐，因此，一层的建筑面积与二~七层建筑面积不同，要分别计算。

【2-19】 如图 2-12、图 2-13 所示，分别求两个雨篷的建筑面积。

解　独立柱雨篷挑出宽度为 2m，小于 2.1m，不计算建筑面积，$S=0$；两柱雨篷，其挑出宽度为 2.7m，大于 2.1m，则其建筑面积 $S=4.2\times2.7\times1/2=5.67\ (\text{m}^2)$。

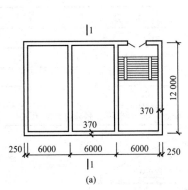 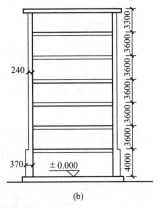

图 2-11　多层建筑物平面及剖面图

(a) 首层平面图；(b) 1-1 剖面图

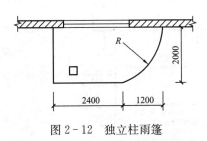 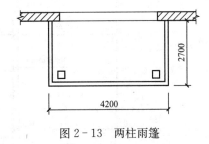

图 2-12　独立柱雨篷　　　　　图 2-13　两柱雨篷

【2-20】　如图 2-14 所示，计算图中单排柱车棚的建筑面积。

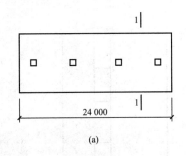 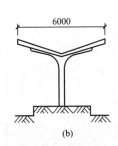

图 2-14　单排柱车棚示意图

(a) 平面图；(b) 1-1 剖面图

解　S＝顶盖水平投影面积的一半＝$24.0 \times 6.0 \times 1/2 = 72.00$（$\text{m}^2$）

【2-21】　如图 2-15 所示，某多层住宅变形缝宽度为 0.20m（为室内看不见的变形缝），阳台水平投影尺寸为 1.80m×3.60m（共 18 个），雨篷水平投影尺寸为 2.60m×4.00m，坡屋面阁楼室内净高最高点为 3.65m，坡屋面坡度为 1：2；平屋面女儿墙顶面标高为 11.60m。计算其建筑面积。

解　建筑面积工程量计算如表 2-2 所示。

表 2-2　　　　　　　　　　　　　　建筑面积计算表

序号	名称	计 算 公 式
1	A—B轴（含变形缝）	$30.20 \times [(8.40+0.20) \times 2 + (8.40+0.20) \times 1/2] = 649.30$（$\text{m}^2$）

续表

序号	名称	计 算 公 式
2	C—D轴	$60.20 \times 12.20 \times 4 = 2937.76 (\text{m}^2)$
3	坡屋面	$60.20 \times (3.1 \times 2 + 1.80 \times 2 \times 1/2) = 481.60 (\text{m}^2)$
4	雨篷	$2.60 \times 4.00 \times 1/2 = 5.20 (\text{m}^2)$
5	阳台	$18 \times 1.80 \times 3.60 \times 1/2 = 58.32 (\text{m}^2)$
合 计		$649.30 + 2937.76 + 481.60 + 5.20 + 58.32 = 4132.18 (\text{m}^2)$

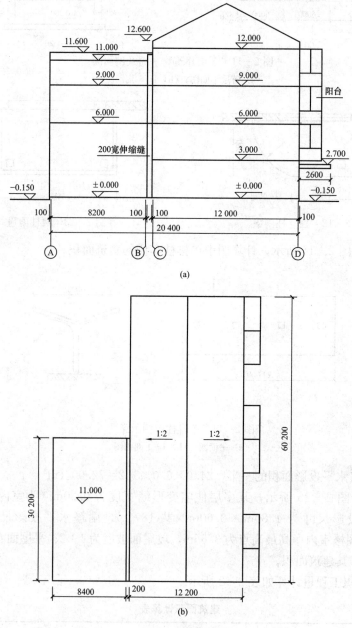

(a)

(b)

图 2-15　某多层住宅立面及屋面平面图

(a) 立面图；(b) 屋面平面图

其中，坡屋面计算过程如下：

1) 净高 $H < 1.20\text{m}$ 的部位，$(1.2-0.6) \times 2 = 1.2$（m）；

2) 净高 $1.20\text{m} \leqslant H \leqslant 2.10\text{m}$ 的部位，$(2.1-0.6) \times 2 - 1.2 = 1.8$（m）；

3) 净高 $H > 2.10\text{m}$ 的部位，$(3.65-0.6) \times 2 - (1.2+1.8) = 3.1$（m）。

因此，具体尺寸如图 2-16 所示。

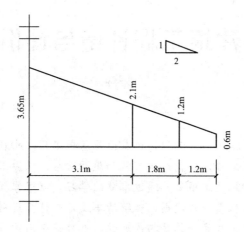

图 2-16　坡屋面坡面图

第 **3** 章

建筑工程计量与计价

学习要点

　　建筑工程包括土石方工程，桩及地基基础工程，砌筑工程，钢筋混凝土工程，木结构工程，金属结构工程和屋面防水、保温工程，适用于建筑物、构筑物的相应施工项目。通过本章的学习，要求掌握各建筑工程项目的清单和定额工程量计算规则，理解清单及定额计算规则间的区别；运用建筑工程项目的工程量计算技巧；熟练、准确地套用建筑工程清单项目组价时应套用的相应定额子目。

3.1　土　石　方　工　程

3.1.1　清单项目工程量计算规则及组价常用定额子目

1. 土石方工程清单项目工程量计算规则

　　土石方工程清单项目包括土方工程、石方工程、土石方回填 3 个部分，适用于建筑物、构筑物的土石方工程。

　　在进行工程量计算时，需特别注意土石方体积应按挖掘前的天然密实体积计算，基础土石方开挖深度应按基础垫层底表面标高至交付施工场地标高确定，挖基础土方中的基础按照其类型、底宽和深度不同分别编码列项。常用土石方工程清单项目工程量计算规则如表 3-1 所示。

表 3-1　　　　　　　　　　常用土石方工程清单项目工程量计算规则

项目编码	项目名称	适用范围	单位	清单项目工程量计算规则
010101001	平整场地	建筑物场地厚度在 ±30cm 以内的挖、填、运、找平	m²	按设计图示尺寸以建筑物首层面积计算。 $S=S_底$ 如果首层有落地阳台、采光井等，应按占地面积并入平整场地工程量中
010101002	挖土方	±30cm 以外的竖向布置挖土或山坡切土、运输	m³	按设计图示尺寸以体积计算。 $V=建筑物首层面积×挖土深度=S_底×H$

续表

项目编码	项目名称	适用范围	单位	清单项目工程量计算规则
010101003	挖基础土方	带形基础、独立基础、满堂基础（包括地下室基础）及设备基础，人工挖孔桩等基础土方开挖、运输	m^3	按设计图示尺寸以基础垫层底面积乘以挖土深度（不考虑放坡及工作面）计算。 （1）挖基槽：$V=$基槽长×垫层宽×挖土深度$=L×B×H$ 其中：$H=$垫层底标高－室内外高差； $L=$外墙下按$L_{中}$；内墙下按垫层净长计算，即 $L_{内}=\dfrac{垫层宽 B-墙厚 b}{2}×$接头数 （2）挖基坑：$V=$垫层长×垫层宽×挖土深度$=L×B×H$
010101006	管沟土方	各种井类及管道的开挖、回填、运输	m	按设计图示以管道中心线长度计算
010103001	土（石）方回填	场地回填，基槽、基坑、管沟与室内的土（石）方回填、运输及分层碾压和夯实	m^3	按设计图示尺寸以体积计算。 场地回填：$V=$回填面积×平均回填厚度$=S×H$； 室内回填：$V=S_{净}×($室内外高差 　　　　－室内地面面层及垫层厚)； 基础回填：$V=V_{挖}-V_{垫}-V_{基}-V_{其他}$； 管道沟槽回填：$V=V_{挖}-V_{管径>500mm}$

2. 土石方工程组价常用定额子目及工程量计算

在计算土石方工程的定额工程量之前需确定施工方案、挡土板形式和工作面的宽度，能够区分干湿土的界限及其湿度，清楚地知道沟槽、地坑的划分界限，明确现场土壤的类别以及当地的放坡系数。进行组价时，需根据清单项目的项目特征，结合定额子目的工作内容选套合适的定额子目。土石方工程组价常用定额子目及工程量计算如表 3-2 所示。

表 3-2　　　　　土石方工程组价常用定额子目及工程量计算

项目名称	组价常用陕西省定额子目及工程量计算规则	组价常用国家定额参考子目及工程量计算规则
平整场地	（1）平整场地 1-19：按外墙外边线外放 2m 以面积计算。 　　$S=S_{底}+2×L_{外}+16$ （2）单双轮车运土 1-32、1-33：运土工程量按自然方量计算；无法按自然方量计算时，其工程量为：土的体积×松散系数。 　　1）素土：$V=V_{压实}×1.22$； 　　2）灰土：$V=V_{压实}×1.31$。 （3）机械平整场地 1-107 　　$S=S_{底}+2L_{外}+16$	（1）平整场地 1-48：外墙外边线外放 2m 以面积计算 　　$S=S_{底}+2L_{外}+16$ （2）人工运土方 1-49～1-52：运土工程量按自然方量计算；如遇折算，则按《全国统一建筑工程预算工程量计算规则》（以下简称《全国定额计算规则》）中表 3.1.2 换算。 （3）单（双）轮运土 1-53、1-54：工程量计算同人工运土方。 （4）机械场地平整（30cm 以内）1-267～1-268： 　　$S=S_{底}+2L_{外}+16$

项目名称	组价常用陕西省定额子目及工程量计算规则	组价常用国家定额参考子目及工程量计算规则
挖土方	(1) 人工挖土方 1-1～1-4。 1) 不放坡：$V=(A+2C)\times(B+2C)\times H$； 2) 放坡（$H\geqslant1.5m$）：$V=(A+2C+KH)\times(B+2C+KH)\times H+K^2H^3/3$ 式中：A—垫层底长；B—垫层底宽；C—工作面（砖基200mm，钢筋混凝土300mm）；K 为放坡系数，陕西省取 0.33。 3) 圆形坑，放坡：$V=1/3\pi H\times(R_1^2+R_2^2+R_1\times R_2)$ 式中：R_1、R_2 为圆形坑上、下半径。 (2) 人工挖地坑 1-9～1-12：工程量计算同人工挖土方。 (3) 山坡切土 1-18：自然地坪以上挖地坑体积	(1) 人工挖土方 1-1～1-4：工程量计算公式同左，放坡起点和放坡系数见《全国定额计算规则》中表 3.1.4-1。 (2) 人工挖基坑 1-14～1-22：工程量计算同人工挖土方
挖基础土方	(1) 人工挖土方 1-1～1-4：计算同挖土方中人工挖土方。 (2) 人工挖沟槽 1-5～1-8。 1) 不放坡：$V=(B+2C)\times H\times L$（当 $B+2C<$垫层宽时，取垫层宽）； 2) 放坡（$H\geqslant1.5m$）：$V=(B+2C+KH)\times H\times L$； 3) 不放坡，单面支挡土板：$V=(B+2C+0.1)\times H\times L$； 4) 不放坡，双面支挡土板：$V=(B+2C+0.2)\times H\times L$。 式中：$B$—垫层底宽；$C$—工作面（砖基200mm，钢筋混凝土300mm）；K—放坡系数，陕西省取 0.33。 (3) 人工挖地坑 1-9～1-12：计算同人工挖土方。 (4) 钻探及回填孔 1-20：外墙外边线外放3m的范围 $S=S_底+3L_外+36$。 (5) 单双轮车运土 1-32、1-33：按所运土的自然方量计算。 (6) 挡土板 1-36～1-43：不放坡时支挡土板，按槽、坑垂直支撑面积计算	(1) 人工挖土方 1-1～1-4：工程量计算同平整场地中人工挖土方。 (2) 人工挖沟槽 1-5～1-13：工程量计算公式同左。 (3) 人工运土方 1-49～1-50：工程量计算同平整场地中人工运土方。 (4) 单双轮车运土 1-53、1-54：工程量计算同平整场地中单双轮车运土。 (5) 挡土板 1-55～1-66：按槽、坑垂直支撑面积计算，$V=(B+2\times0.1)\times H\times L$
管沟土方	人工挖沟槽 1-5～1-8。 (1) 放坡（$H\geqslant1.5m$）：$V=(B+KH)\times H\times L$，放坡系数陕西省取 $K=0.33$； (2) 不放坡，单面支挡土板：$V=(D+0.1)\times H\times L$； (3) 不放坡，双面支挡土板：$V=(D+0.2)\times H\times L$。 式中：$H$—挖土深；$L$—$L_中$；$D$—沟槽底宽，设计有规定的，按设计规定尺寸计算；设计无规定的，按《陕西省消耗量定额》中管道地沟沟底宽度计算表计算	挖沟槽 1-5～1-13：按沟槽体积计算，计算公式同左。式中：D—设计有规定的，按设计规定尺寸计算；设计无规定的，按《全国定额计算规则》中表 3.1.4-2 规定的宽度计算。
土方回填	(1) 回填夯实素土、灰土 1-26～1-28：回填体积，计算方法同清单；$V=$定额挖土方量－定额应扣部分。 (2) 回填土人工运输 1-32～1-33：运土工程量按自然方量计算。 (3) 回填土机械运输 1-83～1-100：按所运土的自然方量计算。 (4) 机械回填碾压 1-101～1-106：夯实体积	(1) 回填土 1-45～1-46：回填体积按土石回填体积，$V=$定额挖土方量－定额应扣部分。 (2) 人工运土方 1-49～1-50：运土自然方量。 (3) 单双轮车运土方 1-53～1-54：运土自然方量。 (4) 回填土机械运输 1-119～1-230：运土自然方量。 (5) 填土碾压 1-271～1-275：回填土面积

3.1.2　习题精练

一、选择题

【3-1】 挖基础土方的清单工程量应按（　　）以体积计算。

A. 几何公式并考虑放坡、操作工作面等因素

B. 基础垫层底面积加工作面乘挖土深度

C. 基础垫层底面积加支挡土板宽度乘挖土深度

D. 基础垫层底面积乘挖土深度

答案：D

分析：计算土石方清单工程量时，是以设计图示净量计算。基础挖土方按基础垫层底面积乘挖土深度（设计室外地坪标高到垫层底标高），以体积（m³）计算。放坡、操作工作面、爆破超挖量及采取其他措施（如支挡土板等），由投标人根据施工方案考虑在报价中。

【3-2】 下列说法中正确的是（　　）。

A. 平整场地的清单工程量计算和消耗量定额中平整场地工程量计算相同

B. 平整场地的清单工程量计算和消耗量定额中钻探及回填孔工程量计算相同

C. 挑檐板的清单工程量计算和消耗量定额中的混凝土工程量计算相同

D. 现浇台阶的清单工程量计算和消耗量定额中的混凝土工程量计算相同

答案：C

【3-3】 某工程为独立基础，基础底面积为 1500mm×1500mm，基础垫层每边宽出基础 100mm，室外地坪标高为 −0.3m，基础垫层底标高为 −1.8m。若施工时工作面为 0.3m，放坡系数为 0.5，则挖土的清单工程量为（　　）m³。

A. 4.34　　　　　B. 3.84　　　　　C. 6.62　　　　　D. 7.94

答案：A

分析：$V=(1.5+0.1×2)×(1.5+0.1×2)×(1.8−0.3)=4.34$（m³）。

【3-4】 某多层混合结构住宅，采用钢筋混凝土满堂基础，基础长 43.2m、宽 19m，基础垫层每边宽出基础 100mm，设计开挖范围为基础边缘外放 2m，挖土深度 1.8m，土壤类别为四类土，弃土运距 5km，则运土的国家定额工程量为（　　）m³。

A. 1666.56　　　　　　　　　B. 1916.54

C. 1954.08　　　　　　　　　D. 2648.86

答案：C

分析：根据国家定额规定，四类土的放坡起点为 2.0m，所以在此不用放坡，则 $V=(43.2+2×2)×(19+2×2)×1.8=1954.08$（m³）；弃土运距 5km 已超过定额中所包含的 50m，套用定额时需增套土方运输子目。

【3-5】 挖基础土方清单项目的工程内容中综合了（　　）。

A. 基底钎探　　　　　　　　B. 基础回填土

C. 运输　　　　　　　　　　D. 挡土板支拆

E. 场地找平

答案：A、C、D

【3-6】 某带形基础长 12.8m，基础混凝土垫层宽 0.9m、厚 0.3m；室外地坪标高为 −0.45m，混凝土垫层顶面标高为 −2.0m；每边工作面为 0.3m，放坡系数 $K=0.5$，挖基槽

的清单工程量为（　　　）m³。

  A. 45.14   B. 57.42   C. 21.31   D. 17.86

  答案：C

  分析：计算挖沟槽清单工程量时不考虑工作面和放坡系数，所以 $V=12.8\times0.9\times(2+0.3-0.45)=21.31(\text{m}^3)$。

  【3-7】 挖 5m×5m 的正方形钢筋混凝土设备基础，挖土深度 2m，其清单工程量为（　　　）m³。

  A. 72.67   B. 50   C. 87.79   D. 62.72

  答案：B

  二、计算题

  【3-8】 某单层建筑物的结构外围尺寸为 14.44m×7.14m，其层高 3m，落地阳台总面积为 3.70m²。试计算该建筑物的建筑面积、平整场地的清单工程量及定额工程量。

  解 基数：$L_{\text{外}}=(14.44+7.14)\times2=43.16$（m），$S_{\text{底}}=14.44\times7.14=103.10$（m²）。

  (1) 单层建筑物的建筑面积应按其外墙勒脚以上结构外围水平面积计算。单层建筑物层高在 2.2m 及以上者计算全面积，高度不足 2.2m 者计算 1/2 面积。而建筑物的阳台不论其设置形式如何，均应按其水平投影面积的 1/2 计算。所以，本题中建筑面积为

$$S=103.10+3.70\times1/2=104.95\ (\text{m}^2)$$

  (2) 平整场地的清单工程量应按设计图示尺寸以建筑物首层面积计算，即

$$S_{\text{底}}+S_{\text{阳台}}=103.10+3.70=106.800\ (\text{m}^2)$$

  (3) 平整场地的定额工程量按建筑物外墙外边线每边各加 2m 以 m² 计算，即

$$S_{\text{底}}+2L_{\text{外}}+16=103.10+2\times43.16+16=205.42\ (\text{m}^2)$$

  【3-9】 如图 3-1 所示，有 10 个底面尺寸为 4m×4m 的方形集水地坑，采用人工开挖，挖深 2.1m，设计放坡系数 K=0.5，二类土，求挖土方的清单和定额工程量。

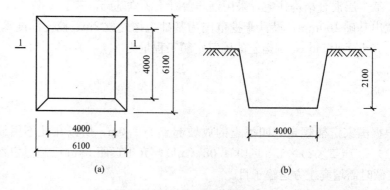

图 3-1　方形地坑示意图

（a）基坑平面图；（b）1-1 剖面图

  解 (1) 清单工程量 $=\left[(4+0.5\times2.1)^2\times2.1+\dfrac{1}{3}\times0.5^2\times2.1^3\right]\times10$

$$=543.27\ (\text{m}^3)$$

挖土方工程量清单见表 3-3。

表3-3　　　　　　　　　　　　　　　挖土方工程量清单

项目编码	项目名称	项目特征	计量单位	工程量
010101002001	挖土方	(1) 土壤类别：二类土； (2) 挖土平均厚度：2.1m； (3) 坑底尺寸：4m×4m	m³	543.27

(2) 定额（以陕西省组价过程为例，应套陕定额1-10子目）工程量计算：

由放坡系数表查得 $K = 0.33$，则

$$KH = 0.33 \times 2.1 = 0.693$$

$$
\begin{aligned}
\text{挖土方工程量}\ V &= \left[(4 + KH)^2 \times H + \frac{1}{3}K^2 H^3 \right] \times 10 \\
&= \left[(4 + 0.693)^2 \times 2.1 + \frac{1}{3} \times 0.33^2 \times 2.1^3 \right] \times 10 \\
&= (46.25 + 0.336) \times 10 \\
&= 465.86\ (\text{m}^3)
\end{aligned}
$$

【3-10】　某建筑物为砖混结构，内外墙厚均为240mm，有3道内墙（均为T形交接），$L_{中} = 45.22\text{m}$，$L_{内240} = 12.88\text{m}$，其基础垫层底面宽为1.5m，室内外高差为300mm，基础底标高为-2.0m，分别计算挖基础土方的清单工程量和定额工程量（三类土）。

解　基础垫层底面宽为1.5m，挖深2.0-0.3=1.7m，共有3道内墙，且为T形交接，所以接头数为6。

(1) 清单工程量 $= [45.22 + 12.88 - (1.5 - 0.24) \times 6/2] \times 1.5 \times 1.7$
$\qquad\qquad\qquad = 138.52\ (\text{m}^3)$。

(2) 由于挖深1.7m>1.5m，因此要进行放坡。查陕定额，得放坡系数为0.33，故

定额工程量 $= [45.22 + 12.88 - (1.5 - 0.24)/2 \times 6] \times (1.5 + 0.33 \times 1.7) \times 1.7$
$\qquad\qquad\quad = 190.32\ (\text{m}^3)$。

【3-11】　某钢筋混凝土筏板基础，基础垫层长度为100m，垫层宽度为30m，挖土深度为2m，运距5km，土壤类别为三类土。求：①计算基础土方清单工程量，并列出分部分项工程量清单；②投标人综合考虑决定采用机械挖土施工方案，每边增加工作面250mm，取放坡系数为0.4，按施工方案计算基础土方工程量。

解　(1) 挖基础土方清单工程量。由招标人根据施工图纸，按《计价规范》的工程量计算规则计算的工程数量。

挖基础土方清单工程量 $= 100 \times 30 \times 2 = 6000\ (\text{m}^3)$

(2) 挖基础土方工程量清单，见表3-4。

表3-4　　　　　　　　　　　　　　挖基础土方工程量清单

项目编码	项目名称	项目特征	计量单位	工程量
010101003001	挖基础土方	(1) 土壤类别：三类土； (2) 基础类型：钢筋混凝土筏板基础； (3) 混凝土垫层：长100m，宽30m； (4) 挖土深度：2m； (5) 弃土运距：5km	m³	6000

（3）按施工方案计算基础土方工程量，则实际挖土方量为

挖基坑工程量 $=(A+2C+KH)\times(B+2C+KH)\times H+K^2H^3/3$

$=(100+0.5+0.4\times2)\times(30+0.5+0.4\times2)\times2+0.4^2\times2^3/3$

$=6341.81$（m^3）

即投标人报价时，其土方工程量要按实际挖方量 6341.81m^3 考虑。

【3-12】 如图 3-2 所示，某毛石条形基础的沟槽总长为 90m，三类土，弃土运距为 8km。试计算该毛石基础挖土方的清单及定额工程量。

解 （1）挖基础土方清单工程量 = 沟槽总长度 × 垫层底宽 × 挖土深度

$=90\times0.9\times1.2$

$=97.20$（m^3）

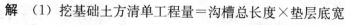

图 3-2 毛石基础断面示意图

挖基础土方工程量清单见表 3-5。

表 3-5 挖基础土方工程量清单

项目编码	项目名称	项目特征	计量单位	工程量
010101003001	挖基础土方	（1）土壤类别：三类土； （2）基础类型：毛石条形基础； （3）垫层底宽：0.9m，垫层底面积81m^2； （4）挖土深：1.2m； （5）弃土运距：8km	m^3	97.20

（2）按《陕西省定额》规定，挖深小于 1.5m 不需放坡，并且毛石基础垫层所放宽度（200mm）大于定额工作面（$C=150$mm），不需另增工作面，则：

挖土方定额工程量 = 沟槽总长度 × 沟槽断面面积 $=90\times0.9\times1.2=97.20$（$m^3$）

【3-13】 如图 3-3 所示，某房屋工程基础平面及断面如下：基底土质均匀，为二类土，地下常水位标高为 -1.10m，土方含水率 30%；室外地坪设计标高 -0.15m，交付施工的地坪标高 -0.30m，基坑回填后余土弃运 5km；根据现场土方平衡条件，基础槽坑利用开挖的土方进行素土回填，堆放点至槽坑的平均距离为 20m，填土要求分层夯实。已知埋入设计室外地坪以下的基础体积为 30m^3。试计算该基础土方开挖以及回填土工程量，并编制工程量清单。

解 该工程基础槽坑开挖按基础类型有 1-1、2-2 和 J-1 三种，应分别列项。工程量计算得

挖土深度 $=1.60-0.30=1.30$（m）

（1）断面 1-1：$L=(6.00+4.00+4.50+4.50)\times2-1.10\times6+0.38=31.78$（m）

其中：0.38 为垛的折加长度，$(0.49-0.24)\times0.365\div0.24=0.38$（m）

$V=31.78\times(1.20+0.10\times2)\times1.30=57.84$（$m^3$）

其中：湿土 $V=31.78\times1.40\times(1.60-1.10)=22.25$（$m^3$）

（2）断面 2-2：$L=4.50+4.50-(1.20+0.10\times2)+0.38=7.98$（m）

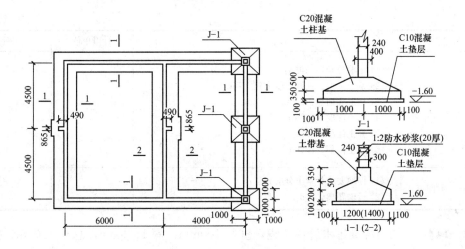

图3-3　基础平面及断面图

$$V = 7.98 \times (1.40 + 0.10 \times 2) \times 1.30 = 16.60 \text{ （m}^3\text{）}$$

其中：湿土 $V = 7.98 \times 1.60 \times (1.60 - 1.10) = 6.38$ （m³）

（3）J-1：$V = (1.0 \times 2 + 0.1 \times 2) \times (1.0 \times 2 + 0.1 \times 2) \times 1.30 \times 3 = 18.88$ （m³）

其中：湿土 $V = 2.20 \times 2.20 \times (1.60 - 1.10) \times 3 = 7.26$ （m³）

（4）由于交付施工的地坪与设计室外地坪不一致，因此应回填至设计室外地坪标高。已知设计室外地坪以下埋入的基础体积为30m³，则回填土工程量为

$$V = (57.84 + 16.60 + 18.88)/1.30 \times (1.6 - 0.15 - 0.10) - 30 = 66.91 \text{ （m}^3\text{）}$$

该基础工程量清单见表3-6。

表3-6　土方开挖、回填土工程量清单

项目名称	项目特征	计量单位	工程量
平整场地	（1）土壤类别：二类土； （2）弃土运距：5km； （3）平均厚度：0.15m	m²	94.62
挖基础土方 （1-1剖面）	（1）土壤类别：二类土； （2）基础类型：有梁式混凝土带形基础； （3）垫层底宽：1.4m； （4）挖土深度：1.3m； （5）弃土运距：5km； （6）湿土体积：22.25m³	m³	57.84
挖基础土方 （2-2剖面）	（1）土壤类别：二类土； （2）基础类型：有梁式混凝土带形基础； （3）垫层底宽：1.6m； （4）挖土深度：1.3m； （5）弃土运距：5km； （6）湿土体积：6.38m³	m³	16.60

续表

项目名称	项目特征	计量单位	工程量
挖基础土方（J-1）	（1）土壤类别：二类土； （2）基础类型：钢筋混凝土独立基础； （3）垫层底面积：2.2m×2.2m； （4）挖土深度：1.3m； （5）弃土运距：5km； （6）湿土体积：7.26m³	m³	18.88
土（石）方回填	（1）回填要求：素土分层夯实； （2）运输距离：20m	m³	66.91

【3-14】 已知某混凝排水管道工程，管径 700mm，深 1500mm，总长 1200m，按国家定额的规定计算挖混凝土排水管道基础土方工程量。

解 按《全国定额计算规则》中表 3.1.4-3 计算管沟土方工程量时，各种井类及管道接口等处需加宽，增加的土方量不另行计算；底面积大于 20m² 的井类，其增加工程量并入管沟土方量内计算。当设计没有规定时，按国家定额中规定，管径为 700～800mm 时，混凝土管沟底宽度取 1.80m。

工程量 $V = 1200 \times 1.80 \times 1.50 = 3240$（m³），套用国家基础定额（GJD-101-95）1-8 子目。

【3-15】 如图 3-4 所示，利用基础开挖的土方进行素土回填，分别计算基础回填土的清单和定额工程量（已知沟槽土质为三类土，人工开挖，$K = 0.33$）。

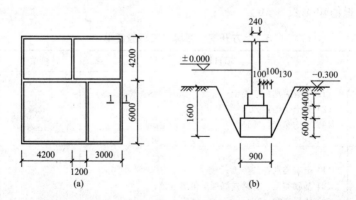

图 3-4 回填土示意图

（a）基础平面图；（b）1-1 剖面图

解 $L_{中} = (4.20 + 1.20 + 3.00 + 6.00 + 4.20) \times 2 = 37.20$（m）

$L_{内} = (4.20 + 1.20 + 3.00 - 0.24) + (6.00 - 0.24) + (4.20 - 0.24) = 17.88$（m）

沟槽总长度 $= 37.20 + 17.88 - 6 \times (0.90 - 0.24)/2 = 53.10$（m）

（1）清单工程量计算：

挖土方工程量 $= 53.10 \times 1.6 \times 0.9 = 76.46$（m³）

基础体积 $= (37.20 + 17.88) \times [0.6 \times 0.9 + 0.4 \times (0.9 - 0.13 \times 2)$

$+ 0.4 \times (0.9 - 0.13 \times 2 - 0.1 \times 2) + 0.24 \times (1.6 - 0.4 \times 2 - 0.6)]$

$$=56.18 \text{ (m}^3\text{)}$$

基础回填土清单工程量$=76.46-56.18=20.28 \text{ (m}^3\text{)}$

土（石）方回填工程量清单见表3-7。

表3-7 土（石）方回填工程量清单

项目编码	项目名称	项目特征	计量单位	工程量
010103001001	土（石）方回填	(1) 回填要求:基槽夯填; (2) 运输距离:现场取土	m³	20.28

（2）定额工程量计算：

1）挖土方（陕定额1-5子目）工程量＝沟槽总长度×沟槽断面面积

$$=53.10 \times (0.9+KH) \times 1.6$$
$$=53.10 \times (0.9+0.33 \times 1.6) \times 1.6$$
$$=121.32 \text{ (m}^3\text{)}$$

2）基础体积$=56.18 \text{ (m}^3\text{)}$。

3）基础回填土（压实方）工程量＝挖土方工程量－基础体积$=121.32-56.18$

$$=65.14 \text{ (m}^3\text{)}$$

组价时套陕定额1-28子目。

【3-16】 某工程外墙外边线尺寸为$72.24\text{m} \times 24.24\text{m}$，设计室外地坪标高为$-0.15\text{m}$，现场自然地坪平均标高为$-0.05\text{m}$，其土壤类别为二类土，余土需运至150m处松散弃置，其施工方案为推土机平整，装载机倒运余土。试编制该工程平整场地的工程量清单，并计算其综合单价。

解 该工程按自然标高计算，多余土方平均厚度为0.10m，并运至150m处，则平整场地工程量为

$$S=72.24 \times 24.24=1751.10 \text{ (m}^2\text{)}$$

平整场地工程量清单见表3-8。

表3-8 平整场地工程量清单

项目编码	项目名称	项目特征	计量单位	工程量
010101001001	平整场地	(1) 土壤类别:二类土; (2) 弃土运距:装载机倒运余土150m; (3) 多余土方平均厚度:0.10m	m²	1751.10

根据定额工程量计算规则，有

平整场地：$S=(72.24+2 \times 2) \times (24.24+2 \times 2)=2153.02 \text{ (m}^2\text{)}$

倒运余土（150m）：$V=2153.02 \times 0.10=215.30 \text{ (m}^3\text{)}$

套用陕定额1-107"平整场地（场地平整±30cm以内）"子目：

基价$=471.44$（元/1000m²）

管理费$=2.153 \times 471.44 \times 1.7\%=17.26$（元）

利润$=2.153 \times (471.44+17.26) \times 1.48\%=15.57$（元）

套用陕定额1-99"装载机现场倒运土（距离150m以内）"子目：

基价$=4696.71$（元/1000m³）

管理费＝0.215×4696.71×1.7％＝17.17（元）

利润＝0.215×（4696.71＋17.17）×1.48％＝15.00（元）

综合单价＝（2.153×471.44＋17.26＋15.57＋0.215×4696.71＋17.17＋15.00)/1751.10

＝1.20（元/m²)

该题涉及的大型机械进出场费应在工程措施项目清单中列项计价。

【3－17】 西安市某建筑物基础的问题土处理现场记录为：长 15m，宽 2.5m，深 2m，所挖的土堆放在距坑边 200m 处，并用素土分层回填夯实，外购黄土堆放在现场距坑边 50m，由于招标时清单未列项，根据合同约定结算时按陕西省现行消耗量定额和价目表及参考费率（竞争性项目优惠10％）组价，试计算该项目结算费用。

解 由于问题土的挖深为 2m，大于 1.5m，所以要进行放坡，放坡系数为 0.33。

定额工程量＝（15＋2×0.33)×（2.5＋2×0.33)×2＋1/3×0.33²×2³

＝99.26m³＝0.9926（100m³)

1）人工挖沟槽：1－5 子目基价＝1695.96（元/100m³)

分部分项工程费＝0.9926×1695.96×[1＋3.58％×（1－10％)＋2.88％×（1－10％)]

＝1781.28（元）

2）单轮车运土每增 50m：1－33 子目基价＝110.88（元/100m³)

运土 100m 分部分项工程费＝0.9926×110.88×[1＋3.58％×（1－10％)

＋2.88％×（1－10％)]×2＝232.92（元）

3）外购黄土工程费＝99.26×1.22×18.24×（1＋3.58％×0.9＋2.88％×0.9)

＝2337.23（元）

4）回填夯实素土：1－26 子目基价＝1825.86（元/100m³)

1－26 子目人工费＝1690.50（元/100m³)

分部分项工程费＝0.9926×1825.86＋0.9926×1690.50×（3.58％＋2.88％)

×0.9＝1909.91（元）

5）单轮车运土 50m：1－32 子目基价＝690.48（元/100m³)

分部分项工程费＝0.9926×1.22×690.48×（1＋3.58％×0.9＋2.88％×0.9)＝884.77（元）

部分措施项目费＝0.9926×（1695.96＋110.88×2＋1825.86＋690.48)

×（0.36％＋0.86％＋0.76％)×0.9＝78.43（元）

安全文明施工措施费＝（1781.28＋232.92＋2337.23＋1909.91＋884.77＋78.43)×3.8％

＝274.53（元）

该项目的结算费用＝（1781.28＋232.92＋2337.23＋1909.91＋884.77＋78.43＋274.53)

×（1＋4.67％)×（1＋3.41％)＝8116.94（元）

3.2 桩 及 地 基 基 础

3.2.1 清单项目计算规则及组价常用定额子目

1. 桩及地基基础工程清单项目计算规则

桩及地基基础工程清单项目包括混凝土桩、其他桩、地基与边坡处理 3 个小节，适用于建筑物、构筑物的打桩及地基基础工程。

进行工程量计算时，需特别注意确定土质级别、施工方法、工艺流程及所采用的施工机械的类型，明确桩和土壤泥浆的运距；进行组价时，常采用桩及地基基础工程清单项目工程量计算规则，见表 3-9。

表 3-9　　　　　　　　常用桩及地基基础工程清单项目计算规则

项目编码	项目名称	适用范围	单位	清单工程量计算规则
010201001	预制钢筋混凝土桩	预制混凝土方桩、管桩和板柱等的制作、运输、打桩和送桩	m/根	设计图示尺寸以桩长（包括桩尖）或以根数计算
010201002	接桩	预制混凝土方桩、管桩和板柱的接桩和运输	个/m	设计图示尺寸以接头数量（板桩按接头长度）计算
010201003	混凝土灌注桩	各种成孔方式（人工挖孔、钻孔、套管、振动、爆扩成孔）的混凝土灌注桩	m/根	设计图示尺寸以桩长（包括桩尖）或以根数计算
010202001	砂石灌注桩	各种成孔方式的砂石灌注桩	m	按设计图示尺寸以桩长（包括桩尖）计算
010202002	灰土挤密桩	各种成孔方式的灰土挤密桩	m	按设计图示尺寸以桩长（包括桩尖）计算
010203001	地下连续墙	各种地下连续墙工程	m³	按设计图示墙中心线长乘以厚度，再乘以槽深以体积计算 $V=$ 中心线长 $\times$ 墙厚 $\times$ 槽深 $=L\times b\times H$
010203003	地基强夯	采用强夯处理的地基加固工程	m²	按设计图示尺寸以面积计算

2. 桩及地基基础工程组价常用定额子目及工程量计算

在计算桩及地基基础定额工程量之前需确定土壤类别和工程规模，熟悉打桩工艺要求。进行组价时，需根据清单项目的项目特征，结合定额子目的工作内容选套合适的定额子目。桩及地基基础工程组价常用定额子目及工程量计算见表 3-10。

表 3-10　　　　　　　桩及地基基础工程组价常用定额子目及工程量计算

项目名称	参考子目及定额工程量计算	组价常用国家定额子目及工程量计算规则
预制钢筋混凝土桩	（1）桩混凝土 4-1～4-4：V＝桩图纸体积×（1＋损耗率），损耗率见《陕西省建筑、装饰工程消耗量定额》中"预制钢筋混凝土构件成品、运输、安装损耗率表"； （2）桩运输 6-7～6-18：V＝桩图纸体积×（1＋损耗率）； （3）打、压预制桩 2-1～2-16：V＝桩图纸体积×（1＋损耗率）； （4）凿桩头 2-109：所凿体积； （5）桩头处理 2-110：桩头个数	（1）桩混凝土 5-434～5-436： V＝桩图纸体积×（1＋损耗率），（损耗率见《全国定额计算规则》第27页中表3.6.2）； （2）桩运输 6-25～6-36： V＝桩图纸体积×（1＋损耗率）； （3）打、压预制桩 2-1～2-32： V＝桩图纸体积×（1＋损耗率）
接桩	接桩 2-17～2-18：接头个数	接桩 2-33～2-35：接头个数

项目名称	参考子目及定额工程量计算	组价常用国家定额子目及工程量计算规则
混凝土灌注桩	(1) 灌注桩成孔： 1) 走管式打桩机打孔 2-20～2-22：$V=S_{截}\times h$，其中 $S_{截}$ 为柱身截面积，h 为设计入土深度； 2) 螺旋钻成孔 2-23～2-24，锅锥钻成孔 2-59，旋挖钻成孔 2-60：工程量计算同1)； 3) 回旋钻机钻孔 2-26～2-46：分直径和深度，按总孔深计算； 4) 冲击钻（锥）机成孔 2-47～2-58：工程量计算同3)。 (2) 灌注桩身混凝土： 1) 人工挖桩孔灌混凝土 2-101～2-104：$V=S_{截}\times L$，L 为设计长； 2) 冲击成孔孔灌混凝土 2-105～2-106：$V=S_{截}\times L$，L 为设计入土深度； 3) 钻孔及其他成孔灌注混凝土 2-107～2-108： $V=S_{截}\times[L(设计入土深度)+0.5]$； 4) 桩（含成孔）2-61～2-63 CFG：$V=S_{截}\times L$（设计长）； (3) 泥浆制作、运输 2-97～2-100：$V=S_{截}\times h$（设计入土深度）； (4) 凿桩头 2-109：所凿体积； (5) 桩头处理 2-110：桩头个数； (6) 泥渣外运 2-112：$V=S_{截}\times h$（设计入土深度）； (7) 钢筋笼安放 2-111：钢筋笼质量	(1) 打孔灌注混凝土桩： 1) 走管式柴油打桩机打桩 2-61～2-76：$V=S_{截}\times L$，其中 L 为设计长度； 2) 长螺旋钻孔灌注混凝土 2-77～2-84：$V=S_{截}\times(L+0.25)$； 3) 潜水钻机钻孔灌注混凝土 2-85～2-96：$V=S_{截}\times(L+0.25)$ (2) 泥浆运输 2-97～2-98：按钻孔体积以"m^3"计算
砂石灌注桩	灌砂石（砂或石）桩 2-66：$V=S_{截}\times L$，L 为设计长	打孔灌注砂（碎石或砂石）桩 2-99～2-118：$V=S_{截}\times L$，L 为设计长
灰土挤密桩	3∶7 灰土挤密桩 2-68 或 2∶8 灰土挤密桩 2-69：$V=S_{截}\times(L+0.25)$	灰土挤密桩 2-119～2-122：$V=S_{截}\times L$
地下连续墙	(1) 挖土运土同挖基础土方 1-5～1-25：$V=$墙长×墙厚×墙深$=L\times A\times H$； (2) 砾石混凝土的量 4-1～4-2：同清单量	(1) 挖土运土 1-5～1-38：同挖基础土方，工程量按墙体体积计算； (2) 墙混凝土 5-411～5-412：同清单量
地基强夯	(1) 强夯 1-127～1-142：同清单量； (2) 低锤满拍 1-127：同清单量	强夯 1-231～1-266：同清单量

3.2.2 习题精练

一、选择题

【3-18】 某工程设计为 3∶7 灰土挤密桩，设计桩长为 15m，桩径为 400mm，共计 90 根，则灰土挤密桩清单工程量和定额工程量为（ ）。

A. 100 根和 147.58m^3　　　　　　B. 1350m 和 172.39m^3

C. 1350m 和 169.56m^3　　　　　　D. 1200m 和 150.72m^3

答案：B

分析：灰土挤密桩清单工程量$=15\times90=1350$m；定额工程量 $V=S_{截}\times(L+0.25)\times$根数$=3.14\times(0.4/2)^2\times(15+0.25)\times90=172.39$（$m^3$）。

【3-19】　某工程设计为人工挖孔混凝土灌注桩，设计桩长为11.5m，桩径为800mm，共计120根，则混凝土灌注桩的清单工程量和定额工程量为（　　）。

A. 1380m 和 708.74m³　　　　　　　　B. 1380m 和 693.66m³

C. 1380m 和 723.82m³　　　　　　　　D. 120 根和 1380m

答案：D

分析：混凝土灌注桩清单工程量按设计图示尺寸以桩长或根数计算，即 $11.5 \times 120 = 1380$ m 或者 120 根；定额工程量 $V = S_{截} \times L = 3.14 \times (0.8/2)^2 \times 11.5 \times 120 = 693.66$（m³）。

【3-20】　关于工程量计算，下列说法中错误的是（　　）。

A. 钻孔混凝土灌注桩定额工程量以设计桩长（含桩尖）加0.6m乘以断面面积计算

B. 预制混凝土灌注桩清单工程量按设计图示尺寸以桩长（含桩尖）或根数计算

C. 桩基工程混凝土定额工程量计量单位为（m³）

D. 混凝土灌注桩清单工程量计量单位为 m 或根

答案：A

【3-21】　某工程有钻孔混凝土桩100根，桩径为600mm，桩长为12.5m（含桩尖），此预制桩的清单工程量可以表示为（　　）。

A. 353.25m³　　　　B. 100 根　　　　C. 367.38m³　　　　D. 1250m

答案：B、D

分析：混凝土灌注桩清单工程量按设计图示尺寸以桩长或以根数计算，即 100 根或者 $12.5 \times 100 = 1250$（m）。

【3-22】　某工程基础采用预制桩，桩截面尺寸为400mm×400mm，桩长12m，共150根。下面选项中正确的是（　　）。

A. 清单工程量 150 根　　　　　　　　B. 清单工程量 1800m

C. 清单工程量 288m³　　　　　　　　D. 清单工程量 293.76m³

答案：A、B

分析：预制混凝土桩清单工程量按设计图示尺寸以桩长或以根数计算，即 150 根或者 $12 \times 150 = 1800$（m）。

【3-23】　某工程需400mm×400mm的预制钢筋混凝土方桩100根，单根桩长10m。下列有关预制桩项目计算正确的是（　　）。

A. 清单项目工程量为 1000m 或 100 根

B. 消耗量定额项目混凝土和模板工程量为 163.20m³

C. 消耗量定额项目运输工程量为 163.04m³

D. 消耗量定额项目打压桩工程量为 162.40m³

答案：A、B、C、D

分析：预制混凝土桩清单工程量为 100 根或 $10 \times 100 = 1000$（m）；混凝土和模板定额工程量 $V = 桩图纸体积 \times 1.02 = 160 \times 1.02 = 163.20$（m³）；运输定额工程量 $V = 桩图纸体积 \times 1.019 = 163.04$（m³）；打压桩定额工程量 $V = 桩图纸体积 \times 1.015 = 160 \times 1.015 = 162.40$（m³）。

【3-24】　某工程地基处理设计为3：7灰土挤密桩，设计桩长10m，桩身直径300mm，共80根。下列关于灰土挤密桩的说法正确的是（　　）。

A. 灰土挤密桩的清单工程量等于定额工程量

B. 灰土挤密桩的定额工程量为 825m

C. 灰土挤密桩的定额工程量为 58.29m³

D. 灰土挤密桩清单工程量为 800m

E. 灰土挤密桩清单工程量为 80 根

答案: D

【3－25】 某工程采用混凝土灌注桩，螺旋钻机成孔，单根桩设计长度为 11.5m，桩径为 400mm，共计 100 根，按现行计价依据，其清单工程量和定额工程量分别是（　　）。

A. 100 根和 144.44m³

B. 1150m 和 150.72m³

C. 100 根和 150.72m³

D. 1150m 和 147.58m³

答案: B、C

分析: 钻孔灌注混凝土桩身的定额工程量 $V=S_{截}×$（设计深度＋0.5）×根数＝3.14×$(0.4/2)^2×(11.5+0.5)×100=150.72(m^3)$。

二、计算题

【3－26】 某工程基底土质均匀，为二类土，其桩基工程为 110 根 C50 预应力钢筋混凝土管桩，外径 600mm、内径 400mm，每根桩总长 25m；管桩中空部分灌注 C30 混凝土，设计桩顶标高为－3.5m，现场自然地坪标高为－0.45m，不发生场内运桩。按规范编制该管桩工程量清单。

解 工程量计算：110 根或 25×110＝2750（m）。

桩基工程量清单，见表 3－11。

表 3－11　　　　　　　　　　**预制钢筋混凝土桩基工程量清单**

项目编码	项目名称	项目特征	计量单位	工程量
010201001001	预制钢筋混凝土桩	(1) 土壤级别：二类土； (2) 单桩长度、根数：25m、110 根； (3) 桩截面：外径 600mm、内径 400mm、壁厚100mm； (4) 管桩中空部分灌注：C30 混凝土； (5) C50 钢筋混凝土预应力管桩； (6) 桩顶标高：－3.5m； (7) 自然地坪标高：－0.45m	根	110

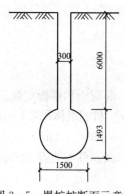

图 3－5　爆扩桩断面示意图

【3－27】 如图 3－5 所示，某工程地基施工采用爆扩混凝土桩（C25），共 20 根，桩身长 6m，桩身直径 d＝300mm，扩大头直径 D＝1500mm，土质为二级。求此桩基工程的清单工程量和混凝土体积。

解 (1) 清单工程量按设计图示尺寸以桩长（包括桩扩大头）计算，则

清单工程量＝(6.0＋1.493)×20＝149.86（m）

此桩基的工程量清单见表 3－12。

表 3-12　　　　　　　　　　　　　混凝土灌注桩工程量清单

项目编码	项目名称	项目特征	计量单位	工程量
010201003001	混凝土灌注桩	(1) 土壤级别：二级土； (2) 单桩长度、根数：6m、20 根； (3) 桩截面：桩身直径 $d=300\text{mm}$，扩大头直径 $D=1500\text{mm}$； (4) 成孔方法：爆扩法成孔； (5) 混凝土强度等级：C25	m	149.86

(2) 桩身混凝土（陕定额 2-107 子目）工程量计算：

套用公式 $V=\dfrac{\pi}{4}d^2(L-D)+\dfrac{\pi}{6}D^3$，计算单桩混凝土工程量，$L$ 为桩身长，得

$$V=\pi\times\frac{1}{4}\times0.3^2\times(6.0+1.493-1.5)+\frac{\pi}{6}\times1.5^3=2.19\ (\text{m}^3)$$

桩身混凝土工程量 $=2.19\times20=43.80\ (\text{m}^3)$

【3-28】　某地下室工程采用地下连续墙作基坑挡土和地下室外墙。设计墙身长度纵轴线 80m、横轴线 60m，各两道围成封闭状态，墙底标高 -12m，墙顶标高 -3.6m，自然地坪标高 -0.6m，墙厚 1000mm，C35 混凝土浇捣；设计要求导墙采用 C30 混凝土浇筑，具体方案由施工方自行确定（根据地质资料已知导沟范围内土质为三类土）；现场余土及泥浆必须外运至 5km 处弃置。试编制该连续墙的工程量清单。

解　(1) 清单工程量计算

$$连续墙长度 =(80+60)\times2=280\ (\text{m})$$
$$成槽深度 =12-0.6=11.4\ (\text{m})$$
$$V=280\times11.4\times1.0=3192\ (\text{m}^3)$$

(2) 根据清单规范附录的提示，再结合工程的具体资料、拟定的施工方案等确定该项目的项目特征，由此编制的工程量清单见表 3-13。

表 3-13　　　　　　　　　　　　　　地下连续墙工程量清单

项目编码	项目名称	项目特征	计量单位	工程量
010203001001	地下连续墙	(1) 墙体厚度：1000mm； (2) 成槽深度：11.4m； (3) 混凝土强度等级：C35； (4) 导墙混凝土强度等级：C30； (5) 现场余土及泥浆外运至 5km 处弃置	m^3	3192

【3-29】　某场地采用地基强夯的方法进行地基加固，夯击点布置如图 3-6 所示，夯击能为 400t·m，每坑 6 击，要求第一、二遍按设计的分隔点夯击，第三遍为低锤满夯。计算其清单工程量，并列出组价时应套用的定额子目。

解　强夯工程量按设计规定的强夯间距，区分夯击能量、夯点面积、夯击遍数以边缘夯点外边线为界计算面积，包括夯点面积和夯点间的面积。因此

清单工程量＝(12×1.5＋2.3)×(12×1.5＋2.3)＝412.09（m²）

组价时应套用的陕定额子目如下：

(1) 陕定额 1－139 子目：400t·m 强夯；

(2) 陕定额 1－127 子目：低锤满拍。

地基强夯工程量清单见表 3－14。

表 3－14　　　　　　　　　　　　地基强夯工程量清单

项目编码	项目名称	项目特征	计量单位	工程量
010203003001	地基强夯	(1) 夯击能量：400t·m； (2) 夯击遍数：3 遍，每坑 6 击； (3) 工程内容：①铺夯填材料；②强夯	m²	412.09

【3－30】 如图 3－7 所示，某工程的独立承台采用静力压桩法施工，C30 混凝土预制方桩，设计桩截面尺寸为 400mm×400mm，桩长 19m（含桩尖长度），共计 50 根。每根桩分两段在现场预制，场内平均运距为 300m，采用角钢焊接接桩，送桩平均深度为 2m，土壤为一级土。编制工程量清单，列出组价时套用的陕西省定额子目并计算其工程量；计算该桩基工程的综合单价及合价。

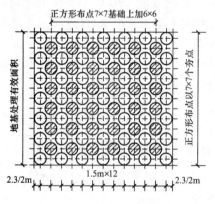

图 3－6　某场地地基夯击点布置

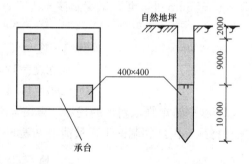

图 3－7　桩基础示意图

解 (1) 桩基工程量清单，见表 3－15。

表 3－15　　　　　　　　　　　　预制钢筋混凝土桩工程量清单

项目编码	项目名称	项目特征	计量单位	工程量
010201001001	预制钢筋混凝土桩	(1) 土壤类别：一级土； (2) 单桩长度、根数：19m、50 根； (3) 桩截面：400mm×400mm； (4) 沉桩方法：静力压桩； (5) 混凝土强度等级：C30	m/根	950/50
010201002001	接桩	(1) 桩截面：400mm×400mm； (2) 接桩材料：角钢焊接	个	50

（2）组价套用《陕西省定额》子目，由于陕西省消耗量定额中的打（压）桩定额项目已含喂桩和送桩内容，因此，不再另外计算喂桩和送桩费用。其工程量计算过程见表3-16。

表3-16　　　　　　　　　　　清单项目以及定额子目工程量计算书

序号	清单或定额编号	项目名称	计算公式	单位	数量
1	010201001001	预制钢筋混凝土桩	$L = 19 \times 50$	m	950
	4-1	桩混凝土	$V = 0.4 \times 0.4 \times 19 \times 50 \times 1.02$	m³	155.04
	6-13	桩运输工程量	$V = 0.4 \times 0.4 \times 19 \times 50 \times 1.019 \div 10$	10m³	15.49
	2-15	静力压桩	$V = 0.4 \times 0.4 \times 19 \times 50 \times 1.015 \div 10$	10m³	15.43
2	010201002001	接桩	1×50	个	50
	2-17	包角钢接桩	$50 \div 10$	10个	5

（3）综合单价的计算过程如下：

1）桩混凝土制作，套陕定额4-1子目，得到

人工费＝268.43（元/m³）

材料费＝174.26＋（186.64－163.39）×1.015＝197.86（元/m³）

机械费＝17.73（元/m³）

管理费＝（268.43＋197.86＋17.73）×1.72％＝8.33（元/m³）

利润＝（268.43＋197.86＋17.73＋8.33）×1.07％＝5.27（元/m³）

则

桩混凝土综合费用＝（268.43＋197.86＋17.73＋8.33＋5.27）×155.04＝77151.00（元）

2）预制钢筋混凝土三类构件运输，套陕定额6-13子目，

基价＝1110.82（元/10m³）

取费后合价＝1110.82×（1＋1.72％）×（1＋1.07％）＝1142.02（元/10m³）

则

预制钢筋混凝土桩的运输综合费用＝1142.02×15.49＝17689.89（元）

3）静力压桩，套陕定额2-15子目，

基价＝2698.33（元/10m³）

取费后合价＝2698.33×（1＋1.72％）×（1＋1.07％）＝2774.11（元/10m³）

则

静力压桩的综合费用＝2774.11×15.43＝42804.52（元）

预制钢筋混凝土静力压桩综合单价＝（77151.00＋17689.89＋42804.52）/950

＝144.89（元/m）

4）型钢接桩包角钢，套陕定额2-17子目，

基价＝3986.8（元/10个）

取费后合价＝3986.8×（1＋1.72％）×（1＋1.07％）＝4098.77（元/10个）

则

型钢接桩的综合单价＝5×4098.77/50＝409.877（元/个）

桩基工程量清单计价见表3-17。

表 3－17   预制钢筋混凝土静力压桩工程量清单计价

序号	项目编码	项目名称	计量单位	工程数量	金额（元）	
					综合单价	合价
一	010201001001	预制钢筋混凝土静力压桩	m	950	144.89	137 645.41
	4－1换	C30砾石混凝土	m³	155.04	497.6	77 151.00
	6－13	预制钢筋混凝土三类构件运输	10m³	15.49	1142.02	17 689.89
	2－15	静力压桩	10m³	15.43	2774.11	42 804.52
二	010201002001	接桩	个	50	409.877	20 493.85
	2－17	型钢接桩包角钢	10个	5	4098.77	20 493.85

【3－31】 某工程的施工项目为砂石灌注桩，共 500 根，桩径 300mm，桩长 16m，采用人工配制砂石，净砂：砾石（3～7cm）＝4：6。试计算此灌注桩清单工程量和分部分项工程费。

解 砂石灌注桩（010202001001）的清单工程量＝16×500＝8000（m）

定额工程量＝3.14×(0.3/2)²×16×500＝565.2m³＝56.52（10m³）

根据给定条件，套用陕灌砂石桩 2－66（换）子目，由于砂石比例不同于天然砂石，要进行基价的换算。套用陕定额 2－66 子目，查价目表中净砂、砾石 3～7cm、天然砂石的单价分别为 40.37、52.19、34.39 元/m³。

2－66 子目的基价＝1857.62（元/10m³）

换算后的基价＝1857.62＋14×(0.4×40.37＋0.6×52.19－34.39)＝2040.63（元/10m³）

分部分项工程费＝2040.63×(1＋1.72％)×(1＋1.07％)×56.52＝118 575.52（元）

【3－32】 某建筑物基底土质为一级土，地基处理采用 3：7 灰土挤密桩，成孔方法为打拔钢管，设计桩长 7.5m，直径 0.4m，共计 1500 根。试编制此项目的工程量清单，并确定其最高限价综合单价。

解 桩的清单工程量＝7.5×1500＝11250（m）

灰土挤密桩工程量清单，见表 3－18。

表 3－18   灰土挤密桩工程量清单

项目编码	项目名称	项目特征	计量单位	工程量
010202002001	灰土挤密桩	(1) 土壤类别：一级土； (2) 桩长：7.5m； (3) 桩截面：φ0.4m； (4) 成孔方法：打拔钢管； (5) 灰土级配：3：7	m	11 250

桩的定额工程量＝3.14×(0.4/2)²×(7.5＋0.25)×1500＝1460.10（m³）

根据给定条件，套用陕定额 2－68(3：7 灰土挤密桩)子目，按参考费率表中桩基工程的费率取费计算，得

2－68 子目的基价＝1289.13（元/10m³）

管理费＝1289.13×1.72％＝22.17（元/10m³）

利润＝（1289.13＋22.17）×1.07％＝14.03（元/10m³）

风险＝0（元/10m³）

综合单价＝（1289.13＋22.17＋14.03）×146.01/11 250＝17.20（元/m）

注：最高限价综合单价，即套用相应的消耗量定额子目计算出的综合单价。

3.3 砌 筑 工 程

3.3.1 清单项目计算规则及组价常用定额子目

1. 砌筑工程清单项目计算规则

砌筑工程清单项目包括砖基础，砖砌体，砖构筑物，砖块砌体，石砌体，砖散水、地坪、地沟 6 个小节，适用于建筑物、构筑物的砌筑工程。

在进行工程量计算时需特别注意砖基础与砖墙墙身划分应以设计室内地坪为界，以下为基础，以上为墙身；砖围墙则是以设计室外地坪为界。熟悉以零星砌砖项目编码列项的范围，在计算砖基础时学会运用大放脚折加高度表。常用砌筑工程清单项目工程量计算规则见表 3 - 19。

表 3 - 19 **常用砌筑工程清单项目工程量计算规则**

项目编码	项目名称	适用范围	单位	清单工程量计算规则
010301001	砖基础	各种类型砖基础：柱基础、墙基础、烟囱基础、水塔基础、管道基础等	m³	按设计图示尺寸以体积计算。增加附墙垛基础宽出部分体积；扣除地梁（圈梁）、构造柱所占体积；不扣 T 形接头重叠、砂浆防潮层、单个 0.3m² 以内孔洞；不增加靠墙暖气沟的挑檐。$V=S_{截}\times L=B_{基础墙厚}\times(H_{基础高}+h_{大放脚折加高})\times L$ 式中：L—外墙下取 $L_{中}$，内墙下取 $L_{内}$
010302001	实心砖墙	各种类型实心砖墙：外墙、内墙、女儿墙、围墙、双面混（清）水墙、直形墙、弧形墙、单面清水墙	m³	按设计图示尺寸以体积计算，包括凸出墙面砖垛。扣除门窗洞口、过人洞、空圈、柱、梁、圈梁、过梁及凹进墙内的壁龛、管槽、暖气槽、消火栓箱体积。不扣梁头、板头、檩头、垫木加固筋、单个面积 0.3m² 以内孔洞；不增加凸出墙面腰线、挑檐、压顶、窗台线、虎头砖、门窗套。$V=(L\times H-S_{门}-S_{窗}-S_{0.3m²以上洞})\times B-\sum V_{构件}$ 式中：H—墙高，外墙算至板底，内墙算至板面，女儿墙从屋面板上表面算至女儿墙顶面，内外山墙按其平均高度计算；L—墙长，外墙取 $L_{中}$，内墙取 $L_{内}$；B—墙厚
010304001	空心砖墙、砌块墙	各种规格的空心砖和砌块砌筑的各种类型的墙体	m³	
010302005	实心砖柱	各种类型砖柱：矩形柱、异形柱、圆柱、包柱等	m³	按设计图示尺寸以体积计算。扣除混凝土及钢筋混凝土梁垫、梁头、板头所占体积
010302006	零星砌体	台阶、台阶挡墙、梯带、锅台、炉灶、蹲台、池花台、花池槽、楼梯栏板、阳光栏板等	m³	
010305001	石基础	各种规格（条石、块石等）、各种材质（砂石、青石等）、各种类型（柱基、墙基、直形、弧形等）基础	m³	按设计图示尺寸以体积计算。不扣除基础砂浆防潮层，单个面积 0.3m² 以内的空洞。不增加靠墙暖气沟的挑檐。清单工程量计算同砖基础

2. 砌筑工程组价常用定额子目及工程量计算

砌筑工程的清单项目组价时要区分墙体材料及强度等级，墙体类型、厚度，砌筑砂浆的种类及强度等级，熟悉定额项目要求。进行组价时，需根据清单项目的项目特征，结合定额子目的工作内容选套相应的定额子目。砌筑工程清组价常用定额子目及工程量计算见表 3-20。

表 3-20 砌筑工程组价常用定额子目及工程量计算

项目名称	参考子目及定额工程量计算	组价常用国家定额参考子目及工程量计算规则
砖基础	砖基础 3-1：同清单量	砖基础 4-1：同清单量
实心砖墙	(1) 实心砖墙 3-2～3-17，空心砖墙 3-35～3-44，3-45～3-47 砌块墙： $V=(L\times H-S_{门}-S_{窗}-S_{0.3m^2以上洞})\times B-V_{构件}$ 式中：L—墙长，H—墙高，外墙算至板面，内墙算至板底，女儿墙从屋面板上表面算至女儿墙顶面，内外山墙按其平均高度计算； (2) 砖砌清水围墙 3-57：围墙体积； (3) 砖砌挡土墙、护坡 3-58：挡土墙、护坡体积	(1) 清水、混水砖墙 4-2～4-16，多孔、空心砖墙 4-17～4-22： $V=(L\times H-S_{门}-S_{窗}-S_{0.3m^2以上洞})\times B-V_{构件}$ 式中：L—墙长，H—墙高，外墙平屋面算至钢筋混凝土板底；内墙无屋架者算至天棚底另加 100mm，有钢筋混凝土隔层者算至板底，有框架梁时算至梁底面；女儿墙自外墙顶面算至图示女儿墙顶面高度；内外山墙按其平均高度计算； (2) 砖砌挡土墙 4-75～4-78：土墙体积； (3) 护坡 4-81～4-82：护坡体积
空心砖墙、砌块墙		
实心砖柱	砖柱 3-18～3-24：同清单量	砖柱 4-38～4-44：同清单量
零星砌体	(1) 零星砌体 3-25：砌体体积（按图示外形尺寸）； (2) 砖砌台阶 3-27：台阶投影面积； (3) 挖孔桩砖护壁 3-52～3-53：护壁体积	(1) 零星砌体 4-55～4-61：砌体体积（按图示外形尺寸）； (2) 砖砌台阶 4-54：$S_{台阶投影}$
石基础	毛石基础 3-59：同清单量	石基础 4-66～4-67：同清单量

3.3.2 习题精练

一、选择题

【3-33】 一砖厚二层等高式大放脚带形砖基础长 40m，钢筋混凝土基础顶面标高为 -1.6m，室内外高差为 0.3m，砖基础上有高为 20cm 的防水地圈梁，则该带基砖基础工程量为（ ）m³。

A. 17.25 B. 12.45 C. 15.33 D. 14.37

答案： C

分析： 一砖厚二层等高式大放脚的折加高度为 0.197m，故砖基础清单工程量 $V=S_{截}\times L=$ 基础墙厚×（基础高 H+大放脚折加高 h）×L=40×0.24×（1.6-0.2+0.197）=15.33（m³）。

【3-34】 计算砖烟囱、砖水塔清单工程量时，应扣除砌体中（ ）。

A. 钢筋混凝土圈梁体积 B. 大于 0.3m² 的孔洞所占体积

C. 钢筋混凝土过梁体积 D. 各种孔洞及钢筋混凝土圈、过梁等体积

答案： A、B、C、D

【3-35】《全国统一建筑工程基础定额》（GJD-101-95，以下简称国家定额）中关于突出砖墙面的腰线，计算规则是（　　）。

A. 三皮砖以下的不计算
B. 三皮砖以上的计算后并入墙体内
C. 三皮砖以上的单独列项计算
D. 无论三皮砖以下或以上均不计算

答案：A、B

【3-36】以下关于空斗墙清单工程量计算的说法，正确的是（　　）。

A. 应按设计图示尺寸以实际砌筑的砖体积计算
B. 应按设计图示尺寸以外形体积计算
C. 应扣除内外墙交接处实砌部分体积
D. 应扣除窗台砖、屋檐处实砌部分体积

答案：B

【3-37】填充墙（010302004）清单项目适用于（　　）中的墙体。

A. 混合结构中的承重墙
B. 框架结构的墙体
C. 小区围墙
D. 空斗墙中的窗间墙
E. 填有保温材料的夹心墙

答案：E

【3-38】以下项目中（　　）属于零星砖砌体。

A. 空斗墙窗台下实砌砖砌体
B. 室外砖砌花台
C. 砖窨井
D. 砖地沟
E. 砖砌台阶

答案：A、B、E

【3-39】计算砖墙的定额工程量中应扣除（　　）。

A. 门洞口
B. 梁头
C. 0.3m² 以下的孔洞
D. 过梁
E. 圈梁

答案：A、D、E

【3-40】某工程条形砖基础施工，C15 混凝土垫层底标高为 -1.8m，厚度为 200mm，室内外高差为 300mm，则砖基础（　　）。

A. 开挖深 1.8m
B. 开挖深 1.5m
C. 不需放坡
D. 计算高度为 1.6m

答案：B、D

二、计算题

【3-41】图 3-8 为某工程基础平面及剖面示意图，已知 $L_1=10.5$m，$L_2=4.2$m，基础宽度 $A=2.5$m、$B=3.0$m、$H_1=2.0$m、$H_2=2.5$m、$a=0.3$m，墙厚 $b=0.24$m。试计算砖基础工程量。

解　1-1 基础长度 $L_{1-1}=4.2-0.24=3.96$（m）

2-2 基础长度 $L_{2-2}=(10.5+4.2)\times2=29.4$（m）

查陕定额中"等高式普通砖基础大放脚折加高度计算表"：1-1 大放脚折加高度 $H_{1-1}=0.394$m

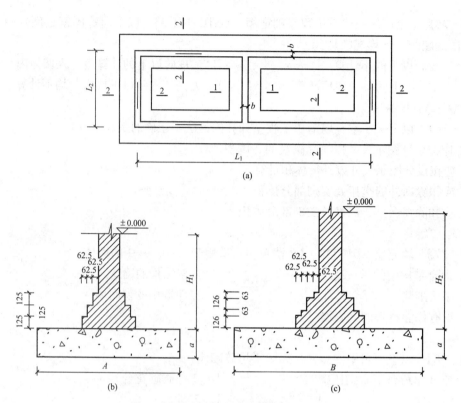

图 3-8　基础平面及剖面大放脚示意图

(a) 平面图；(b) 1-1 剖面图；(c) 2-2 剖面图

2-2 大放脚折加高度 $H_{2-2}=0.525$m

则

条形砖基础工程量 $V = L_{1-1} \times b \times (H_{1-1} + H_1) + L_{2-2} \times b \times (H_{2-2} + H_2)$

$= 3.96 \times 0.24 \times (0.394 + 2.0) + 29.4 \times 0.24 \times (0.525 + 2.5)$

$= 2.275 + 21.344$

$= 23.619$ （m³）

或查得：1-1 大放脚增加的断面积 $S_{1-1} = 0.0945$m²

2-2 大放脚增加的断面积 $S_{2-2} = 0.126$m²

则

条形砖基础工程量 $V = L_{1-1}(S_{1-1} + b \times H_1) + L_{2-2}(S_{2-2} + b \times H_2)$

$= 3.96 \times (0.0945 + 0.24 \times 2.0) + 29.4 \times (0.126 + 0.24 \times 2.5)$

$= 2.275 + 21.344$

$= 23.619$（m³）

【3-42】 某砖混结构建筑物墙厚均为 240mm，$L_{中}=38.16$m，$L_{内}=5.23$m，室内外高差为 450mm，基础垫层底标高为 -2.2m，垫层厚 300mm；砖基础为三层等高式普通砖基础大放脚，每层高 126mm、宽 63mm；砖基础内设有地圈梁，截面尺寸为 240mm×240mm。试计算该建筑物砖基础的清单工程量。

解　查用陕定额得一砖厚三层等高式普通砖基础大放脚折加高度为 0.394m，则

清单工程量=(38.16+5.23)×(2.2+0.394-0.3-0.24)×0.24＝21.39（m³）

【3-43】 如图3-9所示，某工程砌筑MU15实心砖墙基，采用M7.5水泥砂浆、标准砖砌筑，砖砌体内无混凝土构件。编制该砌筑项目的工程量清单。

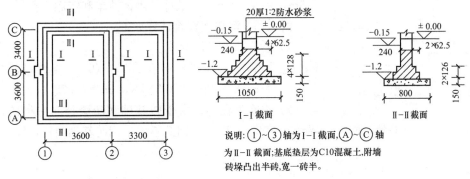

图3-9 砖基础平面图

解 该工程砖基础有两种截面，为避免工程局部变更引起整个砖基础报价调整的纠纷，应分别列项。工程量计算如下：

（1）Ⅰ-Ⅰ截面砖基础高度 H=1.2（m）

长度 L=(3.6+3.4)×3+2×0.190-0.24＝21.14(m)

其中砖垛折加长度=(0.365-0.24)×0.365÷0.24＝0.190（m）

四层等高式大放脚折加高度=0.656（m）

砖基础工程量 V=21.14×(1.2+0.656)×0.24＝9.42（m³）

垫层长度 L=(3.6+3.4)×3-0.8+2×0.190＝20.58（m）

（2）Ⅱ-Ⅱ截面：砖基础高度 H=1.2（m）

长度 L=(3.6+3.3)×2＝13.8（m）

二层等高式大放脚折加高度=0.197（m）

砖基础工程量 V=13.8×(1.2+0.197)×0.24＝4.63（m³）

工程量清单见表3-21。

表3-21　　　　　　　　　　　　　　　　砖基础工程量清单

项目编码	项目名称	项目特征	计量单位	工程量
010301001001	砖基础 （Ⅰ-Ⅰ剖面）	（1）砖品种、规格、强度等级：MU15实心砖（240mm×115mm×53mm）； （2）基础类型：一砖条形基础； （3）基础深度：-1.2m； （4）砂浆强度等级：M7.5水泥砂浆； （5）基底下垫层：C15混凝土，长20.58m，宽1.05m，厚150mm	m³	9.42
010301001002	砖基础 （Ⅱ-Ⅱ剖面）	（1）砖品种、规格、强度等级：MU15实心砖（240mm×115mm×53mm）； （2）基础类型：一砖条形基础； （3）基础深度：-1.2m； （4）砂浆强度等级：M7.5水泥砂浆； （5）基底下垫层：C15混凝土，长13.8m，宽0.8m，厚150mm	m³	4.63

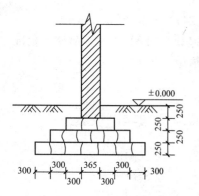

图 3-10 某建筑内墙剖面图

【3-44】 图 3-10 为某建筑内墙（一砖半厚）剖面图，基础为 M5 水泥砂浆砌筑毛石基础，墙体为 M5 水泥混合砂浆砌筑实心砖墙，内墙净长为 39.0m，板顶标高为 3.6m，板厚 120mm。试计算砌体清单和定额工程量。

解 （1）清单工程量计算如下：

1）毛石基础工程量

$$V_{毛石基础}=39.0\times[(0.3\times6+0.365)+(0.3\times4+0.365)+(0.3\times2+0.365)]\times0.25=45.78（m^3）$$

2）砖墙工程量：由于砖基础和砖墙是同一种砖，且分界线在 300mm 以内，因此不再单列砖基础项目，即

$$V_{砖墙}=39.0\times(3.6+0.25)\times0.365=54.80（m^3）$$

砌体工程量清单见表 3-22。

表 3-22 砌体工程量清单

项目编码	项目名称	项目特征	计量单位	工程量
010302001001	实心砖墙	(1) 砖品种、规格：标准砖（240mm×115mm×53mm）； (2) 墙体类型：实心砖内墙； (3) 墙体厚度：365mm； (4) 墙体高度：3.6m	m³	54.80
010305001001	石基础	(1) 石料种类：毛石； (2) 基础深度：基础埋深 1.0m； (3) 基础类型：条形基础； (4) 砂浆强度：M5 水泥砂浆	m³	45.78

（2）定额工程量计算如下：

1）砖基础工程量：同清单工程量，套用陕定额 3-1 子目；

2）砖墙工程量：$V_{砖墙}=39.0\times(3.6-0.12+0.25)\times0.365=53.10（m^3）$，套用陕定额 3-5 子目；

3）毛石基础工程量：同清单工程量，套用陕定额 3-59 子目。

【3-45】 图 3-11 为某工程平面图及剖面图，已知 M1 尺寸为 1200mm×2400mm，M2 尺寸为 900mm×2000mm，C1 尺寸为 1800mm×1800mm，承重多孔砖（240mm×115mm×90mm）墙用 M7.5 混合砂浆砌筑，纵横墙均设 C20 混凝土圈梁，圈梁尺寸为 240mm×180mm。试计算砖墙工程量清单及定额工程量。

解 外墙中心线长度 $L_{中}=(3.6\times2+3.9+4.5)\times2=31.2（m）$

内墙净长线长度 $L_{内}=(4.5-0.24)\times2=8.52（m）$

外墙门窗洞口面积 $=1.2\times2.4+1.8\times1.8\times5=19.08（m^2）$

内墙门窗洞口面积 $=0.9\times2.0\times2=3.6（m^2）$

（1）清单工程量计算如下：

一砖外墙工程量 $=31.2\times(4.2-0.18)\times0.24-19.08\times0.24=25.52（m^3）$

一砖内墙工程量 $=8.52\times(4.2+0.12-0.18)\times0.24-3.6\times0.24=7.60（m^3）$

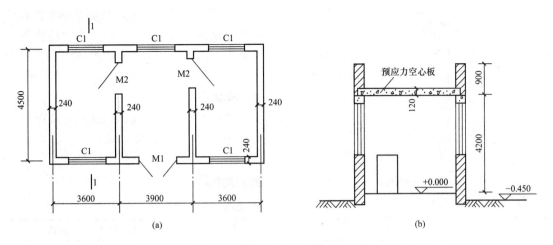

图 3-11 某工程平面、剖面示意图

(a) 平面图；(b) 1-1 剖面图

女儿墙工程量＝31.2×(0.9-0.12)×0.24＝5.84（m³）

砌块墙工程量清单见表 3-23。

表 3-23　　　　　　　　砌块墙工程量清单

项目编码	项目名称	项目特征	计量单位	工程量
010304001001	砌块墙	(1) 墙体类型：外墙； (2) 墙体厚度：240mm； (3) 砌块品种、规格：承重多孔砖、240mm×115mm×90mm； (4) 砂浆强度等级：M7.5 混合砂浆； (5) 墙高度：4.02m	m³	25.52
010304001002	砌块墙	(1) 墙体类型：内墙； (2) 墙体厚度：240mm； (3) 砌块品种、规格：承重多孔砖、240mm×115mm×90mm； (4) 砂浆强度等级：M7.5 混合砂浆； (5) 墙高度：4.14m	m³	7.60
010304001003	砌块墙	(1) 墙体类型：女儿墙； (2) 墙体厚度：240mm； (3) 砌块品种、规格：承重多孔砖、240mm×115mm×90mm； (4) 砂浆强度等级：M7.5 混合砂浆； (5) 墙高度：0.78m	m³	5.84

(2) 定额工程量计算如下：

一砖内墙工程量＝8.52×(4.2-0.18)×0.24-3.6×0.24＝7.36（m³），套用陕定额 3-37 子目；

一砖外墙工程量＝31.2×(4.2+0.12-0.18)×0.24-19.08×0.24＝26.42（m³），套用陕定额 3-37 子目；

女儿墙工程量＝31.2×(0.9-0.12)×0.24＝5.84（m³），套用陕定额 3-37 项目。

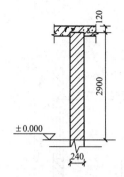

图 3-12 内墙墙体大样图

【3-46】 图 3-12 为某 M7.5 水泥砂浆砌筑标准实心砖一砖内墙墙体大样图,该内墙净长 33.90m,其中门窗洞口面积为 30.60m²,顶棚抹灰厚度为 20mm。求该内墙清单和定额工程量。

解 (1) 清单工程量

V = 内墙净长 × 墙高 × 墙厚 − 门窗洞口面积 × 墙厚

= 33.90 × (2.90 + 0.12) × 0.24 − 30.60 × 0.24

= 17.23 (m³)

实心砖墙工程量清单见表 3-24。

表 3-24 实心砖墙工程量清单

项目编码	项目名称	项目特征	计量单位	工程量
010302001001	实心砖墙	(1) 砖品种、规格:标准砖、240mm× 115mm×53mm; (2) 墙体类型:实心砖内墙; (3) 墙体厚度:240mm; (4) 内墙高度:3.02m; (5) 砂浆强度等级:M7.5 水泥砂浆	m³	17.23

(2) 定额工程量

$$V = 内墙净长 × 墙高 × 墙厚 − 门窗洞口面积 × 墙厚$$

$$= 33.90 × 2.90 × 0.24 − 30.60 × 0.24 = 16.25 (m³)$$

套用陕定额 3-4 子目。

【3-47】 如图 3-13、图 3-14 所示,某单层建筑物墙身为 MU7.5 标准黏土砖,M5.0

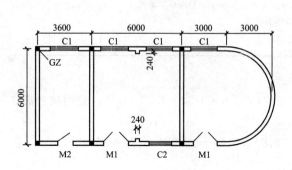

图 3-13 某单层建筑物墙身平面图

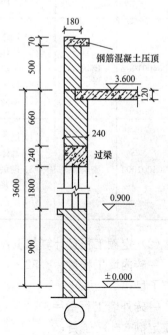

图 3-14 某单层建筑物墙身剖面图

混合砂浆砌筑，内外墙厚均为240mm，外墙瓷砖贴面，GZ从基础圈梁到女儿墙顶，门窗洞口上全部采用预制钢筋混凝土过梁。门窗洞口尺寸为：M1—1500mm×2700mm，M2—1000mm×2700mm，C1—1800mm×1800mm，C2—1500mm×1800mm。试计算该砌筑工程清单工程量。

解　该砌筑工程的项目编码为010302001，实心砖墙的工程量计算如下：

(1) 外墙清单工程量

$$H_{外}=3.6-0.12=3.48（m）$$

$$S_{门、窗、洞}=1.5×2.7×2+1.0×2.7×1+1.8×1.8×4+1.5×1.8×1=26.46（m^2）$$

$$V_{过梁}=[(1.5+0.5)×2+(1.0+0.5)×1+(1.8+0.5)×4+(1.5+0.5)×1]×0.24×0.24$$
$$=0.96（m^3）$$

直形墙清单工程量

$$V=[6.0+(3.6+6.0+3.0)×2-0.24×6+0.24×2]×3.48×0.24-26.46×0.24-0.96$$
$$=17.95（m^3）$$

弧形墙清单工程量

$$V=3.48×\pi×3×0.24=7.87（m^3）$$

(2) 内墙清单工程量

$$H_{内}=3.6（m）$$

$$L_{内}=(6-0.24)×2=11.52（m）$$

$$V=11.52×3.6×0.24=9.95（m^3）$$

(3) 女儿墙工程量

$$H=0.5m$$

$$L_{女中}=(6.0+0.24-0.18)+(3.63+9)×2+\pi×3.03-0.24×6=39.40（m）$$

$$V=39.40×0.5×0.18=3.55（m^3）$$

【3-48】　某三层砖混结构住宅楼，层高均为2.8m，圈梁断面尺寸为240mm×250mm，板为预应力多孔板，板厚120mm，墙厚240mm，内墙净长线为120m，外墙中心线长为80m，内墙门窗洞口总面积为90m²，外墙门窗洞口总面积为140m²。计算内外墙体工程量清单和定额工程量。

解　外墙清单工程量＝[80×(2.8-0.12-0.25)×3-140]×0.24＝106.37（m³）

内墙清单工程量＝[120×(2.8-0.25)×3-90]×0.24＝198.72（m³）

外墙定额工程量＝[80×(2.8-0.25)×3-140]×0.24＝113.28m³＝11.33（10m³）

内墙定额工程量＝[120×(2.8-0.12-0.25)×3-90]×0.24＝188.35m³＝18.84（10m³）

【3-49】　某工程砖基础工程量清单见表3-25。

表3-25　　　　　　　　　　　　**某工程砖基础工程量清单**

项目编码	项目名称	项目特征	计量单位	工程量
010301001001	砖基础	(1) 砖品种、规格、强度等级：MU10 机制红砖、240mm×115mm×53mm； (2) 基础类型：条形基础； (3) 砂浆强度：M10 水泥砂浆	m³	100

投标人报价及招标文件相关规定如下：

（1）以 2004 年《陕西省建筑装饰工程消耗量定额》计算消耗量；

（2）管理费费率按 4%，利润率按 2% 计算；

（3）措施项目仅计算 2009 年计价费率中按费率计取的措施项目，其他项目费为 0；

（4）投标人调研的 P.O 32.5 水泥市场价为 350 元/t，一般土建工程人工费为 55 元/工日，装饰装修工程人工费为 65 元/工日，其余材料、机械单价均同《陕西省建筑、装饰工程价目表（2009）》单价；

（5）招标文件要求考虑的风险范围仅为水泥，风险幅度 ±10%，投标人按市场价的 5% 计算风险幅度；

（6）施工期间水泥市场价甲方确认价 400 元/t；

（7）施工地点在西安市区；

（8）该分项工程甲、乙双方核对工程量为 110m³。

问题：（1）按以上条件计算投标时投标人计算的该分项工程的综合单价。

（2）计算该分项工程结算时的含税工程造价。

解 （1）套陕定额 3-1 子目，该分项综合单价为

分项直接工程费 $=2189.77+(350-320)\times2.36\times0.275=2209.24$（元/10m³）

分项风险 $=2.36\times0.275\times350\times5\%=11.36$（元/10m³）

分项管理费 $=(2209.24+11.36)\times4\%=88.82$（元/10m³）

分项利润 $=(2209.24+11.36+88.82)\times2\%=46.19$（元/10m³）

综合单价 $=(2209.24+11.36+88.82+46.19)\times10/100=235.56$（元/m³）

（2）竣工结算

$$分部分项工程费=110\times235.56=25911.60(元)$$

除安全文明施工费外，以费率计取的措施项目费 $=25911.60\times(0.76\%+0.34\%+0.42\%)=393.86(元)$

其他项目费 $=0$

差价 $=[400-350\times(1+10\%)]\times2.36\times0.275\times11=107.09$（元）

安全文明施工费 $=(25911.60+393.86+0+107.09)\times3.8\%=1003.68$（元）

规费 $=(25\,911.60+393.86+0+107.09+1003.68)\times4.67\%=1280.34$（元）

税金 $=(25\,911.60+393.86+0+107.09+1003.68+1280.34)\times3.41\%=978.55$（元）

含税造价 $=25\,911.60+393.86+0+107.09+1003.68+1280.34+978.55=29\,675.12$（元）

3.4 钢 筋 混 凝 土 工 程

3.4.1 现浇混凝土清单项目计算规则及组价常用定额子目

现浇混凝土构件的清单工程量和定额工程量大都是按照设计图示尺寸以体积计算，组价时需明确对混凝土强度等级的要求。常用现浇混凝土工程清单项目工程量计算规则及组价常用定额子目见表 3-26～表 3-28。

表 3 – 26　　常用现浇混凝土基础的清单项目工程量计算规则及组价常用定额子目

项目编码	项目名称	适用范围	单位	清单工程量计算规则	陕西定额	国家定额
010401001	带形基础	混凝土的带形基础（条形基础）及墙下的板式基础的制作、运输和养护	m³	按设计图示尺寸以体积计算。 $V = S_{基础断面} \times L + V_D$ $V_D = L_D\left(h_3 \times b + h_2 \times \dfrac{2 \times b + B}{6}\right)$ 式中：L—基础长，外墙下为$L_{中}$，内墙下为基础净长；V_D—T形接头体积（字母含义见图） 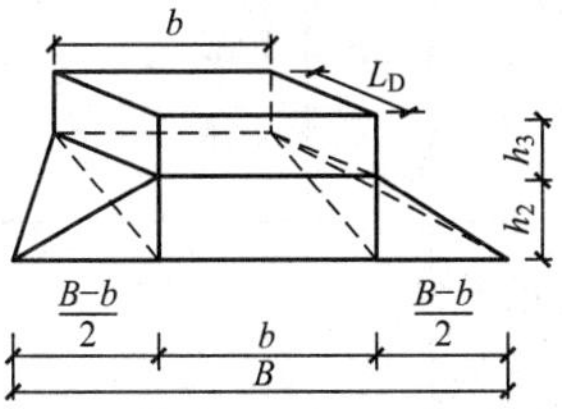 搭接部分		带形基础混凝土5－393～5－394：同清单量
010401002	独立基础	块体柱基、杯基、柱下的板式基础、无筋倒圆台基础、壳体基础、电梯井基础等的制作、运输和养护	m³	按设计图示尺寸以体积计算。 当为截锥形时 $V = a \times b \times h_1 + \dfrac{h_2}{6} \times [a_1 \times b_1 + (a_1 + a) \times (b_1 + b) + a \times b]$ 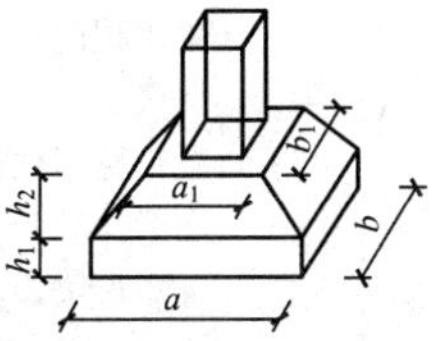	基础混凝土4－1：同清单量	独立基础混凝土5－395～5－396：同清单量
010401003	满堂基础	地下室的箱式、筏式基础等的制作、运输和养护	m³	按设计图示尺寸以体积计算。无梁式为基础底板的实际体积，有梁式为基础梁和底板体积之和		5－398～5－399满堂基础混凝土；同清单量
010401004	设备基础	设备的块体基础、框架基础等的制作、运输和养护	m³	按设计图示尺寸以体积计算	基础混凝土4－1：同清单量；螺栓孔二次灌浆4－167：灌浆量	基础混凝土5－393～5－420：同清单量
010401005	桩承台基础	浇筑在组桩上的承台的制作、运输和养护	m³	按设计图示尺寸以体积计算。不扣除伸入承台基础的桩头体积	承台混凝土4－1：同清单量	承台桩基础混凝土5－400：同清单量
010401006	垫层	用于各种形式的混凝土垫层的制作、运输和养护	m³	按设计图示尺寸以体积计算		8－16～8－17：同清单量

表 3 - 27   常用现浇混凝土构件清单项目工程量计算规则及其定额子目

项目编码	项目名称	适用范围	单位	清单工程量计算规则	陕西定额	国家定额
010402001	矩形柱	截面为矩形的现浇钢筋混凝土柱的制作、运输和养护	m³	按设计图示尺寸以体积计算 $V=S_{断面} \times H$ 式中：$S_{断面}$——应考虑马牙槎面积，与圈梁相交部分计入构造柱。H——柱高，自柱基础上表面至柱顶的高度	柱混凝土 4 - 1：同清单量	（1）矩形柱 5 - 401：同清单量；（2）构造柱 5 - 403：同清单量
010402002	异形柱	工形柱、双肢柱、空格柱和空心柱等的制作、运输和养护	m³			圆形、多边形柱 5 - 402：同清单量
010403001	基础梁	支承在柱基础上或桩承台上的梁的制作、运输和养护	m³	按设计图示尺寸以体积计算。（1）伸入墙内的梁头、梁垫并入梁体积内；（2）梁长取定：梁与柱连接时，梁长算至柱侧；主梁与次梁连接时，次梁长算至主梁侧面。矩形梁、基础梁：$S_{矩形梁} \times L_{矩形梁} \times$根数 $S_{地圈梁} \times L_{地圈梁} - V_{构造柱}$ 圈梁：$S_{圈梁} \times L_{圈梁} - V_{构造柱}$	梁混凝土 4 - 1：同清单量	基础梁 5 - 405：同清单量
010403002	矩形梁	横截面为矩形的梁的制作、运输和养护	m³			单、连续梁 5 - 406：同清单量
010403003	异形梁	截面为 T 形、L 形、I 形的梁的制作、运输和养护	m³			异性梁 5 - 407：同清单量
010403004	圈梁	钢筋混凝土圈梁的制作、运输和养护	m³			圈梁 5 - 408：同清单量
010403005	过梁	钢筋混凝土过梁：单过梁、连续过梁的制作、运输和养护	m³			过梁 5 - 409：同清单量
010403006	弧形、拱形梁	形状呈弧形、拱形的梁的制作、运输和养护	m³			弧形、拱形梁 5 -410：同清单量
010404001	直形墙	挡土墙和地下室墙、电梯井等的制作、运输和养护	m³	按设计尺寸以体积计算，不扣除构件内钢筋、预埋铁件所占体积。应扣除门窗洞口及单个面积 0.3m³ 以上的孔洞所占体积，墙垛及突出墙面部分并入墙体积内；墙体积，有凸出墙面柱时，墙算至柱侧面	墙混凝土 4 - 1：同清单量	墙混凝土 5 - 411～5 - 412：同清单量
010404002	弧形墙	墙体中心线呈弧形的墙的制作、运输和养护	m³			弧形混凝土墙 5 - 414：同清单量

项目编码	项目名称	适用范围	单位	清单工程量计算规则	陕西定额	国家定额
010405001	有梁板	梁、板同时现浇构成整体的板：密肋板和井字梁板等的制作、运输和养护	m³	按设计图示尺寸以梁与板的体积之和计算，扣除 0.3m² 以上孔洞体积	板混凝土 4 - 1：同清单量	有梁板 5 - 417：同清单量
010405002	无梁板	直接支撑在柱上的板：有柱帽和无柱帽两种板的制作、运输和养护	m³	按设计图示尺寸以板与柱帽（托）体积之和计算，扣除 0.3m² 以上孔洞体积		无梁板 5 - 418：同清单量
010405003	平板	周边直接由框架梁、混凝土墙或圈梁支撑的现浇混凝土板，板下无梁无柱的制作、运输和养护	m³	按设计图示尺寸以体积计算，扣除 0.3m² 以上孔洞体积		平板 5 - 419：同清单量
010405006	栏板	梯段或阳台上所设的安全设施：实心的阳台栏杆等的制作、运输和养护	m³	按设计图示尺寸以栏板体积计算		栏板 5 - 425：同清单量
010405007	天沟、挑檐	屋面上用于排水的各式天沟及挑檐的制作、运输和养护	m³	按设计图示尺寸以体积计算 $V=V_{水平}+V_{翻起}=S_{水平板断面}\times(L_{外}+4\times B_{挑檐宽})+S_{翻起栏板断面}\times[L_{外}+8(B_{挑檐宽}-H_{栏板厚}/2)]$ 或 $V=(L_{外}+4\times挑檐宽)\times挑檐宽\times挑檐厚+[L_{外}+8\times(挑檐宽-翻起厚/2)]\times S_{翻起}$		天沟、挑檐 5 - 430：按图示外挑部分尺寸的水平投影面积计算
010405008	雨篷、阳台板	雨篷：建筑物出入口的悬挑构件阳台板：连接室内的室外平台的制作、运输和养护	m³	以伸出墙外部分的体积计算，包括伸出墙外的牛腿和翻起的体积。雨篷：$V=$挑出宽度×厚度×雨篷长度+翻起高度×翻起厚度×长度 阳台板：$V=$阳台底板体积+翻起体积		小型构件 5 - 429：同清单量
010405009	其他板	叠合板：有肋叠合板和无肋叠合板的制作、运输和养护	m³	按设计图示尺寸以体积计算		拱板 5 - 420：同清单量

表 3－28　　　　　常用现浇混凝土其他构件工程清单项目计算规则及其定额子目

项目编码	项目名称	适用范围	单位	清单工程量计算规则	参考子目及定额工程量计算	对应的国家定额参考子目及定额工程量计算
010406001	直形楼梯	包含楼梯踏步、斜梁、休息平台和平台在内的梁式楼梯和板式楼体制作、运输和养护	m²	各层投影面积之和计算。各层投影面积 $S=L \times b-S_{宽度>500mm楼梯井}$ 式中：L—休息平台墙内侧至楼梯梁的外侧尺寸；b—楼梯间净宽	楼梯混凝土 4-1：楼梯水平投影面积× 26.88m³/100m²	直行混凝土楼梯 5-421：以图示露面尺寸的水平投影面积计算，不扣除小于 500mm 楼梯井所占面积
010407001	其他构件	遮阳板、突出厨房的灶台、小立柱、厕所隔板、通风道、垃圾道、烟道等的制作、运输和养护	m³(m²、m)	根据构件类型计算其体积、面积或长度	构件混凝土 4-1：构件体积	（1）构件混凝土 5-424：按构件外围体积计算；（2）小型构件 5-429：按构件外围体积计算
010407002	散水、坡道	散水及坡道的制作、运输和养护	m²	按设计图示尺寸以面积计，不扣除单个 0.3m² 以内孔洞所占面积。当散水四周宽相同时 $S=(L_{外}+4 \times B_{散水宽}) \times B_{散水宽}-S_{台阶}$	（1）灰土垫层 1-27～1-28：垫层体积；（2）礓磋坡道 8-26：同清单量；（3）混凝土散水 8-27：同清单量	

3.4.2　现浇混凝土清单项目习题精练

一、选择题

【3-50】 计算混凝土工程量时，（　　）不需要扣除。

A. 伸入圈梁内的梁的体积　　　　　　B. 构件内的预埋件体积

C. 构件内的钢筋体积　　　　　　　　D. 墙、板中 0.3m² 内的孔洞所占体积

答案：B、C、D

【3-51】 下列有关平板的说法，正确的是（　　）。

A. 平板是指肋形楼板以外的板

B. 平板是指无柱、无梁，四周直接搁置在墙上的板

C. 平板是指不带梁，直接用柱支承的楼板

D. 平板是指很平的板，无质量问题的板

答案：B

【3-52】 以下项目在计算清单工程量时，以面积为计量单位的是（　　）。

A. 现浇混凝土天沟　　　　　　　　　B. 现浇混凝土雨篷

C. 现浇混凝土台阶　　　　　　　　　D. 预制混凝土楼梯

答案：C

【3-53】 现浇混凝土挑檐清单工程量按（ ）计算。

A. 挑出墙外水平投影面积   B. 挑出墙外混凝土体积

C. 挑檐延长米   D. 墙外挑檐水平竖直展开面积

答案：B

【3-54】 构造柱是按照（ ）项目编码列项。

A. 矩形柱   B. 异形柱

C. 其他构件   D. 弧形柱

答案：A

【3-55】 关于工程量计算，下列说法中正确的是（ ）。

A. 现浇直形混凝土楼梯的清单工程量和消耗量定额项目中的混凝土工程量计算相同

B. 现浇雨篷的清单工程量和消耗量定额项目中的混凝土工程量计算相同

C. 现浇阳台板的清单工程量和消耗量定额项目中的混凝土工程量计算相同

D. 现浇台阶的清单工程量和消耗量定额项目中的混凝土工程量计算相同

答案：B、C

【3-56】 下列说法中正确的是（ ）。

A. 计算现浇混凝土板工程量时，扣除构件内的钢筋、预埋件及单个面积 $0.3m^3$ 以内的孔洞

B. 雨篷和阳台板按图示尺寸以墙外部分体积计算

C. 有梁板按设计图示尺寸以面积计算

D. 现浇混凝土楼梯按设计图示尺寸以水平投影面积计算

答案：B、D

【3-57】 某住宅楼有 8 层楼梯，每层楼梯的水平投影面积为 $12.75m^2$，体积折算系数为 $0.2688m^3/m^2$，下列说法中正确的是（ ）。

A. 清单工程量为 $102m^2$ B. 消耗量定额模板工程量为 $27.42m^3$

C. 消耗量定额模板工程量为 $102m^2$ D. 混凝土清单工程量为 $27.42m^3$

答案：A、C

分析：楼梯的清单工程量计算规则为以各层投影面积之和计算，即 $12.75×8=102m^2$；模板工程量同清单工程量。

【3-58】 某工程台阶的水平投影面积为 $10m^2$，混凝土体积折算系数为 $0.1460m^3/m^2$，下列说法中正确的是（ ）。

A. 清单工程量为 $10m^2$ B. 消耗量定额模板工程量为 $1.46m^3$

C. 消耗量定额模板工程量为 $10m^2$ D. 消耗量定额混凝土工程量为 $1.46m^3$

答案：A、C、D

分析：台阶的清单工程量按投影面积计算，即 $10m^2$；模板工程量和定额工程量同清单工程量。

二、计算题

【3-59】 某柱下独立基础如图 3-15 所示，求该基础的工程量。

解 上部四棱台体积 $=\dfrac{0.4}{6}×[1.5×1.2+(1.5+0.6)×(1.2+0.5)+0.6×0.5]=0.38$ （m^3）

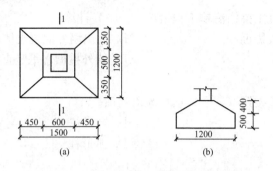

图 3-15　截锥形独立基础平面及剖面图

(a) 平面图；(b) 1-1 剖面图

下部矩形体积=1.5×1.2×0.5=0.9（m³）

所以，独立基础体积=0.38+0.9=1.28（m³）

【3-60】 图 3-16 所示为某工程独立基础，求该基础的工程量。

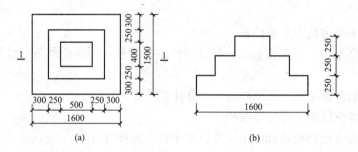

图 3-16　阶梯形独立基础平面及剖面图

(a) 平面图；(b) 1-1 剖面图

解　$V_1=1.6×1.5×0.25=0.6$（m³）

$$V_2=(1.6-0.3×2)×(1.5-0.3×2)×0.25=0.23（m³）$$

$$V_3=0.5×0.4×0.25=0.05（m³）$$

$$V=V_1+V_2+V_3=0.6+0.23+0.05=0.88（m³）$$

【3-61】 计算图 3-17 所示满堂基础的清单工程量。

解　底板体积 $V_{JB}=44.2×19×0.3=251.94$（m³）

凸梁体积 $V_{JL}=[44.2×4+(19-0.4×4)×(8+1)]×0.4×0.45=60.01$（m³）

有梁式满堂基础体积 $V_{MJ}=251.94+60.01=311.95$（m³）

【3-62】 某工程构造柱的高度均为 3.6m，试计算图 3-18 所示位置的构造柱（各有两个）的混凝土的工程量。

解　如图 3-18 所示，由于施工中设置了马牙槎，从而使构造柱的断面尺寸也随之变化。为简化工程量的计算，构造柱的断面尺寸取为马牙槎的中心线间的尺寸［图 3-18（d）中虚线位置所示］，则有

构造柱断面面积=原构造柱断面面积+1/2×马牙槎断面面积×马牙槎边数

构造柱混凝土工程量=构造柱断面面积×柱高度

因此，构造柱混凝土工程量

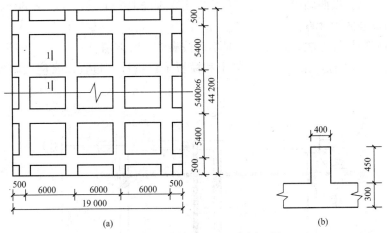

图 3 - 17　满堂基础平面及剖面图

(a) 平面图；(b) 基础剖面图

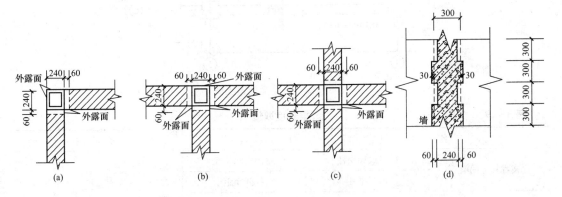

图 3 - 18　构造柱施工详图

(a) 双面马牙槎；(b) 三面马牙槎；(c) 四面马牙槎；(d) 构造柱结构图

由图 3 - 18 (a) 有：$(0.24 \times 0.24 + 0.5 \times 0.06 \times 0.24 \times 2) \times 3.6 = 0.072 \times 3.6 = 0.26$ (m³)

由图 3 - 18 (b) 有：$(0.24 \times 0.24 + 0.5 \times 0.06 \times 0.24 \times 3) \times 3.6 = 0.0792 \times 3.6 = 0.285$ (m³)

由图 3 - 18 (c) 有：$(0.24 \times 0.24 + 0.5 \times 0.06 \times 0.24 \times 4) \times 3.6 = 0.0864 \times 3.6 = 0.311$ (m³)

所以　　构造柱混凝土工程量 $= 0.26 \times 2 + 0.285 \times 2 + 0.311 \times 2 = 1.712$ (m³)

【3 - 63】　如图 3 - 19 所示，某多层现浇框架办公楼，三层楼板厚 120mm，二层楼面至三层楼面高 4.2m。请按国家基础定额和陕西省消耗量定额的有关规定，分别计算该层楼面④～⑤轴和 C～D 轴范围内的（计算至 KL1、KL5 梁外侧）现浇混凝土梁、板的混凝土和模板工程量，以及 KZ1 柱混凝土和模板工程量。

解　按照陕西省消耗量定额有关规定，现浇混凝土柱的混凝土工程量和模板工程量应按柱的截面面积乘以结构层高计算；现浇混凝土梁的混凝土工程量和模板工程量应按梁的截面面积乘以梁长计算。按照国家基础定额有关规定，现浇混凝土梁、柱、板的模板工程量以模板与混凝土的接触面积计算。

无论采用哪种计算方法，计算梁长时均应按表 3 - 29 取值。

现浇混凝土 KZ1 柱、梁、板的混凝土和模板工程量计算过程以及应套陕定额子目见表 3 - 30。

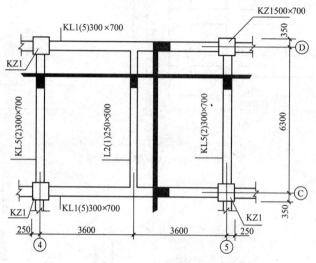

图 3 - 19 三层梁板施工图

表 3 - 29 梁长度取值

名　　称		梁长度取值	备　　注
支撑柱上的梁	砖柱或砌块柱	梁的实际长度	
	混凝土柱	柱间净距	
次梁支撑在主梁上		主梁间净距	
支撑墙上的梁	砖墙或砌块墙	梁的实际长度	
	混凝土墙	墙间净距	
圈梁	外墙	$L_中$	当圈梁与过梁连接时，圈梁按此长度算出的体积中扣除过梁所占体积
	内墙	$L_内$	
过梁		图纸设计长度；图纸无规定时，取门窗洞口宽+0.5m	

表 3 - 30 现浇梁板柱混凝土和模板工程量计算

项目名称	定额编码	计算公式	计量单位	数量
KZ1 混凝土	国 5 - 401	$V = 4.2 \times 0.5 \times 0.7 \times 4$	m^3	5.88
	陕 4 - 1			
KL1 混凝土	国 5 - 406	$V = (3.6 \times 2 - 0.5) \times 0.3 \times 0.7 \times 2$	m^3	2.81
	陕 4 - 1			
KL5 混凝土	国 5 - 406	$V = (6.3 - 0.7) \times 0.3 \times 0.7 \times 2$	m^3	2.35
	陕 4 - 1			

项目名称	定额编码	计算公式	计量单位	数量
有梁板混凝土	国 5-417	$V=[(3.6\times2-0.3)\times(6.3-0.3)-0.2\times0.1\times4]\times$ $0.12+0.25\times(0.5-0.12)\times(6.3-0.3)$	m³	5.53
	陕 4-1			
KZ1 柱模板	国 5-58	$S=4.2\times(0.5+0.7)\times2\times4$	m²	40.32
	陕 4-32	$V=4.2\times0.5\times0.7\times4$	m³	5.88
柱支撑高度超过 3.6m 每增加 1m	国 5-67	$S=(4.2-3.6)\times(0.5+0.7)\times2\times4$	m²	5.76
	陕 4-69	$V=(4.2-3.6)\times0.5\times0.7\times4$	m³	0.84
KL1 模板	国 5-73	$S=(3.6\times2-0.5)\times(0.7+0.7-0.12+0.3)\times2$	m²	21.17
	陕 4-37	$V=(3.6\times2-0.5)\times0.3\times0.7\times2$	m³	2.81
KL1 支撑高度超过 3.6m 每增加 1m	国 5-85	$S=(3.6\times2-0.5)\times(0.7+0.7-0.12+0.3)\times2$	m²	21.17
	陕 4-68	$V=(3.6\times2-0.5)\times0.3\times0.7\times2$	m³	2.81
KL5 模板	国 5-73	$S=(6.3-0.7)\times(0.7+0.7-0.12+0.3)\times2$	m²	17.70
	陕 4-37	$V=(6.3-0.7)\times0.3\times0.7\times2$	m³	2.35
KL5 支撑高度超过 3.6m 每增加 1m	国 5-85	$S=(6.3-0.7)\times(0.7+0.7-0.12+0.3)\times2$	m²	17.70
	陕 4-68	$V=(6.3-0.7)\times0.3\times0.7\times2$	m³	2.35
有梁板模板	国 5-100	$S=(3.6\times2-0.3)\times(6.3-0.3)-0.1\times0.2\times4+$ $(0.5-0.12)\times(6.3-0.3)\times2$	m²	45.88
	陕 4-49	$V=[(3.6\times2-0.3)\times(6.3-0.3)-0.2\times0.1\times4]\times$ $0.12+0.25\times(0.5-0.12)\times(6.3-0.3)$	m³	5.53
有梁板支撑高度超过 3.6m 每增加 1m	国 5-113	$S=(3.6\times2-0.3)\times(6.3-0.3)-0.1\times0.2\times4+$ $(0.5-0.12)\times(6.3-0.3)\times2$	m²	45.88
	陕 4-68	$V=[(3.6\times2-0.3)\times(6.3-0.3)-0.2\times0.1\times4]\times$ $0.12+0.25\times(0.5-0.12)\times(6.3-0.3)$	m³	5.53

【3-64】 图 3-20 (a) 所示的梁与混凝土柱交接，图 3-20 (b) 所示的梁与砖墙交接，梁截面尺寸为 300mm×600mm，分别计算梁的清单工程量。

解 (1) 梁与混凝土柱相接，梁长算至柱内侧

$$V=3.2\times0.3\times0.6=0.58\ (\text{m}^3)$$

(2) 梁与砖墙相接，按实际梁长计算，梁垫并入梁中

$$V=(3.2+0.24)\times0.3\times0.6+0.24\times0.25\times0.6\times2=0.69\ (\text{m}^3)$$

【3-65】 如图 3-21 所示，图中柱截面尺寸为 600mm×600mm，梁截面尺寸为 300mm×600mm，梁底标高为 2.4m，现浇板厚 100mm，板底标高 2.9m。计算梁、板的清单工程量。

解 按此框架结构平面图和清单计价规则规定，应分为矩形梁和平板两个项目。

矩形梁的体积$=[(5.4-0.6)\times2\times4+(7.5-0.6)\times3\times3]\times0.3\times0.6=18.09(\text{m}^3)$

平板的体积$=[(5.4-0.3)\times(7.5-0.3)-(0.3-0.15)\times(0.3-0.15)\times4]\times0.1\times6$
$$=21.98(\text{m}^3)$$

矩形梁和平板的工程量清单见表 3-31。

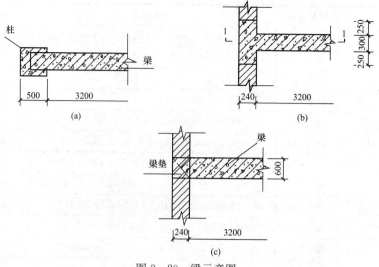

图 3-20　梁示意图

(a) 梁与混凝土柱交接；(b) 梁与砖墙交接；(c) 1-1 剖立面图

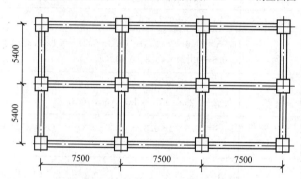

图 3-21　C30 框架结构平面布置图

表 3-31 　　　　　　　　　　　　现浇混凝土构件工程量清单

项目编码	项目名称	项目特征	计量单位	工程量
010403002001	矩形梁	(1) 梁底标高：2.4m； (2) 梁截面：300mm×600mm； (3) 混凝土强度等级：C30	m³	18.09
010405003001	平板	(1) 板底标高：2.9m； (2) 板厚度：100mm； (3) 混凝土强度等级：C30	m³	21.98

【3-66】　某建筑物部分结构平面如图 3-22 所示，KL1、KL2 截面尺寸均为 300mm× 500mm，柱截面尺寸为 600mm×600mm；XB-1 厚 100mm，XB-2、3 厚 80mm，XB-4 厚 120mm。计算图示现浇混凝土梁、板的清单工程量。

解　(1) 矩形梁：工程量为 KL1、KL2 和 L-3 的体积之和，其中

$$V_{KL1}=(6.0-0.3\times2)\times0.3\times0.5\times6=4.86\ (m^3)$$

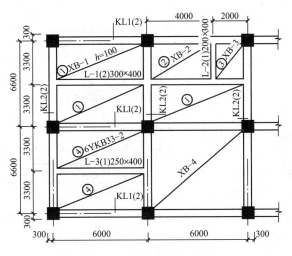

图 3-22　结构平面布置图

$$V_{KL2} = (6.6 - 0.3 \times 2) \times 0.3 \times 0.5 \times 6 = 5.40 \ (m^3)$$
$$V_{L\text{-}3} = (6.0 - 0.15 \times 2) \times 0.25 \times 0.4 = 0.57 \ (m^3)$$

所以

矩形梁工程量 $= V_{KL1} + V_{KL2} + V_{L\text{-}3} = 4.86 + 5.40 + 0.57 = 10.83 \ (m^3)$

（2）有梁板：有梁板厚度 10cm 内，工程量为 XB-1、L-1、XB-2、XB-3、L-2 的体积之和，其中

$$V_{XB\text{-}1}(3块) = [(6.0 - 0.15 \times 2) \times (3.3 - 0.15 \times 2) - 0.15 \times 0.15 \times 2] \times 0.1 \times 3 = 5.12 \ (m^3)$$
$$V_{L\text{-}1}(1根) = (12.0 - 0.3 \times 2) \times 0.3 \times 0.4 = 1.37 \ (m^3)$$
$$V_{XB\text{-}2}(1块) = [(4.0 - 0.15 - 0.1) \times (3.3 - 0.15 \times 2) - 0.15 \times 0.15] \times 0.08 \times 1 = 0.90 \ (m^3)$$
$$V_{XB\text{-}3}(1块) = [(2.0 - 0.15 - 0.1) \times (3.3 - 0.15 \times 2) - 0.15 \times 0.15] \times 0.08 \times 1 = 0.42 \ (m^3)$$
$$V_{L\text{-}2}(1根) = (3.3 - 0.15 \times 2) \times 0.3 \times 0.2 = 0.18 \ (m^3)$$

所以

厚 10cm 内有梁板工程量 $= 5.12 + 1.37 + 0.90 + 0.42 + 0.18 = 7.99 \ (m^3)$

（3）平板：工程量为 XB-4 的体积，即

$$V_{XB\text{-}4} = [(6.0 - 0.15 \times 2) \times (6.6 - 0.15 \times 2) - 0.15 \times 0.15 \times 4] \times 0.12 = 4.30 \ (m^3)$$

【3-67】 某弧形梁平面如图 3-23 所示，该梁的截面尺寸为 $200mm \times 300mm$，计算梁的清单工程量。

解　由图可知，弧所在的圆心到梁中心的距离为 3.0m，所以

梁长 $L = 2\pi R \times 90/360 = 2 \times 3.14 \times 3.0 \times 1/4 = 4.71 \ (m)$

梁体积 $V = S \times L = 0.2 \times 0.3 \times 4.71 = 0.28 \ (m^3)$

【3-68】 某建筑的结构平面及挑檐详图如图 3-24 所示，求该挑檐的混凝土工程量。

解　$L_{外} = (4.2 \times 2 + 3.3 \times 2) \times 2 + 4 \times 0.24 = 30.96 \ (m)$

$V = V_{水平} + V_{翻起} = (L_{外} + 4 \times 挑檐宽) \times 挑檐宽 \times 挑檐底板厚$

$\qquad + [L_{外} + 8 \times (挑檐宽 - 1/2 \times 翻起厚)] \times 翻起高 \times 翻起厚$

$\qquad = (30.96 + 4 \times 0.8) \times 0.8 \times 0.1 + [30.96 + 8 \times (0.8 - 1/2 \times 0.08)] \times 0.3 \times 0.08 = 3.62 \ (m^3)$

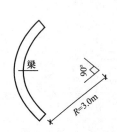

图 3-23 某弧形梁平面图

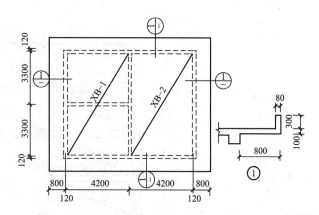

图 3-24 某建筑平面及挑檐详图

【3-69】 某地下室顶板周边与墙体之间做后浇带，总长 102m，宽 1.8m，厚 500mm，后浇带为现浇混凝土，求该后浇带的工程量。

解 现浇混凝土后浇带工程量 $V = 102 \times 1.8 \times 0.5 = 91.8$（$m^3$）

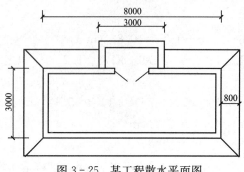

图 3-25 某工程散水平面图

【3-70】 某工程散水尺寸如图 3-25 所示，散水宽度为 800mm，混凝土厚度为 80mm，求散水清单工程量。

解 散水清单工程量

$$S_{散水} = （外墙外边线长度 + 4 \times 散水宽度 - 台阶长度）\times 散水宽度$$
$$= [(3.0 + 8.0) \times 2 + 4 \times 0.8 - 3.0] \times 0.8$$
$$= 17.76（m^2）$$

【3-71】 某工程项目的基础平面图、剖面图如图 3-26、图 3-27 所示，土壤类别为三类土。该工程设计室外地坪标高为 -0.30m，±0.000 以下砖基础采用 M10 水泥砂浆砌筑标准砖，-0.06m 处设防水砂浆防潮层，C15 混凝土垫层（不考虑支模浇捣，从垫层上表面开始计算放坡系数），C25 钢筋混凝土条形基础，±0.000 以上为 M7.5 混合砂浆砌筑黏土多孔砖，混凝土构造柱从钢筋混凝土条基中伸出。试计算人工土方开挖、混凝土垫层、混凝土基础、砖基础（防潮层、钢筋不算）的清单和定额工程量，并按招标最高限价模式套用相应定额计算综合单价，其中水泥市场价为 420 元/t。

解 依《陕西省定额》规定：放坡系数 $K = 0.33$，则图 3-28 中

$$KH = 0.33 \times (2.0 - 0.3) = 0.561（m）$$

由于基础支模施工所需工作面 $C = 300mm$，大于垫层外放的 100mm，则

$$B = 1.6 + 0.3 \times 2 = 2.2（m）$$
$$A = B + 0.561 \times 2 = 3.322（m）$$

由于 B、C 轴之间的距离为 1.8m，基础垫层底宽为 1.8m，所以 B、C 轴沟槽合并为一个截面较大的沟槽进行开挖，则

$$B' = 1.8 + 2.2 = 4.0（m）$$
$$A' = B' + 0.561 \times 2 = 5.122（m）$$

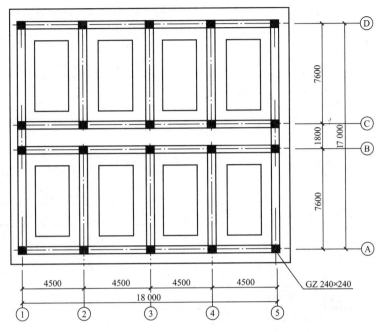

图 3-26 某工程项目基础平面图

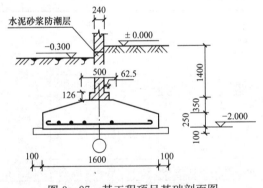

图 3-27 某工程项目基础剖面图

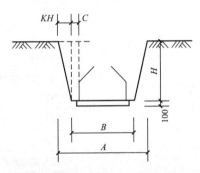

图 3-28 基槽土方计算示意图

（1）清单及定额工程量的计算，见表 3-32。

表 3-32   某工程项目清单及定额工程量的计算

序号	编号	项目名称	单位	计算式	数量
1	010101003001	挖基础土方	m³	$[(18.0+17.0)\times2+(7.6-1.8)\times6]\times(1.6+0.1\times2)\times(2.0-0.3+0.1)+(18.0-1.8)\times(1.6+0.1\times2)\times(2.0-0.3+0.1)\times2=444.53$	444.53
	1-5	人工挖沟槽，深2m以内	100m³	$\left\{[(18.0+17.0)\times2+(7.6-2.2)\times6]\times\dfrac{3.322+2.2}{2}\times1.7+[(18.0+17.0)\times2+(7.6-1.8)\times6]\times1.8\times0.1+(18.0-2.2)\times\dfrac{5.122+4.0}{2}\times1.7+(18.0-1.8)\times(1.8+1.8)\times0.1\right\}\div100=6.28$	6.28

续表

序号	编号	项目名称	单位	计算式	数量
2	010401006001	垫层	m³	$[(18.0+17.0)\times2+(7.6-1.8)\times6+(18.0-1.8)\times2]\times(1.6+0.1\times2)\times0.1=24.70$	24.70
	4-1换	C15基础混凝土垫层	m³	同清单工程量	24.70
3	010401001001	带形基础	m³	$[(18.0+17.0)\times2+(7.6-1.6)\times6+(18.0-1.6)\times2]\times(0.25\times1.6+\frac{0.5+1.6}{2}\times0.35)+\frac{1.6-0.5}{2}\times0.35\times\frac{2\times0.5+1.6}{6}\times16=107.86$	107.86
	4-1换	基础混凝土	m³	同清单工程量	107.86
4	010301001001	砖基础	m³	$[(18.0+17.0)\times2+(7.6-0.24)\times6+(18.0-0.24)\times2]\times(1.4+0.066)\times0.24-2.0\times0.24\times0.24\times20=50.36$	50.36
	3-1	砖基础	10m³	$50.36\div10=5.04$	5.04

注 砖基础中的0.066为下部大放脚折加高度,其计算式为$(0.0625\times2+0.24)\times0.126/0.24-0.126$。

(2)综合单价分析计算,见表3-33。

表3-33   某工程项目综合单价分析计算

序号	编码	项目名称	工程量		综合单价组成(元)				综合单价(元/m³)
			单位	数值	基价	风险	管理费	利润	
1	010101003001	挖基础土方	m³	444.53					25.51
	1-5	人工挖沟槽,深2m以内	100m³	6.28	1695.96		60.72	48.84	
2	010401006001	垫层	m³	24.70					306.89
	4-1换	C15基础混凝土垫层	m³	24.70	283.16		14.47	9.26	
3	010401001001	带形基础	m³	107.86					303.44
	4-1换	C25基础混凝土	m³	107.86	279.98		14.31	9.15	
4	010301001001	砖基础	m³	51.74					227.75
	3-1	砖基础	10m³	5.17	2101.40		107.38	68.69	

注 陕4-1基价=268.43(元/m³)   材料费:174.26元/m³

人工费:76.44元/m³

陕16-21:163.39元/m³   陕16-11:150.1元/m³

陕16-21:水泥用量0.328t   陕16-11:水泥用量0.278t

陕4-1换(C25):新基价=$76.44+\{174.26+1.015\times[171.49+0.328\times(420-320)-163.39]\}+17.73$
=279.98(元)。

陕4-1换(C15):新基价=$76.44+\{174.26+1.015\times[150.1+0.278\times(420-320)-163.39]\}+17.73$
=283.16(元)。

陕3-1:新基价=$495.18+[1513.46+2.36\times0.275\times(420-320)]+27.86=2101.40$(元)。

3.4.3 预制构件清单项目计算规则及组价常用定额子目

1. 清单和定额工程量计算规则及组价常用定额子目

(1)清单项目和定额工程量计算规则及组价常用定额。预制构件在进行工程量计算时,需注意项目的计算单位。常用混凝土预制构件清单项目工程量计算规则见表 3-34。

表 3-34　　　　　　　　常用混凝土预制构件清单项目工程量计算规则

项目编码	项目名称	适用范围	单位	清单工程量计算
010409001	预制矩形柱	截面为矩形的柱：单层厂房柱和多层框架结构的框架柱等的制作、运输和养护	m^3/根	设计图示尺寸以体积计算，或按设计图示尺寸以"数量"计算
010410003	预制矩形梁	截面为矩形的梁：基础梁、吊车梁、托架梁、过梁等的制作、运输和养护	m^3/根	设计图示尺寸以体积计算，或按设计图示尺寸以"数量"计算
010410005	预制过梁			
010412002	预制空心板	一个板中留有一个或几个纵向孔道的预制板：预应力空心板和非预应力空心板的制作、运输和养护	m^3/块	按设计图示尺寸以体积计算，扣除空心板空洞体积；设计图示尺寸以"数量"计算

（2）预制构件工程组价常用定额子目及工程量计算。在计算预制构件定额工程量之前，需清楚混凝土的强度等级，确定预制构件的施工工艺和步骤，熟悉预制构件的损耗率。进行组价时，需根据清单项目的项目特征，结合定额子目的工作内容选套定额子目。混凝土预制构件工程清单项目及组价常用定额子目的工程量计算见表 3-35。

表 3-35　　　混凝土预制构件工程清单项目及组价常用定额子目的工程量计算

项目名称	参考子目及定额工程量计算	组价常用国家定额参考子目及工程量计算规则
预制矩形柱	（1）预制柱混凝土 4-1：$V=$清单量$\times(1+$损耗率）； （2）预制柱运输 6-7～6-18：$V=$清单量$\times(1+$损耗率）； （3）柱安装 6-45～6-47：$V=$清单量$\times(1+$损耗率）； 损耗率见《陕西省定额》第六章中"预制钢筋混凝土构件成品、运输、安装损耗率表" （4）柱坐浆灌缝 4-151：$V=$清单量 （5）柱接柱 6-48～6-50：接头需混凝土量 （6）框架柱 6-51～6-53：需混凝土量	（1）预制柱混凝土 5-437～5-438：$V=$清单量$\times(1+$损耗率）； （2）预制柱运输 6-25～6-36：$V=$清单量$\times(1+$损耗率）； （3）柱安装 6-97～6-102：$V=$清单量$\times(1+$损耗率）；损耗率见《全国计算规则》中表 3.6.2； （4）柱坐浆灌缝 5-517～5-519：$V=$清单量 （5）柱接柱 6-103～6-129：接头需混凝土量 （6）框架柱 6-130～6-132：需混凝土量
预制矩形梁	（1）预制梁混凝土 4-1～4-4：工程量计算同上； （2）预制梁运输 6-7～6-18：工程量计算同上； （3）预制梁安装 6-54～6-65：工程量计算同上； （4）吊车梁坐浆 4-152：$V=$清单量	（1）预制梁混凝土 5-439～5-444：工程量计算同上； （2）预制梁运输 6-13～6-24：工程量计算同上； （3）预制梁安装 6-162～6-173：工程量计算同上； （4）吊车梁坐浆 5-520～5-523：$V=$清单量
预制过梁	过梁坐浆 4-164：$V=$清单量	（1）混凝土过梁 5-441：工程量计算同上； （2）预制过梁运输 6-13～6-24：工程量计算同上； （3）预制过梁安装 6-174～6-178：工程量计算同上； （4）吊车梁坐浆 4-532：$V=$清单量

项目名称	参考子目及定额工程量计算	组价常用国家定额参考子目及工程量计算规则
预制空心板	(1) 空心板混凝土 4-1～4-3：工程量计算同上 (2) 空心板运输 6-1～6-6：工程量计算同上 (3) 空心板安装 6-86：工程量计算同上 (4) 空心板坐浆 4-160～4-161：V=清单量	(1) 空心板混凝土 5-453：工程量计算同上； (2) 空心板运输 6-1～6-12：工程量计算同上； (3) 空心板安装 6-306～6-345：工程量计算同上； (4) 空心板坐浆 5-52：V=清单量

3.4.4 预制构件清单项目习题精练

一、选择题

【3-72】 下列说法中正确的是（   ）。

A. 预制混凝土构件运输工程量与混凝土工程量相同

B. 预制混凝土构件运输工程量与安装工程量相同

C. 金属结构构件安装工程量与其运输工程量相同

D. 预制混凝土构件安装工程量与混凝土工程量不同

答案：C、D

【3-73】 某工程需 YKB3662 型预应力空心板 100 块，由图集 03ZG401 查得 YKB3662 每块板的混凝土含量为 0.156m³。下列有关空心板项目计算的说法正确的是（   ）。

A. 清单项目工程量为 15.6m³

B. 定额项目混凝土工程量和模板工程量均为 15.83m³

C. 定额项目运输工程量为 15.80m³

D. 定额项目安装工程量为 15.68m³

E. 定额项目坐浆和灌缝工程量为 15.6m³

答案：A、B、C、D、E

【3-74】 预制混凝土板工程量计算中应扣除（   ）的孔洞。

A. >300mm×300mm   B. >0.1m²

C. >0.3m²   D. 各种尺寸

答案：A

二、计算题

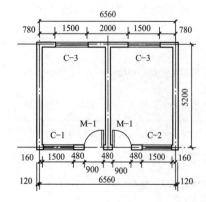

图 3-29 某房间平面图

【3-75】 某房间平面如图 3-29 所示，已知过梁均采用 C20 混凝土，截面尺寸为 240mm×180mm。试给该房间的门窗设计预制过梁，并计算其清单和定额工程量。

解 由于 M-1 与 C-1、C-2 之间的隔墙间距为 480mm，若按过梁长度等于门窗宽度加上 500mm，则不符合实际。所以，门过梁长度应为门洞宽度加上 480mm。

（1）过梁清单工程量见表 3-36，具体计算过程如下

C-1 过梁混凝土工程量=(1.5+0.49)×0.24×0.18=0.09（m³）

C-2 过梁混凝土工程量=(1.5+0.49)×0.24×0.18=0.09（m³）

C-3 过梁混凝土工程量=(1.5+0.5)×0.24×0.18×2=0.17（m³）

M-1 过梁混凝土工程量＝(0.9＋0.48)×0.24×0.18×2＝0.12（m³）

所以

过梁清单工程量＝0.09＋0.09＋0.17＋0.12＝0.47（m³）

表 3－36　　　　　　　　　　工　程　量　清　单

项目编码	项目名称	项目特征	计量单位	工程量
010410003001	过梁	(1) 单件体积：C-1、C-2 的过梁为 0.09m³，C-3 的过梁为 0.09m³，M-1 的过梁为 0.12m³； (2) 混凝土强度等级：C20	m³	0.47

（2）过梁定额工程量计算如下：

1）混凝土制作工程量＝0.47×1.015＝0.48（m³），套陕定额 4－1 子目；

2）坐浆灌缝工程量为 0.47m³，套陕定额 4－164 子目；

3）运输工程量＝0.47×1.013＝0.48（m³），套陕定额 6－19 子目；

4）安装工程量＝0.47×1.005＝0.47（m³），套陕定额 6－64 子目；

5）模板工程量＝0.47×1.015＝0.48（m³），套陕定额 4－84 子目。

【3－76】 某工程采用先张法预制钢筋混凝土空心板 90 块，混凝土强度等级为 C30，其尺寸如图 3－30 所示。计算空心板的清单和定额工程量。

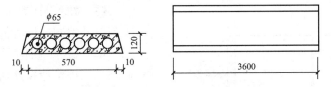

图 3－30　某工程预制空心板示意图

解　计算预制空心板工程量时，无论计算定额工程量还是计算清单工程量，其体积都应扣除孔洞的体积。

（1）清单工程量，见表 3－37

$$V=\left[\frac{1}{2}×(0.57+0.59)×0.12-\frac{\pi}{4}×0.065×0.065×6\right]×3.6×90=16.10(m^3)$$

表 3－37　　　　　　　　　　空心板工程量清单

项目编码	项目名称	项目特征	计量单位	工程量
010412002001	空心板	(1) 板厚：120mm； (2) 混凝土强度等级：C30	m³	16.10

（2）定额工程量计算如下

1）混凝土制作工程量＝16.10×1.015＝16.34（m³），套陕定额 4－3 子目；

2）坐浆灌缝工程量＝16.10（m³）＝1.61（10m³），套陕定额 4－160 子目；

3）运输工程量＝16.10×1.013＝16.31（m³），套陕定额 6－4 子目；

4）安装工程量＝16.10×1.005＝16.18（m³），套陕定额 6－86 子目；

5）模板工程量＝16.10×1.015＝16.34（m³），套陕定额 4－112 子目。

【3-77】 某建筑物采用 YKB2463，共 11 块，场外加工，运距为 10km，C30 砾石混凝土，混凝土含量为 0.105m^3/块，预应力冷拔丝为 0.012t/块。试编制该预应力多孔板的工程量清单，并计算其定额工程量。

解 （1）多孔板的混凝土清单工程量 $V = 0.105 \times 11 = 1.16 \ (\text{m}^3)$

多孔板预应力钢筋清单工程量 $P = 0.012 \times 11 = 0.132 \ (\text{t})$

预应力多孔板的工程量清单见表 3-38。

表 3-38　　　　　某建筑物预应力多孔板的工程量清单

项目编码	项目名称	项目特征	计量单位	工程量
010412002001	空心板	(1) 板规格：YKB2463； (2) 混凝土强度等级：C30	m^3	1.16
010416005001	先张法预应力钢筋	钢筋种类：预应力冷拔丝	t	0.132

（2）多孔板定额工程量计算如下：

1）混凝土制作工程量$=1.16 \times 1.015 = 1.18 \ (\text{m}^3)$，套陕定额 4-3 子目；

2）坐浆灌缝工程量$=1.16 (\text{m}^3) = 0.116 \ (10\text{m}^3)$，套陕定额 4-160 子目；

3）运输工程量$=1.16 \times 1.013 = 1.18 (\text{m}^3) = 0.118 \ (10\text{m}^3)$，套陕定额 6-3 子目；

4）安装工程量$=1.16 \times 1.005 = 1.17 (\text{m}^3) = 0.117 \ (10\text{m}^3)$，套陕定额 6-86 子目；

5）先张法预应力钢筋工程量 $P = 0.132 \times 1.015 = 0.134 \ (\text{t})$，套陕定额 4-10 子目。

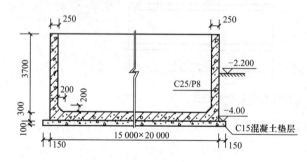

图 3-31　贮水池示意图

【3-78】 计算图 3-31 所示贮水池工程量并编制项目清单。

解 该水池计算列项有池底、池壁两项。工程量计算分别如下：

C25/P8 钢筋混凝土池底 $V = 15 \times 20 \times 0.3 + (15 + 20 - 0.25 \times 2) \times 0.2 \times 0.2/2 \times 2 = 91.38 (\text{m}^3)$

池底 C15 混凝土垫层 $V = (15 + 0.15 \times 2) \times (20 + 0.15 \times 2) \times 0.1 = 31.06 \ (\text{m}^3)$

C25/P8 钢筋混凝土池壁 $V = (15 + 20 - 0.25 \times 2) \times 2 \times 3.7 \times 0.25 = 63.83 \ (\text{m}^3)$

贮水池工程量清单见表 3-39。

表 3-39　　　　　某贮水池工程量清单

项目编码	项目名称	项目特征	计量单位	工程量
010415001001	贮水池	(1) 池类型：全部现浇钢筋混凝土矩形水池； (2) 池规格：长 15m，宽 20m，高 4.0m； (3) 池底厚度：300mm； (4) 混凝土强度等级：C25	m^3	91.38
010415001002	贮水池	(1) 池类型：全部现浇钢筋混凝土矩形水池； (2) 池规格：长 15m，宽 20m，高 4.0m； (3) 池壁厚度：250mm； (4) 混凝土强度等级：C25	m^3	63.83

3.4.5　钢筋工程清单项目计算规则及组价常用定额子目

定额中的钢筋工程工作内容包括除浮锈、调直、切断、焊接成型、绑扎、运输、安装，以及钢筋检查等全过程。"预应力钢筋"还包括端杆焊接、冷拉、张拉、锚固等全部预加应力时的操作过程，但不包括钢筋的人工时效，设计要求时，另行计算。"钢丝束、钢绞线"包括制作、编束、穿筋、张拉、孔道灌浆等。因此，对于钢筋工程必须确定钢筋的加工方法。常用钢筋工程清单项目工程量计算规则及其对应的定额子目见表3-40。

表3-40　　　　　　常用钢筋工程清单项目工程量计算规则及其对应定额子目

项目编码	项目名称	适用范围	单位	清单工程量计算规则	陕西定额	国家定额
010416001	现浇混凝土钢筋	现浇混凝土构件中使用的钢筋制作、运输和安装	t	按设计图示钢筋长度乘以单位理论质量计算 $P=$单根长度$\times$根数$\times$每米质量	钢筋4-5~4-8：同清单量	现浇构件钢筋5-294~5-319：同清单量
010416002	预制构件钢筋	预制混凝土构件中使用的钢筋制作、运输和安装	t		(1)钢筋4-5~4-8：同清单量；(2)预应力钢筋4-10~4-15：同清单量	预制构件钢筋5-320~5-353：同清单量
010416005	先张法预应力钢筋	先张法预应力混凝土构件中使用的钢筋制作、运输和张拉	t		先张法预应力钢筋4-10、4-11：同清单量	先张法预应力钢筋5-359~5-365：同清单量

3.4.6　钢筋工程清单项目习题精练

一、选择题

【3-79】　后张法预应力钢筋混凝土梁长8m，留设直线孔道，选用低合金钢筋作为预应力筋，一端采用镦头插片，另一端采用帮条锚具，则预应力钢筋单根长度为（　　）m。

A. 8　　　　　　　B. 8.3　　　　　　　C. 8.35　　　　　　　D. 8.15

答案： D

分析： 清单工程量计算规则中规定，低合金钢筋一端采用镦头插片，另一端采用帮条锚具时，钢筋增加0.15m计算。

【3-80】　后张法预应力钢筋混凝土矩形梁长12m，留设直线孔道，选用低合金钢筋作为预应力筋，两端均采用螺杆锚具，则预应力钢筋单根长度为（　　）m。

A. 12　　　　　　B. 12.35　　　　　　C. 11.65　　　　　　D. 12.30

答案： C

分析： 清单工程量计算规则中规定，低合金钢筋两端均采用螺杆锚具时，钢筋长度按孔道长度减0.35m计算。

【3-81】　在下列钢筋的连接形式中，属于钢筋机械连接的是（　　）。

A. 挤压套筒连接　　　　　　　　B. 钢筋对焊连接

C. 直螺纹套筒连接　　　　　　　D. 绑扎连接

答案： A、C

【3-82】　钢筋接头的连接方法有焊接、绑扎和机械连接三种。下列项目中不属于焊接的是（　　）。

A. 闪光对焊   B. 套筒冷挤压焊

C. 电渣压力焊   D. 电阻点焊

答案：B

【3-83】 某工程主梁的截面尺寸为 300mm×650mm，梁的跨度为 7200mm，梁端保护层取 10mm，受压区配 3 根 HPB300 级钢筋，直径为 16mm，则每根钢筋的下料长度为（　　）mm。

A. 7180   B. 7200

C. 7350   D. 7380

答案：D

二、计算题

【3-84】 试计算 $\phi 6$、$\phi 12$ 钢筋的每米质量。

解 根据公式 $G=0.006\ 165\times d^2$ 可得

$\phi 6$ 钢筋的每米质量 $=0.006\ 165\times 6^2=0.222$（kg/m）

$\phi 12$ 钢筋的每米质量 $=0.006\ 165\times 12^2=0.888$（kg/m）

【3-85】 已知某工程有 5 根 C30 现浇钢筋混凝土矩形梁，梁的配筋如图 3-32 所示，混凝土保护层厚度为 25mm，试计算这 5 根梁的钢筋工程量。

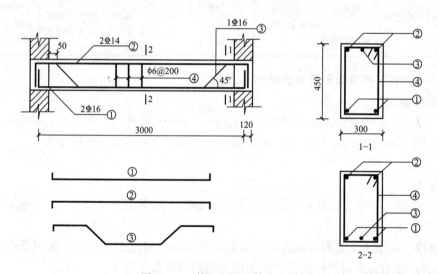

图 3-32 某工程梁配筋示意图

解 （1）计算一根矩形梁钢筋预算长度。

①号筋（2ϕ16）：$L=(3.0+0.12\times 2-0.025\times 2+15\times 0.016\times 2)\times 2=7.34$(m)

②号筋（2ϕ14）：$L=(3.0+0.12\times 2-0.025\times 2+15\times 0.014\times 2)\times 2=7.22$(m)

③号筋（1ϕ16）：$L=3.0+0.12\times 2-0.025\times 2+0.414\times(0.45-0.025\times 2-0.006\times 2)$
    $\times 2+13\times 0.016\times 2=3.93$(m)

④号筋（ϕ6@200）箍筋根数 $=[(3.0-0.12\times 2-0.05\times 2)/0.2]+1=14.30$，取 15 根

    单根箍筋长 $=(0.45+0.3)\times 2-8\times 0.025+20\times 0.006=1.42$（m）

    箍筋预算总长 $=(0.45+0.3)\times 2\times 15=22.5$（m）

（2）计算 5 根矩形梁钢筋的预算质量

$$\Phi 16：(7.34+3.93)\times1.58\times5\approx89（kg）$$

$$\Phi 14：7.22\times1.21\times5\approx44（kg）$$

$$\Phi 6：22.5\times5\times0.222\approx25（kg）$$

【3-86】 如图 3-33 所示，计算 10 根现浇矩形梁（C25 混凝土）的钢筋清单工程量，并编制项目清单［保护层厚度按 25mm 计算；钢筋定尺长度为 8m，按 38d（d 为钢筋直径）计算搭接长度；锚固长度按图示尺寸计算。］

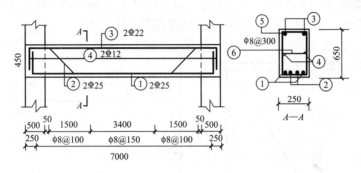

图 3-33 梁配筋图

解 ① 2Φ25：$L=7.0+0.25\times2-0.025\times2+0.45\times2+38\times0.025=9.30（m）$

$\quad\quad W_1=9.30\times3.85\times2\times10=716.10（kg）$

② 2Φ25：$L=7.0+0.25\times2-0.025\times2+(0.65-0.025\times2-0.008\times2)\times0.414\times2$
$\quad\quad +0.45\times2+38\times0.025=9.784(m)$

$\quad\quad W_2=9.784\times3.85\times2\times10=753.37（kg）$

③ 2Φ22：$L=7.0+0.25\times2-0.025\times2+0.45\times2+38\times0.022=9.19（m）$

$\quad\quad W_3=9.19\times2.986\times2\times10=548.83（kg）$

④ 2Φ12：$L=7.0+0.25\times2-0.025\times2+8\times0.012=7.55（m）$

$\quad\quad W_4=7.55\times2\times0.888\times10=134.09（kg）$

⑤ Φ8@150/100：$N=3.4\div0.15-1+(1.5\div0.1+1)\times2=21.67+16\times2=53.67$，取 54 根

$\quad\quad L=(0.25+0.65)\times2-8\times0.025+6\times0.008=1.65（m/根）$

$\quad\quad W_5=1.65\times0.395\times54\times10=351.95（kg）$

⑥ Φ8@300：$N=(7.0-0.25\times2-0.05\times2)\div0.3+1=22.33$，取 23 根

$\quad\quad L=0.25-0.025\times2-0.008\times2+13\times2\times0.008=0.4（m）$

$\quad\quad W_6=0.4\times0.395\times23\times10=36.34（kg）$

工程量汇总：HPB300Φ10 以内，$\sum W=351.95+36.34=388.29（kg）$

$\quad\quad\quad\quad$HPB300Φ10 以上，$\sum W=134.09（kg）$

$\quad\quad\quad\quad$HRB400，$\sum W=716.10+753.37+548.83=2018（kg）$

项目工程量清单见表 3-41。

表 3－41 　　　　　　　　　　　现浇混凝土钢筋工程量清单

项目编码	项目名称	项目特征	计量单位	工程数量
010416001001	现浇混凝土钢筋Φ10以内	钢筋种类、规格：HPB300	t	0.388
010416001002	现浇混凝土钢筋Φ10以上	钢筋种类、规格：HPB300	t	0.134
010416001003	现浇混凝土钢筋Φ以上	钢筋种类、规格：HRB400	t	2.018

【3－87】 如图 3－34 所示，预制板受力钢筋直径为 10mm，间距为 200mm，预制板的混凝土等级为 C30，环境类别为一类环境，计算其受力筋工程量

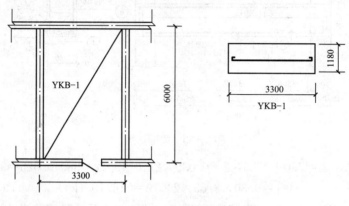

图 3－34　预制板

解 计算预制板受力钢筋根数时，应先计算 1 块板的受力筋根数，再乘以板块数，而不是用整个开间的长度除以间距的方法计算。

$$每块板的钢筋数 = \frac{1180 - 2 \times 15}{200} + 1 = 6.75（根），取 7 根$$

$$每根钢筋长 L = 3.3 - 2 \times 0.015 + 6.25 \times 0.01 \times 2 = 3.40（m）$$

$$板的总数 = \frac{6000}{1180} = 5.08（块），取 5 块$$

$$钢筋总根数 = 5 \times 7 = 35（根）$$

$$钢筋总工程量 = 3.40 \times 35 \times 0.617 = 73.42（kg）$$

其中，0.015 为保护层厚度，m；6.25d 为 180°弯钩的弯钩增加值。

【3－88】 现场预制 C30 钢筋混凝土梁 YL-1，共计 20 根。试根据图 3－35 计算其钢筋用量（除②号钢筋和箍筋为 HPB300 钢筋外，其余均为 HRB400 钢筋，主筋保护层厚度为 25mm）。

解 （1）计算 1 根梁的钢筋长度。

① 号筋（2Φ22）：$L = (6.0 - 0.025 \times 2 + 0.3 \times 2) \times 2 = 13.1（m）$

② 号筋（2Φ10）：$L = (6.0 - 0.025 \times 2 + 13 \times 0.01 \times 2) \times 2 = 12.42（m）$

③ 号筋（1Φ22）：$L = 6.0 - 0.025 \times 2 + 0.414 \times (0.5 - 0.025 \times 2 - 0.006 \times 2) \times 2 = 6.31$（m）

④ 箍筋（Φ6@200）箍筋根数：$[(6.0 - 0.025 \times 2)/0.2] + 1 = 30.75（根）$，取 31 根

单根箍筋长：$(0.5 + 0.2) \times 2 - 8 \times 0.025 + 20 \times 0.006 = 1.32（m）$

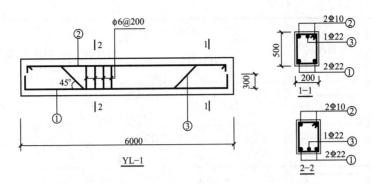

图 3-35 预制梁配筋图

箍筋预算总长 $L=1.32\times31=40.92$（m）

（2）计算 20 根矩形梁钢筋的预算质量。

$$\Phi22:(13.1+6.31)\times2.98\times20\approx1157\text{（kg）}$$

$$\Phi10:12.42\times0.617\times20\approx153\text{（kg）}$$

$$\phi6:40.92\times0.222\times20\approx182\text{（kg）}$$

【3-89】 如图 3-36 和表 3-42 所示，框架梁 KL 的强度等级为 C30，二级抗震设计，钢筋定尺为 8m，当梁通筋 $d>22$mm 时，选择焊接接头，柱截面尺寸为 500mm×500mm，保护层厚度为 25mm，次梁截面尺寸为 200mm×300mm。审核该梁所列的钢筋质量，未列出的不考虑。错误的部分划线删去，在下一行对应空格处给出正确解答即可，原来正确的部分不需要重复抄写（钢筋理论质量：$\Phi25$，3.85kg/m；$\Phi18$，1.998kg/m；$\phi10$，0.617 kg/m。受拉钢筋抗震锚固长度 $l_{aE}=44d$，伸至边柱外 $0.4l_{aE}$）。

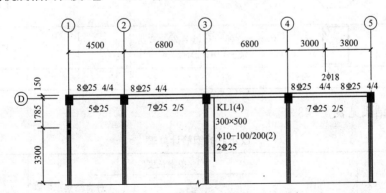

图 3-36 框架梁 KL 配筋图

表 3-42   **钢筋计算表**

编号	直径 d（mm）	简图	单根长度		根数	数量（m）	质量（kg）
			计算式	计算结果（m）			
1	25		$4.5+6.8\times3-0.5+2\times10d+$ $44d\times2+15d\times2$	27.85	2	55.70	215.00

编号	直径 d（mm）	简图	单根长度		根数	数量（m）	质量（kg）
			计算式	计算结果（m）			
2	25		$4.5-0.5+0.4\times44d+15d+0.5+6.3/3$	7.42	4	29.68	114.56
3	25		$4.5-0.5+0.4\times44d+15d+6.3/4$	6.39	4	25.56	98.66
4	25		$6.3/4\times2+0.5$	3.65	4	14.60	56.36
5	25		$6.3/3\times2+0.5$	4.7	8	37.60	145.14
6	25		$6.3/3+0.4\times44d+15d$	2.92	2	5.84	22.54
7	25		$6.3/4+0.4\times44d+15d$	2.39	4	9.56	36.90
8	25		$4.5+0.4\times44d+15d+44d$	6.42	5	32.10	123.91
9	25		$6.3+44d\times2$	8.5	7	59.50	229.67
10	25		$6.3+44d\times2$	8.5	8	68.00	262.48
11	25		$6.3+0.4\times44d+15d+44d$	8.22	7	57.54	222.10
12	18		$0.3+20d\times2+0.5\times1.414\times2$	2.434	2	4.87	9.69
13	10		$(0.3-0.05+0.01\times2)\times2+(0.5-0.05+0.01\times2)\times2$	1.48	160	236.80	146.11
合计							1683.12

解 改正结果见表 3-43。

表 3-43   **改正后的钢筋计算表**

编号	直径 d（mm）	简图	单根长度		根数	数量（m）	质量（kg）
			计算式	计算结果（m）			
1	Φ25（1～5轴通长钢筋）		单面焊：$4.5+6.8\times3-0.5$（柱宽）$+3\times5d$（单面焊的焊缝长度）$+0.4\times44d\times2$（锚固伸至边柱外）$+15d\times2$（弯头长度） 双面焊：$4.5+6.8\times3-0.5+3\times3d\times2$（双面焊的焊缝长度）$+0.4\times44d\times2+15d\times2$	26.41 26.48	2	52.82 52.96	203.89或204.43

编号	直径 d（mm）	简图	单根长度		根数	数量（m）	质量（kg）
			计算式	计算结果（m）			
2	Φ25（1~2轴梁上第一排钢筋）		4.5−0.5+0.4×44d(锚固伸至边柱外)+15d(弯头长度)+0.5(柱宽)+(6.8−0.5)/3(第一排非通长筋延伸距离)	7.42	2	14.83	57.10
3	Φ25（1~2轴梁上第二排钢筋）		4.5−0.5+0.4×44d+15d+0.5+(6.8−0.5)/4(第二排非通长筋延伸距离)	6.89	4	27.56	106.11
4	Φ25（2~4轴梁上第一排非通长钢筋）		(6.8−0.5)/3×2+0.5	4.7	2×2	18.8	72.38
5	Φ25（2~4轴梁上第二排非通长钢筋）		(6.8−0.5)/4×2+0.5	3.65	2×4	29.2	112.42
6	Φ25（4~5轴梁上第一排钢筋）		(6.8−0.5)/3+0.4×44d(5支点锚固长度)+15d(弯钩长度)	3.41	2	6.83	26.30
7	Φ25（4~5轴梁上第二排钢筋）		(6.8−0.5)/4+0.4×44d(5支点锚固长度)+15d（弯钩长度)	2.39	4	9.56	36.81
8	Φ25（1~2轴梁下钢筋）		(4.5−0.5)+0.4×44d(1支点锚固长度)+15d+44d(2支点锚固长度)	5.92	5	29.58	113.88
9	Φ25（2~3轴梁下钢筋）		单面焊:(6.8−0.5)+44d×2+5d 双面焊:(6.8−0.5)+44d×2+3d×2	8.63 8.65	7	60.41 69.20	233.18 或266.42
10	Φ25（3~4轴梁下钢筋）		单面焊:(6.8−0.5)+44d×2+5d 双面焊:(6.8−0.5)+44d×2+3d×2	8.63 8.65	8	69.04 69.20	265.8 或267.11
11	Φ25（4~5轴梁下钢筋）		(6.8−0.5)+0.4×44d(5支点锚固长度)+15d+44d(4支点锚固长度)	8.22	7	57.51	221.41
12	Φ18		0.3+20d×2+(0.5−0.05−0.01×2)×1.414×2	2.24	2	4.48	8.96
13	Φ10		(0.3+0.5)×2−8×0.025+20d	1.60	145	232	143.14
合　计							1601.38 或1636.47

3.5 木结构、金属结构工程

3.5.1 清单项目计算规则及组价常用定额子目

1. 木结构、金属结构工程清单项目计算规则

木结构工程包括厂库房大门、特种门，木屋架、木构件3个小结；金属结构工程包括钢屋架、钢网架、钢托架、钢桁架，钢柱，钢梁，压型钢板楼板、墙板，钢构件，金属网7个小节，适用于建筑物、构筑物的木结构和金属结构工程。

进行工程量计算时，需注意以特种门项目编码列项的范围，屋架的跨度应以上、下弦中心线两交点之间的距离计算，木楼梯的栏杆、扶手不在本节中列项，金属结构应区分钢筋混凝土相关列项的部分。常用木结构、金属结构清单项目工程量计算规则见表3-44。

表3-44　　　　　常用木结构、金属结构清单项目工程量计算规则

项目编码	项目名称	适用范围	单位	清单工程量计算规则
010502002	钢木屋架	各种方木、圆木的钢木组合屋架的制作、运输、安装和刷油漆	榀	按设计图示数量计算
010503004	其他木构件	斜撑；垂花、花芽子、封檐板、博风板等的制作、运输、安装和刷油漆	m³(m)	按设计图示尺寸以体积计算
010603003	钢管柱	钢管柱和钢管混凝土柱，包括其中的盖板、底板、牛腿等的制作、运输、安装和刷油漆	t	按设计图示尺寸以质量计算。不扣除孔眼、切边、切肢；不增加焊条、铆钉、螺栓。其中，不规则或多边形钢板以其外接矩形面积乘以厚度及单位理论质量计算
010606005	钢墙架	钢墙架和钢筋混凝土墙架的制作、运输、安装和刷油漆	t	

2. 木结构、金属结构工程组价常用定额子目及工程量计算

计算木结构、金属结构工程基础定额工程量前，需明确构件运输分类和构件运距界限，熟悉构件安装要求。进行组价时，需根据清单项目的项目特征，结合定额子目的工作内容选套定额子目。木结构、金属结构工程清单项目及组价常用定额子目的工程量计算见表3-45。

表3-45　　　　木结构、金属结构工程清单项目及组价常用定额子目的工程量计算

项目名称	参考子目及定额工程量计算	组价常用国家定额参考子目及工程量计算规则
钢木屋架	(1)木屋架7-76～7-79：按设计断面乘以其长度计算； (2)金属面油漆10-1266～10-1324：按设计断面乘以其长度计算； (3)木材面油漆10-1035：按设计断面乘以其长度计算	木屋架7-327～7-330：按设计断面乘以其长度计算
其他构件	屋面木基层7-86～7-98：按图示尺寸体积计算	7-337～7-349屋面木基层：工程量计算同左
钢管柱 钢墙架	(1)钢墙架5-15：同清单量； (2)钢墙架安装6-111～6-112：同清单量； (3)运输6-35～6-39：同清单量； (4)其他金属面过氯乙烯10-1313～10-1316：同清单量	(1)钢柱制作12-1～12-5：同清单量； (2)金属构件运输6-73～6-78：同清单量； (3)钢柱安装6-382～6-390：同清单量； (4)钢屋架安装6-415～6-422：同清单量

3.5.2 习题精练

一、选择题

【3-90】 隔音门应按下列哪个项目编码列项（ ）。

A. 木板大门　　　　　　　　　　B. 特种门

C. 钢木大门　　　　　　　　　　D. 全钢板大门

答案：B

【3-91】 木结构工程包括（ ）部分。

A. 木屋架及木构件　　　　　　　B. 厂库房大门、特种门及木屋架

C. 木屋架　　　　　　　　　　　D. 厂库房大门、特种门及木基层

答案：A

【3-92】 国家基础定额工程量计算规则中，吊车梁的中腹板及翼板宽度按每边增加（ ）mm 计算。

A. 20　　　　　　　　　　　　　B. 30

C. 35　　　　　　　　　　　　　D. 25

答案：D

【3-93】 国家基础定额工程量计算规则中，制动梁的制作工作量包括（ ）质量。

A. 制动梁　　　　　　　　　　　B. 连接梁杆

C. 制动桁架　　　　　　　　　　D. 制动板

答案：A、C、D

二、计算题

【3-94】 如图 3-37 所示，某临时仓库设计方木钢屋架，共 3 榀，现场制作，不刨光。铁件刷防护漆 1 遍。轮胎式起重机安装，安装高度为 6m。计算该钢木屋架清单及定额工程量，并选择套用定额。

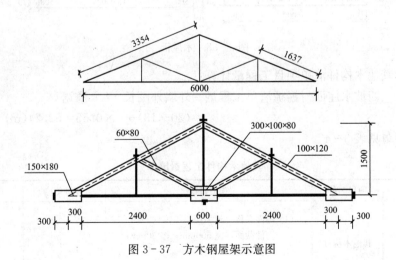

图 3-37 方木钢屋架示意图

解 （1）钢木屋架清单项目工程量计算：钢木屋架工程量为 3 榀，其工程量清单见表3-46。

表 3-46　　　　　　　　　　　钢木屋架工程量清单

项目编码	项目名称	项目特征	计量单位	工程量
010502002001	钢木屋架	(1) 跨度：6m； (2) 安装高度：6m； (3) 材料品种、规格：方木钢屋架； (4) 刨光要求：不刨光； (5) 防护材料：铁件刷防护漆 1 遍	榀	3

（2）钢木屋架定额工程量计算及定额子目的选择：钢木屋架项目发生的工程内容为屋架制作、安装。

1）下弦杆体积＝0.15×0.18×0.60×3＝0.049（m³）

2）上弦杆体积＝0.10×0.12×3.354×2×3＝0.241（m³）

3）斜撑体积＝0.06×0.08×1.667×2×3＝0.048（m³）

4）垫木体积＝0.30×0.10×0.08×3×3＝0.022（m³）

5）竣工木料工程量＝0.146＋0.241＋0.048＋0.007＝0.442（m³）

方木钢屋架制作（跨度 15m 以内），套陕定额 7-83 子目（包括制作、拼接、安装、锚固、梁端刷防腐油、钢材平直、切断、钻孔、焊接、校正，刷防锈漆 1 遍等全部工序）。

【3-95】　如图 3-38 所示，某建筑物屋面采用木结构，木材种类为一类，不刨光。屋面延尺系数为 1.118，木板材厚 30mm。计算封檐板清单及定额工程量，并选择套用定额。

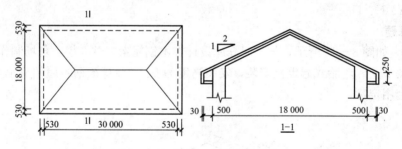

图 3-38　木屋面

解　（1）其他木构件清单项目工程量计算：

四坡水屋面封檐板清单工程量＝外墙外围长＋8×檐宽

＝(30＋18)＋8×0.53＝52.24(m)

工程量清单见表 3-47。

表 3-47　　　　　　　　　　　其他木构件工程量清单

项目编码	项目名称	项目特征	计量单位	工程量
010503004001	其他木构件	(1) 构件名称：封檐板； (2) 构件截面：宽 500mm，厚 30mm； (3) 木材种类：一类； (4) 刨光要求：不刨光	m	52.24

（2）封檐板按图示沿口外围长度计算，该项目发生的工程内容为封檐板制作：

$$封檐板定额工程量＝(30＋18)＋8×0.53$$
$$＝52.24（m）$$

封檐板制作、安装套陕定额 7-98 子目。

【3-96】 某单层房屋的黏土瓦屋面如图 3-39 所示，屋面延尺系数为 1.118，连续方木檩条断面尺寸为 120mm×180mm@1000mm（每个支撑点下放置檩条托木，断面尺寸为 120mm×120mm×240mm），上钉方木椽子，断面尺寸为 40mm×60mm@400mm，挂瓦条断面尺寸为 30mm×30mm@330mm，端头钉三角木，断面尺寸为 60mm×75mm 对开，封檐板和博风板断面尺寸为 200mm×20mm。计算该屋面木基层的定额工程量。

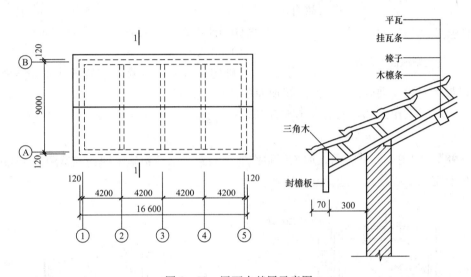

图 3-39 屋面木基层示意图

解 （1）檩条：
$$根数＝9×1.118÷1＋1≈11（根）$$
$$檩条体积＝0.12×0.18×(16.8＋0.24＋2×0.3)×11×1.05＝4.40（m^3）$$
$$檩条托木体积＝0.12×0.12×0.24×11×5＝0.19（m^3）$$
$$小计 V＝4.40＋0.19＝4.59（m^3）$$

其中，檩条按竣工木料以"m^3"计算，简支檩条长度按设计规定计算。设计无规定者，按屋架或山墙中距增加 200mm 长度计算。如两端出山檩条长度算至博风板，连续檩条的长度按设计长度计算，其接头长度按全部连续檩木总体积的 5% 计算。

（2）椽子及挂瓦条（以面积计算）：
$$(16.8＋0.24＋2×0.3)×(9.0＋0.24＋2×0.3)×1.118＝194.06（m^2）$$

（3）三角木：
$$(16.8＋0.24＋2×0.3)×2＝35.28（m）$$

（4）封檐板和博风板：
$$双坡水屋面封檐板工程量＝2×(纵墙外边长＋2×檐宽)$$
$$＝2×(16.8＋0.24＋2×0.3)$$
$$＝35.28（m）$$

计算博风板的定额工程量时，按其斜长计算，每个大刀头增加 500mm，则

双坡水屋面博风板工程量＝(山尖屋面水平投影长×屋面延尺系数＋0.5×2)×山墙端数
$$=[(9.0+0.24+2×0.32)×1.118+0.5×2]×2$$
$$=24.09 \text{（m）}$$

故双坡水屋面封檐板和博风板工程量＝35.28＋24.09＝59.37（m）

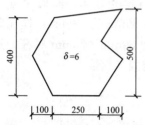

图 3-40 不规则钢板示意图

【3-97】 计算如图 3-40 所示的一个不规则钢板的工程量。

解 (1) 按清单计价规则和陕西省消耗量定额规定：不规则或多边形钢板以其外接矩形面积乘以厚度及单位理论质量计算，故有

$$P=(0.1+0.25+0.1)×0.5×6×7.85$$
$$=10.60 \text{(kg)}$$

(2) 按国家基础定额规定：计算不规则或多边形钢板质量时，均以最大对角线乘以最大宽度的矩形面积计算，故有

$$P=\sqrt{(0.25+0.1)^2+0.5^2}×(0.25+0.1×2)×6×7.85$$
$$=12.94 \text{（kg）}$$

【3-98】 如图 3-41 所示，加工厂制作的钢墙架，工厂到施工现场的运距为 13km。计算其清单及定额工程量，并选择套用定额。

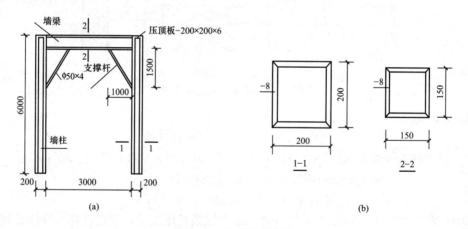

图 3-41 钢墙架示意图

(a) 平面图；(b) 剖面图

解 (1) 清单工程量的计算：

1) 墙柱的工程量＝(6.0－0.006)×0.2×4×0.008×7850×2＝602.28 （kg）

2) 墙梁的工程量＝3.0×0.15×4×0.008×7850＝113.04 （kg）

3) 支撑杆的工程量＝$\sqrt{1.5^2+1^2}$×4.54×2＝16.37 （kg）

4) 压顶板的工程量＝0.2×0.2×0.006×7850×2＝3.77 （kg）

总工程量＝602.28＋113.04＋16.37＋3.77＝735.46 （kg）

其中，钢材密度通常取 7.85g/cm³＝7850kg/m³；单位长度的钢管质量＝0.02 466（每米质量）×壁厚×(外径－壁厚)＝0.02 466×4×(50－4)＝4.54 （kg/m）。

其工程量清单见表 3-48。

表 3-48   钢墙架工程量清单

项目编码	项目名称	项目特征	计量单位	工程量
010606005001	钢墙架	(1) 单榀质量: 0.735t; (2) 构件类别: 三类构件; (3) 油漆品种、刷漆遍数: 防锈漆 1 遍	t	0.735

(2) 定额工程量的计算:

1) 钢墙架制作的定额工程量为 0.735t, 套用陕定额 5-15 子目;

2) 钢墙架运输的工程量为 0.735t, 套用陕定额 6-38 子目;

3) 钢墙架安装工程量为 0.735t, 套用陕定额 6-111 子目。

【3-99】 图 3-42 所示的钢柱共有 10 根, 由加工厂运至施工现场, 运距为 6km。试计算该钢柱清单及定额工程量, 并列出所套用的定额。

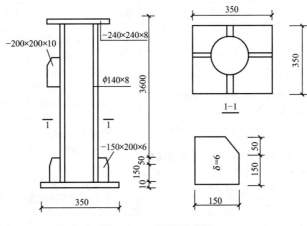

图 3-42 钢柱示意图

解 (1) 清单工程量的计算:

1) 钢管工程量 = (3.6 + 0.05 + 0.15 - 0.008) × 26.04 = 98.74 (kg)

2) 上下顶板的工程量 = 0.24 × 0.24 × (7.85 × 8) + 0.35 × 0.35 × (7.85 × 10) = 13.23 (kg)

3) 加劲板的工程量 = 0.15 × 0.2 × (7.85 × 6) × 4 = 5.65 (kg)

4) 牛腿的工程量 = 0.2 × 0.2 × (7.85 × 10) = 3.14 (kg)

    总工程量 = (98.74 + 13.23 + 5.65 + 3.14) × 10 = 1207.60(kg) = 1.21 (t)

其工程量清单见表 3-49。

表 3-49   钢 管 柱 工 程 量 清 单

项目编码	项目名称	项目特征	计量单位	工程量
010603003001	钢管柱	(1) 单根柱质量: 0.121t; (2) 构件类别: 一类构件; (3) 油漆品种、刷漆遍数: 防锈漆 1 遍	t	1.21

(2) 定额工程量的计算:

1) 钢柱制作的定额工程量为 1.21t, 套用陕定额 5-1 子目;

2）钢柱运输的工程量为 1.21t，套用陕定额 6 - 27 子目；

3）钢柱安装工程量为 1.21t，套用陕定额 6 - 89 子目。

3.6 屋面防水、保温工程

3.6.1 清单项目计算规则及组价常用定额子目

1. 屋面防水、保温工程清单项目计算规则

屋面防水工程包括瓦、型材屋面，屋面防水，墙、地面、防潮 3 个小节；保温工程包括防腐面层，其他防腐，隔热、保温 3 个小节，适用于建筑物、构筑物的屋面防水保温工程。

在按设计图示尺寸计算屋面防水、保温工程清单工程量时，应注意需并入一起计量的部分。常用屋面防水保温工程清单项目计算规则见表 3 - 50。

表 3 - 50　　　　　　　　常用屋面防水保温工程清单项目计算规则

项目编码	项目名称	适用范围	单位	清单工程量计算规则
010701001	瓦屋面	小青瓦、平瓦、筒瓦、石棉水泥瓦、玻璃钢波形瓦等的安装、防水和刷材料	m²	（1）平屋顶：水平投影面积＋弯起部分面积； （2）斜屋顶：斜面积＋弯起部分面积； （3）屋面的女儿墙、伸缩缝和天窗等处的弯曲部分，并入屋面工程量内，不扣除房上烟囱、风帽底座、风道、屋面小气窗和斜沟所占面积。
010702001	屋面卷材防水	利用胶结材料粘贴卷材进行防水屋面的找平、刷底油和铺保护层	m²	S＝投影面积＋弯起部分面积＝（底层横向轴线长＋墙厚＋2×挑檐宽）×（底层纵向轴线长＋墙厚＋2×挑檐宽）＋挑檐高度×挑檐内边线周长
010702002	屋面涂膜防水	厚质涂料、薄质涂料和有加增强材料或无加增强材料的涂膜防水屋面的找平、涂防水膜和铺保护层	m²	或：S＝底层建筑面积＋（外墙外边线长＋挑檐宽×4）×挑檐宽＋弯起部分面积
010703002	涂膜防水	基础、楼地面、墙面等部位的涂膜防水的找平、涂防水膜和铺保护层	m²	按设计图示尺寸以面积计算。 （1）地面防水：按主墙间净空面积计算，扣除凸出地面的构筑物、设备基础，不扣除间壁墙及 0.3m² 以内的柱、垛、烟囱、空洞。 （2）墙基防水：$S＝L×B$ 式中：L—墙基长度，外墙取 $L_{中}$，内墙取 $L_{内}$；B—墙基宽度
010801002	防腐砂浆面层	平面或立面的水玻璃砂浆、沥青砂浆、树脂砂浆以及聚合物水泥砂浆等防腐工程	m²	按设计图示尺寸以面积计算，扣除凸出地面的构筑物、设备基础及大于 0.3m² 以上孔洞面积
010803001	保温隔热屋面	各种材料的屋面隔热保温的清理、铺保温层和刷材料	m²	按图示尺寸以面积计算 $S_{底}$

2. 屋面防水、保温工程组价常用定额子目及工程量计算

计算屋面防水、保温工程基础定额工程量前，需熟悉施工工艺和施工构件，确定防水和保温所用的材质。进行组价时，需根据清单项目的项目特征，结合定额子目的工作内容选套定额子目。屋面防水、保温工程清单项目及组价常用定额子目的工程量计算见表 3 - 51。

表 3－51 **屋面防水、保温工程清单项目及组价常用定额子目的工程量计算**

项目名称	参考子目及定额工程量计算	组价常用国家定额参考子目及工程量计算规则
瓦屋面	（1）屋架制作、安装 7－86～7－96：清单量乘以厚度； （2）瓦屋面 9－1～9－18：同清单量	（1）屋架安装 6－225～6－274：工程量计算同左； （2）瓦屋面 9－1～9－12：$V=$ 清单量×无眠坡度系数（坡度系数见《全国定额计算规则》中表 3.9.1）
屋面卷材防水 屋面涂膜防水	（1）找平层 8－20～8－25：同定额防水层面积； （2）卷材防水 9－23～9－36：$S=S_{水平投影}×$ 坡度系数 $+S_{弯起}$（坡度系数见《陕西省定额》第 404 页）； （3）涂抹防水 9－37～9－46：不扣单个出屋面 $0.1m^2$ 所占面积，弯起高无具体尺寸，按 $0.3m$ 计； （4）防水层上浅色涂料保护层 9－63～9－64：同清单量	（1）找平层 8－18～8－22：同定额防水层面积； （2）卷材防水 9－74～9－91：卷材屋面按图示尺寸的水平投影面积乘以规定的坡度系数以 m^2 计算。图纸无规定时，伸缩缝、女儿墙的弯起部分可按 250mm 计算，天窗弯起部分按 500mm 计算； （3）涂膜防水 9－92～9－135：同卷材
涂膜防水	（1）水泥砂浆找平 8－20～8－25：同清单量； （2）涂膜防水层石油沥青 9－88～9－113：按设计图示要求涂膜部分水平投影面积乘以屋面坡度系数计算	（1）水泥砂浆找平层 8－18～8－22； （2）涂膜防水 9－92～9－135：建筑物地面防水、防潮层，按主墙间净空面积计算。与墙面连接处，高度在 500mm 以内者按展开面积计算，并入平面工程量内，超过 500mm 时，按立面防水层计算
防腐砂浆面层	砂浆面层 12－1～12－10：同清单量	水泥砂浆面层 8－23～8－27：同清单量
保温隔热屋面	屋面保温 9－47～9－56：按体积计算，$V=$ 铺设面积×平均厚度； 平均厚度＝最薄处厚$+\dfrac{L}{2}×i$（单面排水） 平均厚度＝最薄处厚$+\dfrac{L}{4}×i$（双面排水） 式中：L—保温层沿斜边的铺设长度；i—坡度	屋面保温 10－196～10－205：按体积计算； $V=$ 铺设面积×平均厚度

3.6.2 习题精练

一、选择题

【3－100】 某建筑物女儿墙（一砖）轴线尺寸为 $10m×7m$，屋面做涂膜防水，立面弯起高度为 40cm，则屋面涂膜防水工程量为（ ）m^2。

A. 83.6   B. 87.4   C. 76.61   D. 79.19

答案：D

分析：$S_{底}+S_{弯起}=(10-0.24)×(7-0.24)+[(10+7)×2-0.24×4]×0.4=79.19$（$m^2$）。

【3－101】 某单层建筑物，采用 SBS 防水卷材，屋面坡度系数为 2%，挑檐宽度为 500mm、厚度为 70mm，翻起部分高度为 230mm、厚度为 70mm，底层建筑面积为 $103.10m^2$，$L_{外}=43.16m$，则屋面防水卷材的清单工程量应为（ ）m^2。

A. 103.10   B. 136.46   C. 133.12   D. 125.68

答案：B

分析：S＝底层建筑面积＋挑檐部分的面积＋挑檐高度×挑檐内边线周长＝103.1＋(43.16×0.5＋4×0.25)＋[43.16＋(0.5－0.035)×8]×0.23＝136.46（m²）。

【3－102】 计算屋面卷材防水清单工程量时，女儿墙处弯起部分工程量（   ）。

A. 单独列项计算   B. 应考虑在报价中

C. 一律按弯起250mm高度计算   D. 并入屋面工程量计算

答案：D

【3－103】 屋面卷材防水清单工程量计算规则中规定（   ）。

A. 平屋顶按实际面积计算   B. 斜屋顶按水平投影面积计算

C. 平、斜屋顶均按水平投影面积计算   D. 斜屋顶按斜面积计算

答案：A、D

【3－104】 屋面防水工程按照其适应变形的能力划分为（   ）。

A. 刚性防水   B. 卷材防水   C. 涂膜防水   D. 柔性防水

答案：A、D

二、计算题

【3－105】 如图3－43所示，某工程屋面板上铺水泥大瓦，计算瓦屋面的清单工程量。

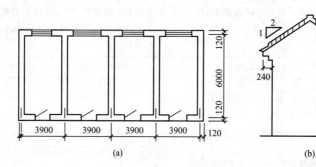

图3－43 某房屋建筑尺寸

(a) 平面图；(b) 剖面图

解 瓦屋面的项目编码为010701001，工程量计算如下

屋面工程量＝(房屋总宽度＋外檐宽度×2)×外檐总长度×延尺系数

＝(6.00＋0.24＋0.24×2)×(3.9×4＋0.24)×1.118

＝119.0（m²）

【3－106】 某住宅楼，共32户，每户一个卫生间，该工程卫生间地面净长为2.16m，宽1.56m，门宽700mm；防水做法：1：3水泥砂浆找平20mm厚，非焦油聚氨酯涂膜防水2mm厚，翻起高度为300mm。计算地面涂膜防水清单及定额工程量，并选择套用相应的定额子目。

解 （1）地面涂膜防水清单项目工程量计算

地面涂膜防水工程量＝[2.16×1.56＋(2.16×2＋1.56×2－0.70)×0.30]×32

＝172.53（m²）

其工程量清单见表3－52。

表 3-52 某工程地面涂膜防水工程量清单

项目编码	项目名称	项目特征	计量单位	工程量
010703002001	涂膜防水	(1) 涂膜品种：非焦油聚氨酯涂膜； (2) 涂膜厚度：2mm； (3) 防水部位：卫生间地面	m²	172.53

注 地面防水周边部位上卷高度不大于 0.50m 时，工程量并入平面防水层；大于 0.50m 时，按立面防水层计算。

（2）地面涂膜防水定额工程量计算及定额项目的选择：

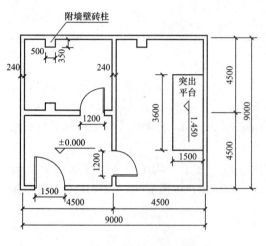

图 3-44 楼层平面图

1）水泥砂浆找平工程量为 172.53m²，1：3 水泥砂浆找平 20mm 厚，套用陕定额 8-20 子目；

2）聚氨酯涂膜防水工程量为 172.53m²，聚氨酯涂膜防水 2mm 厚，套用陕定额 9-108 子目。

【3-107】 图 3-44 所示为 35mm 厚的重晶石砂浆防腐地面，踢脚线高为 180mm，其中门框厚 80mm。根据图示尺寸计算地面和踢脚线防腐工程的清单及定额工程量，并选择套用定额。

解 （1）清单工程量的计算：

重晶石砂浆地面的总面积＝(4.5-0.24)×(4.5-0.24)×2+(4.5-0.24)×(9.0-0.24)

＝73.61 （m²）

应扣除的面积＝3.6×1.5+0.35×0.5×3＝5.925 （m²）

应增加的面积＝1.2×0.24×2+1.5×0.24＝0.936 （m²）

则

重晶石砂浆地面的工程量＝73.61-5.925+0.936＝68.62 （m²）

重晶石砂浆踢脚线长度＝(4.5-0.24)×2×2×2+[(4.5-0.24)+(9.0-0.24)]×2

＝60.12 （m）

应扣除的面积＝1.5×0.18+1.2×0.18×4＝1.134 （m²）

应增加的面积＝0.24×0.18×4+(0.24-0.08)×0.18×2+0.35×0.18×6+1.5×0.18×2

＝1.148 （m²）

则

重晶石砂浆防腐踢脚板的工程量$=60.12×0.18-1.148+1.148=10.82$（m²）

其工程量清单见表 3-53。

表 3-53　　　　　　　　　　　　　防腐砂浆工程量清单

项目编码	项目名称	项目特征	计量单位	工程量
010801002001	防腐砂浆 面层	(1) 防腐部位：地面； (2) 面层厚度：35mm； (3) 砂浆种类：重晶石砂浆	m²	68.62
010801002002	防腐砂浆 面层	(1) 防腐部位：踢脚线180mm 高； (2) 面层厚度：35mm； (3) 砂浆种类：重晶石砂浆	m²	10.82

（2）定额工程量计算及定额项目的选择：

1）重晶石砂浆地面的工程量为 68.62m²，厚 30mm，套用陕定额 12-9 子目；增加 5mm，套用陕定额 12-10 子目。

2）重晶石砂浆防腐踢脚板的工程量为 10.82m²；厚 30mm，套用陕定额 12-9 子目；增加 5mm，套用陕定额 12-10 子目。

【3-108】　如图 3-45 所示，某冷藏工程室内（包括柱子）均用石油沥青粘贴 100mm 厚的聚苯乙烯泡沫塑料板，保温门尺寸为 900mm×2000mm，居内安装，洞口周围不需另铺保温材料。试计算保温工程量。

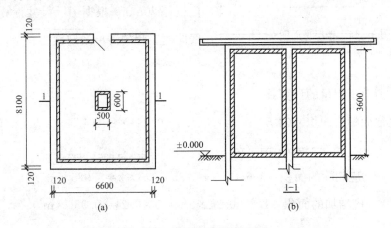

图 3-45　泡沫塑料板的粘贴
(a) 平面图；(b) 1-1 剖面图

解　（1）保温隔热天棚项目编码为 010803002001，工程量 $S=(8.1-0.24)×(6.6-0.24)=49.99$（m²）；

（2）保温隔热墙项目编码为 010803003001，工程量 $S=[(8.1-0.24-0.1)+(6.6-0.24-0.1)]×2×(3.6-0.1×2)-0.9×2.0=93.54$（m²）；

（3）保温柱项目编码为 010803004001，工程量 $S=[(0.5+0.6)×2-0.1×4]×(3.6-0.1×2)=6.12$（m²）；

（4）隔热地面项目编码为 010803005001，工程量 $S=(8.1-0.24)×(6.6-0.24)=49.99$（m²）。

【3-109】 计算如图 3-46 所示的屋面保温层的工程量。

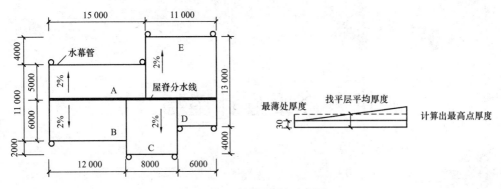

图 3-46 平屋面找坡示意图

解 （1）计算各分区屋面面积及找平层平均厚度

A 区：面积 $S=15.0\times5.0=75.0$（m^2）

平均厚度 $=5.0\times2\%\times1/2+0.03=0.08$（m）

B 区：面积 $S=12.0\times6.0=72.0$（m^2）

平均厚度 $6.0\times2\%\times1/2+0.03=0.09$（m）

C 区：面积 $S=8.0\times(6.0+2.0)=64.0$（$m^2$）

平均厚度 $8.0\times2\%\times1/2+0.03=0.11$（m）

D 区：面积 $S=6.0\times(6.0+2.0-4.0)=24.0$（$m^2$）

平均厚度 $4.0\times2\%\times1/2+0.03=0.07$（m）

E 区：面积 $S=11.0\times(5.0+4.0)=99.0$（$m^2$）

平均厚度 $9.0\times2\%\times1/2+0.03=0.12$（m）

（2）计算屋面找坡层体积

$V=75.0\times0.08+72.0\times0.09+64.0\times0.11+24.0\times0.07+99.0\times0.12=33.08$（$m^3$）

第 4 章

装饰装修工程计量与计价

学习要点

本章主要介绍装饰装修工程中各子目的清单和定额工程量计算规则、计算方法及组价常用的定额子目。装饰装修工程可分为楼地面工程，墙、柱面工程，天棚工程，门窗工程，油漆、涂料、裱糊工程及其他工程 6 部分。装饰装修工程清单项目组价时，管理费及利润按装饰装修工程费率取。管理费的取费基础为分项工程直接费，利润的取费基础为分项工程直接费与管理费之和。通过本章的学习，要求掌握各装饰装修工程项目的清单和定额工程量计算规则，理解清单及定额计算规则间的区别；运用装饰装修工程项目的工程量计算技巧；熟练、准确地套用装饰装修工程清单项目组价时应套用的相应定额子目。

4.1 楼地面工程

4.1.1 清单项目计算规则及组价常用定额子目

1. 楼地面工程清单项目计算规则

楼地面可分为地面和楼面两种，一般由面层、结构层和垫层构成。楼地面工程清单项目包括整体面层，块料面层，橡塑面层，其他材料面层，踢脚线，楼梯装饰，扶手、栏杆、栏板装饰，台阶装饰，零星装饰项目 9 个小节，适用于楼地面、楼梯、台阶装饰工程。

进行清单列项时，应根据面层材料、装饰部位的不同分别列项；进行工程量计算时，需特别注意选用不同楼地面材料时需增减的面积不同，如块料面层与橡塑面层的工程量计算规则不同。常用楼地面工程清单项目工程量计算规则见表 4-1。

表 4-1 常用楼地面工程清单项目工程量计算规则

项目编码	项目名称	适用范围	单位	清单工程量计算规则
020101001	水泥砂浆楼地面	水泥砂浆、现浇水磨石整体面层找平层以上楼地面装饰工程	m²	按设计图示尺寸以面积计算。扣除凸出地面构筑物、设备基础、室内铁道、地沟等所占面积，不扣除间壁墙和 0.3m² 以内的柱、垛、附墙烟囱及孔洞所占面积；不增加门洞、空圈、暖气包槽、壁龛的开口部分的面积。
020101002	现浇水磨石楼地面			地面：S=室内净面积-应扣面积
020102001	石材楼地面	石材、各种块料等找平层以上块料楼地面装饰工程	m²	楼面：S=室内净面积-应扣面积-楼梯间面积室外台阶的平台部分：S=整个室外台阶投影面积-应计入台阶部分的水平投影面积
020102002	块料楼地面			

续表

项目编码	项目名称	适用范围	单位	清单工程量计算规则
020103001	橡胶板楼地面	塑料、橡胶板等找平层以上橡塑楼地面装饰工程	m²	按设计图示尺寸以面积计算。门洞、空圈、暖气包槽、壁龛的开口部分并入相应的工程量内。 地面：$S=$室内净面积-应扣面积+并入面积 楼面：$S=$室内净面积-应扣面积-楼梯间面积+并入面积 室外台阶的平台部分： $S=$整个室外台阶投影面积-应计入台阶部分的水平投影面积
020103002	橡胶卷材楼地面			
020103003	塑料板楼地面			
020105001	水泥砂浆踢脚线	墙体和地面之间水泥砂浆、石材、块料、现浇水磨石等踢脚线装饰工程	m²	按设计图示长度乘以高度以面积计算。 $S=$（墙内边线长-门洞宽+洞口及垛侧壁长）×高度
020105002	石材踢脚线			
020105003	块料踢脚线			
020105004	现浇水磨石踢脚线			
020106001	石材楼梯面层	水泥砂浆、石材、块料、现浇水磨石等楼梯面装饰工程	m²	按设计图示尺寸以楼梯（包括踏步、休息平台及500mm以内的楼梯井）水平投影面积计算。 $S=L×B$ 式中：L—楼梯水平投影净长，楼梯与楼地面相连时，算至梯口梁内侧；无梯口梁者，算至最上一层踏步边沿加300mm； B—楼梯净宽
020106002	块料楼梯面层			
020106003	水泥砂浆楼梯面层			
020106004	现浇水磨石楼梯面			
020108001	石材台阶面	水泥砂浆、石材、块料、现浇水磨石等台阶面装饰工程	m²	按设计图示尺寸以台阶（包括最上层踏步边沿加300mm）水平投影面积计算
020108002	块料台阶面			
020108003	水泥砂浆台阶面			
020108004	现浇水磨石台阶面			

2. 楼地面工程组价常用定额子目及工程量计算

楼地面的构造层次一般为垫层、找平层、结合层及面层。在计算楼地面定额工程量前，需熟悉相应定额子目的类型及楼地面垫层、找平层、止水带、防潮层、面层的要求；进行组价时，需根据清单项目的项目特征，结合定额子目的工作内容选择合适的定额子目，应避免多套或漏套。楼地面工程组价常用定额子目及其工程量计算见表4-2。

表4-2　　　　　楼地面工程组价常用定额子目及其工程量计算

项目编码	项目名称	组价常用陕西定额子目及工程量计算规则	组价常用国家定额子目及工程量计算规则
020101001	水泥砂浆楼地面	① 垫层（素土、灰土）1-26～1-28； ② 混凝土垫层4-1； ③ 其他垫层8-1～8-14。 ①②③工程量计算式：$V=S_{净}×$垫层厚 ④ 防潮层及找平层8-15～8-24； ⑤ 素水泥浆一道内掺建筑胶粉8-25； ④⑤工程量计算式：$S=S_{净}-$应扣面积；	① 垫层8-1～8-17； ② 找平层8-18～8-22； ①②工程量计算式：$V=S_{净}×$垫层厚； ③ 地面防水9-74～9-135：$S=S_{净}+S_{上卷}$。上卷高度按图示尺寸计算，设计无规定时按0.3m计算（上
020101002	现浇水磨石楼地面		
020102001	石材楼地面		

续表

项目编码	项目名称	组价常用陕西定额子目及工程量计算规则	组价常用国家定额子目及工程量计算规则
020102002	块料楼地面	⑥ 地面防水 9-74～9-113：$S=S_净+S_{上卷}$。上卷高度按图示尺寸计算，设计无规定时按 0.3m 计算（上卷高度≤0.5m 时，工程量并入平面防水层；上卷高度＞0.5m 者，按立面防水层子目计算）； ⑦ 整体面层 10-1～10-18：按主墙间的实铺面积计算，即 $S=S_净-S_{应扣面积}$（不扣除 0.3m² 以内的孔洞面积）； ⑧ 块料面层 10-19～10-112：按饰面的实铺面积计算，即 $S=S_净-S_{应扣面积}+S_{并入面积}$。 ⑨ 塑料、橡胶板楼地面 10-113～10-116	卷高度≤0.5m 时工程量并入平面防水层；上卷高度＞0.5m 者，按立面防水层子目计算）； ④ 整体面层 1-058～1-061； ⑤ 块料面层 1-001～1-014、1-062～1-068、1-073～1-086、1-095； ⑥ 塑料、橡胶板楼地面 1-111～1-114。 ④⑤⑥ 计算公式：$S=S_净-S_{＞0.1孔洞}$
020103001	橡胶板楼地面		
020103002	橡胶卷材楼地面		
020103003	塑料板楼地面		
020105001	水泥砂浆踢脚线	整体面层踢脚线 10-5，水磨石踢脚板 10-16，大理石踢脚线 10-25～10-28，花岗岩踢脚线 10-43～10-46，陶瓷地砖踢脚线 10-73，缸砖踢脚线 10-91，陶瓷锦砖踢脚线 10-96。 a. 整体面层踢脚线 $L=$ 房间主墙间周长（不扣除门洞及空圈所占面积，附墙垛、门洞和空圈等侧壁长度亦不增加）； b. 非成品块料踢脚线 $S=L_{实贴长度}×H_{踢脚线高度}$； c. 成品块料踢脚线 $L=L_{实贴长度}$； d. 楼梯踏步段踢脚线按相应定额乘以系数 1.15	① 非成品踢脚线 1-015～1-022：$S=L_{实贴长度}×H_{踢脚线高度}$； ② 成品踢脚线 1-023～1-026：按实贴延长米计算，即 $L=L_{实贴长度}$； ③ 楼梯踏步段踢脚线按相应定额乘以系数 1.15
020105002	石材踢脚线		
020105003	块料踢脚线		
020105004	现浇水磨石踢脚线		
020106001	石材楼梯面层	① 水泥砂浆楼梯 10-3，水磨石楼梯 10-14、15，大理石楼梯 10-22～10-24，花岗岩楼梯 10-40～10-42，凸凹假麻石楼梯 10-66，陶瓷地砖楼梯 10-71，缸砖楼梯 10-89，楼梯台阶踏步防滑条 10-103～10-108； ② 楼梯台阶踏步防滑条 10-103～10-108。 $S=L×B-S_{宽度＞500mm楼梯井}$ 式中：L—楼梯水平投影净长，算至梯口梁内侧或最上一台 300mm 宽；B—楼梯净宽，以楼梯层水平梁外侧为界	① 石材楼梯 1-027～1-031、陶瓷地砖楼梯 1-071、缸砖楼梯 1-087； ② 楼梯台阶踏步防滑条 1-103、1-104、1-105～1-108。 ③ 楼梯台阶酸洗打蜡 1-110 公式：$S=S_{水平投影}-S_{宽度≥50mm楼梯井}$
020106002	块料楼梯面层		
020106003	水泥砂浆楼梯面层		
020106004	现浇水磨石楼梯面		
020108001	石材台阶面	① 10-29～10-31 大理石台阶面、10-47～10-49 花岗岩台阶面； ② 10-72、10-90、10-95、10-98 块料台阶面； ③ 10-2 水泥砂浆台阶面； ④ 10-17 水磨石台阶面 按水平投影面积以 m² 计算，连接地面的一个暗台（设计无规定时可按 300mm 计）应并入台阶工程量	① 大理石台阶 1-032、1-033、1-036，花岗岩台阶 1-034、1-035、1-037，陶瓷地砖台阶 1-070，缸砖台阶 1-088，陶瓷锦砖台阶 1-093 等； ② 楼梯台阶防滑条 1-103、1-104、1-105～1-108； ③ 楼梯台阶酸洗打蜡 1-110。 ①②③ 工程量按设计图示尺寸以台阶（包括最上层踏步边沿加 300mm）水平投影面积计算
020108002	块料台阶面		
020108003	水泥砂浆台阶面		
020108004	现浇水磨石台阶面		

4.1.2 习题精练

一、选择题

【4-1】 楼地面工程块料面层按（　　　）计算清单工程量。

A. 实铺面积 　　　　　　　　　　B. 建筑面积

C. 墙内边线围成的面积 　　　　　D. 主墙间的净面积

答案：D

【4-2】 在楼地面面层清单工程量计算中，对门洞、空圈等开口部分并入计算的是（　　　）。

A. 水泥砂浆面层 　　　　　　　　B. 同质地砖面层

C. 水磨石面层 　　　　　　　　　D. 硬木地板

答案：D

【4-3】 楼地面铺设同质地砖面层，清单工程量计算应（　　　）。

A. 不扣除柱、垛、附墙烟囱及孔洞所占面积

B. 扣除柱、垛、附墙烟囱及孔洞所占面积

C. 不扣除不大于 $0.3m^2$ 的柱、垛、附墙烟囱及孔洞所占面积

D. 扣除大于 $0.3m^2$ 的柱、垛、附墙烟囱及孔洞所占面积

答案：C、D

【4-4】 在楼地面工程清单计量中，以长度为计量单位的项目是（　　　）。

A. 块料踢脚线 　　　　　　　　　B. 台阶两侧块料挡墙

C. 金属扶手栏板 　　　　　　　　D. 水泥砂浆零星项目

答案：C

【4-5】 在楼地面面层清单工程量计算中，对门洞、空圈等开口部分不计算的有（　　　）。

A. 水泥砂浆面层 　　　　　　　　B. 同质地砖面层

C. 水磨石面层 　　　　　　　　　D. 硬木地板

E. 复合地板

答案：A、B、C

【4-6】 楼地面工程中，计算整体面层清单工程量时，应扣除的部位有（　　　）。

A. 凸出地面的构筑物 　　　　　　B. 设备基础

C. $0.3m^2$ 柱 　　　　　　　　　D. 间壁墙

答案：A、B

【4-7】 计算楼梯面层清单工程量时，以水平投影面积计算，该面积不包括（　　　）。

A. 宽度大于 500mm 的楼梯井

B. 宽度小于 300mm 的楼梯井

C. 楼梯最上一层踏步边沿加 300mm

D. 休息平台

答案：A

二、计算题

【4-8】 某工程建筑平面如图 4-1 所示，图中 M1 尺寸为 900mm×2400mm，M2 尺寸为 900mm× 2100mm，C1 尺寸为 1500mm×1500mm。其中，门与开启方向墙面平齐，门框厚 80mm。设计楼面做法为 1:3 水泥砂浆铺贴 300mm×300mm 地砖面层，踢脚为 150mm 高地砖。求该地砖楼面及地砖踢脚的清单工程量。

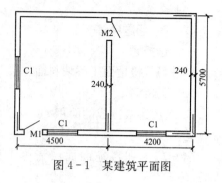

图 4-1 某建筑平面图

解 （1）300mm×300mm 地砖面层清单工程量为
$$S=(4.50+4.20-0.24×2)×(5.70-0.24)=44.88（m^2）$$

（2）地砖踢脚清单工程量为
$$S=[(4.50+4.20-0.24×2)×2+(5.70-0.24)×4-0.90×3+(0.24-0.08)×2]×0.15$$
$$=5.39（m^2）$$

【4-9】 某商店平面如图 4-2 所示，地面做法为：60mm 厚 C20 细石混凝土垫层，20mm 厚 1:2 水泥砂浆找平层，20mm 厚 1:2.5 白水泥色石子水磨石面层，15mm×2mm 铜条分隔，距墙柱边 300mm 范围内按纵横 1m 宽分格。计算地面清单工程量，并列出工程量清单。

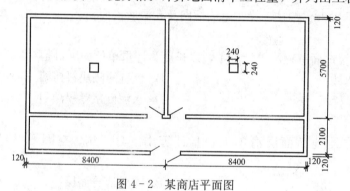

图 4-2 某商店平面图

解 现浇水磨石楼地面的清单项目编码为 020101002001，清单工程量计算公式如下

现浇水磨石楼地面工程量＝主墙间净长度×主墙间净宽度
$$=(8.40-0.24)×(5.70-0.24)×2+(8.40×2-0.24)$$
$$×(2.10-0.24)$$
$$=119.91（m^2）$$

清单工程量计算规则中规定，"现浇水磨石楼地面工程量不扣除间壁墙和 0.3m² 以内的柱、垛、附墙烟囱及孔洞所占面积"，因本题中柱所占面积小于 0.3m²，故不扣除。

项目工程量清单见表 4-3。

表 4-3 现浇水磨石地面工程量清单

项目编码	项目名称	项目特征	计量单位	工程量
020101002001	现浇水磨石地面	（1）垫层层材料、厚度：C20 细石混凝土找平层、60mm 厚； （2）找平层厚度、砂浆配合比：1:2 水泥砂浆找平层、20mm 厚； （3）面层材料、厚度：1:2.5 白水泥色石子水磨石面层、20mm 厚； （4）嵌条材料种类、规格：15mm×2mm 铜条分隔，距墙柱边 300mm 范围内按纵横 1m 宽分格	m²	119.91

【4-10】 某学生宿舍楼共5层，层高3.3m，楼梯踏步高150mm，宽300mm，其平面如图4-3所示。钢筋混凝土楼梯现浇水磨石面层，做法为：20mm厚1:3水泥砂浆找平，15mm厚1:2.5水泥白石子浆（不分色）面层，嵌50mm×5mm铜板防滑条（直条），双线（长度比踏步长度每端短100mm），面层磨光、酸洗、打蜡。计算现浇水磨石楼梯面清单及定额工程量，列出工程量清单并选择应套用的定额子目。

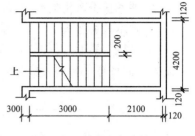

图4-3 某学生宿舍楼
楼梯平面图

解 （1）现浇水磨石楼梯面清单工程量为

$$S=(0.30+3.00+2.10-0.12)\times(4.2-0.24)\times4$$
$$=83.64\ (m^2)$$

其工程量清单见表4-4。

表4-4 现浇水磨石楼梯面工程量清单

项目编码	项目名称	项目特征	计量单位	工程量
020106004001	现浇水磨石楼梯面	（1）找平层材料、厚度：1:3水泥砂浆、20mm厚； （2）面层材料、厚度、颜色：1:2.5水泥白石子浆（不分色）、15mm厚； （3）防滑条材料种类、规格：50mm×5mm铜板防滑条（直条）、双线（长度比踏步长度每端短100mm）	m²	83.64

（2）现浇水磨石楼梯面定额工程量计算及定额项目的选择：

1）现浇水磨石楼梯面定额工程量=（0.30+3.0+2.10-0.12)×(4.2-0.24)×4=83.64（m²），现浇水磨石楼梯面（不分色），套用陕定额子目10-14（含酸洗打蜡等）。

2）50mm×5mm铜板防滑条工程量=[(4.20-0.24-0.20)/2-0.20]×2×11×2×4=295.68（m），嵌50mm×5mm铜板防滑条，套陕定额子目10-105。

【4-11】 楼梯平面如图4-3所示，硬木扶手，截面尺寸为100mm×60mm，型钢栏杆。计算硬木扶手、型钢栏杆清单及定额工程量，并选择套用定额。

解 （1）硬木扶手、型钢栏杆清单项目工程量计算如下

$$硬木扶手、型钢栏杆工程量\ l=\sqrt{\left(\frac{3.3}{2}\right)^2+3.0^2}\times8+0.20\times8+(4.20-0.24-0.2)/2$$
$$=30.87\ (m)$$

其工程量清单见表4-5。

表4-5 硬木扶手、型钢栏杆工程量清单

项目编码	项目名称	项目特征	计量单位	工程量
020107002001	硬木扶手带栏杆、栏板	（1）扶手材料种类：硬木扶手； （2）栏杆材料种类：型钢栏杆	m	30.87

（2）硬木扶手、型钢栏杆定额工程量计算及定额子目的套用：

1）硬木扶手、型钢栏杆定额工程量，同清单工程量，为30.87m。

2）硬木扶手，套用陕定额子目10-208；型钢栏杆，套用陕定额子目10-186。

3）硬木扶手弯头数量＝7×2＋1＝15（个）。

4）硬木扶手弯头，套用陕定额子目10－222。

【4－12】 某工程花岗岩台阶，尺寸如图4－4所示，平台和台阶用20mm厚1：3水泥砂浆找平。计算平台和台阶花岗岩面层的清单及定额工程量，并选择套用定额。

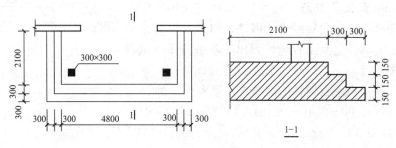

图4－4 台阶示意图

解 （1）平台、台阶面层清单项目工程量计算如下：

平台花岗岩面层工程量＝（4.80－0.30×2）×（2.10－0.30）＝7.56（m²）

台阶花岗岩面层工程量＝（4.80＋0.30×4）×（2.10＋0.30×2）－7.56＝8.64（m²）

其工程量清单见表4－6。

表4－6 花岗岩台阶工程量清单

项目编码	项目名称	项目特征	计量单位	工程量
020102001001	石材地面	（1）找平层材料、厚度：1：3水泥砂浆找平，20mm厚； （2）面层材料：花岗岩	m²	7.56
020108001001	石材台阶面	（1）找平层材料、厚度：1：3水泥砂浆找平，20mm厚； （2）面层材料：花岗岩	m²	8.64

（2）石材楼地面、台阶面层定额工程量计算及定额项目的选择：

1）石材楼地面：平台花岗岩面层工程量＝清单工程量＝7.56m²，套用陕定额子目10－37（花岗岩楼地面）和陕定额子目8－21（水泥砂浆找平）。

2）石材台阶面层：台阶花岗岩面层工程量＝清单工程量＝8.64m²，套用陕定额子目10－47（花岗岩台阶）和陕定额子目8－21（水泥砂浆找平）。

【4－13】 某多层现浇框架办公楼，根据清单计价规范计算出来的清单工程量如下：

020101001001 水泥砂浆地面 400m²

020105001001 水泥砂浆踢脚线 63m²

按照底层地面做法及按2004年《陕西省建筑、装饰工程消耗量定额》规定计算出来的定额工程量如下：

150mm高水泥砂浆踢脚线 420m

20mm厚1：2.5水泥砂浆面层 400m²

80mm厚C15混凝土（不分格） 32m³

116

300mm 厚 3∶7 灰土回填 $120m^3$

原土夯实 $400m^2$

试根据《计价规范》以及 2004 年《陕西省建筑、装饰工程消耗量定额》及补充定额的有关规定，计算工程量清单项目的综合单价。

解 水泥砂浆地面工程应套用陕定额子目 10-1、4-1（换）、1-28 和 1-21，查 2009 年《陕西省建筑、装饰工程价目表》得：

（1）陕定额 10-1 子目：

人工费＝537.00（元/100m²）

材料费＝527.01（元/100m²）

机械费＝24.10（元/100m²）

基价＝537.00＋527.01＋24.10＝1088.11（元/100m²）

风险＝0（元/100m²）

管理费＝1088.11×3.83％＝41.67（元/100m²）

利润＝（1088.11＋41.67）×3.37％＝38.07（元/100m²）

（2）陕定额 4-1（换）子目：

人工费＝76.44（元/100m²）

材料费＝174.26＋（150.10－163.39）×1.015＝160.77（元/100m²）

机械费＝17.73（元/100m²）

基价＝76.44＋160.77＋17.73＝268.43（元/100m²）

风险＝0（元/100m²）

管理费＝268.43×5.11％＝13.72（元/100m²）

利润＝（268.43＋13.72）×3.11％＝8.77（元/100m²）

（3）陕定额 1-28 子目：

人工费＝2950.08（元/100m²）

材料费＝4512.16（元/100m²）

机械费＝107.72（元/100m²）

基价＝2950.08＋4512.16＋107.72＝7569.96（元/100m²）

风险＝0（元/100m²）

管理费＝2950.08×3.58％＝105.61（元/100m²）

利润＝2950.08×2.88％＝84.96（元/100m²）

（4）陕定额 1-21 子目：

人工费＝59.64（元/100m²）

材料费＝0（元/100m²）

机械费＝12.39（元/100m²）

基价＝59.64＋0＋12.39＝72.03（元/100m²）

风险＝0（元/100m²）

管理费＝59.64×3.58％＝2.14（元/100m²）

利润＝59.64×2.88％＝1.72（元/100m²）

水泥砂浆地面工程综合单价＝(1088.11×4.00＋268.43×32.00＋7569.96×1.20

$$＋72.03×4.00)÷400＋(41.67×4.00＋13.72×32.00$$
$$＋105.61×1.20＋2.14×4.00)÷400＋(38.07×4.00$$
$$＋8.77×32.00＋84.96×1.20＋1.72×4.00)÷400$$
$$＝58.99（元/m^2）$$

水泥砂浆踢脚线综合单价的计算方法同上。将计算结果列入表4－7中，即可得到该多层现浇框架办公楼的综合单价分析表。

表4－7　　　　　　　　　　　综 合 单 价 分 析 表

序号	编码	项目名称	单位	工程量	综合单价组成（元）				综合单价（元/m²）
					基价	风险	管理费	利润	
1	020101 001001	水泥砂浆地面	m²	400	55.79	0	1.85	1.35	58.99
	10－1	水泥砂浆地面	100m²	4.00	1088.11	0	1088.11×3.83%＝41.67	(1088.11＋41.67)×3.37%＝38.07	
	4－1（换）	C15混凝土	m³	32.00	268.43	0	268.43×5.11%＝13.72	(268.43＋13.72)×3.11%＝8.77	
	1－28	回填夯实 3:7灰土	100m³	1.20	7569.96	0	2950.08×3.58%＝105.61	2950.08×2.88%＝84.96	
	1－21	原土夯实	100m²	4.00	72.03	0	59.64×3.58%＝2.14	59.64×2.88%＝1.72	
2	020105 001001	水泥砂浆踢脚线	m²	63.00	21.28	0	0.81	0.74	22.83
	10－5	水泥砂浆踢脚线	100m	4.20	319.13	0	319.13×3.83%＝12.22	(319.13＋12.22)×3.37%＝11.17	

【4－14】　如图4－5所示，某办公室墙厚均为240mm，其地面做法为：素土夯实，150mm厚3:7灰土垫层，60mm厚C15混凝土垫层，素水泥浆一道，20mm厚1:2水泥砂浆；办公室内踢脚线设计高度为150mm，门洞宽900mm，门与开启方向墙面平齐，门框厚80mm。计算该办公室水泥砂浆地面及踢脚线的清单工程量，并进行水泥砂浆地面的综合单价分析及清单计价。

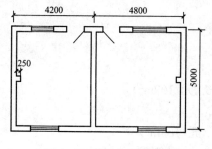

图4－5　某办公室平面图

解　(1) 水泥砂浆地面清单工程量为

$$S=(4.2＋4.8-0.24×2)×(5.0-0.24)=40.56（m^2）$$

(2) 踢脚线清单工程量为

$$S=[(4.2＋4.8-0.24×2)×2＋(5.0-0.24)×4$$
$$-0.9×2＋0.25×4]×0.15$$
$$=5.29（m^2）$$

(3) 该办公室水泥砂浆楼地面综合单价分析见表4－8。

表 4-8 水泥砂浆楼地面综合单价分析表

项目编码	项目名称	计量单位	工程量	综合单价组成（元）						综合单价（元/m²）
				人工费	材料费	机械费	风险	管理费	利润	
020101001001	水泥砂浆楼地面	m²	40.56	14.97	21.63	1.59	0	1.42	1.05	
10-1	水泥砂浆地面	100m²	0.41	537.00	527.01	24.10	0	41.67	38.07	
4-1换	C15混凝土垫层	m³	2.43	76.44	160.77	17.73	0	13.72	8.77	40.66
1-28	回填夯实3：7灰土	100m³	0.06	2950.08	4512.16	107.72	0	105.61	84.96	
1-21	原土夯实	100m²	0.41	59.64	0	12.39	0	2.14	1.72	

注 4-1（换）的材料费 160.77 为计算式 174.26＋(150.10－163.39)×1.015 的计算结果。

该办公室普通水泥砂浆楼地面的清单计价见表 4-9。

表 4-9 普通水泥砂浆楼地面的清单计价表

项目编码	项目名称	计量单位	工程数量	金额（元）	
				综合单价	合价
020101001001	水泥砂浆楼地面	m²	40.56	40.66	1649.17

4.2 墙、柱面工程

4.2.1 清单项目计算规则及组价常用定额子目

1. 墙、柱面工程清单项目计算规则

墙、柱面工程清单项目包括墙面抹灰、柱面抹灰、零星抹灰、墙面镶贴块料、柱（梁）面镶贴块料、零星镶贴块料、墙饰面、柱（梁）饰面、隔断、幕墙 10 个分项工程清单项目，适用于一般抹灰、装饰抹灰等工程。

在进行清单列项时应根据墙面装饰材料、装饰部位的不同分别列项；在进行工程量计算时需特别注意饰面材料不同时工程量计算规则不同，同种饰面材料的清单及定额工程量计算规则也不同。常用墙、柱面工程清单项目工程量计算规则见表 4-10。

表 4-10 常用墙、柱面工程清单项目及其工程量计算规则

项目编码	项目名称	适用范围	单位	清单工程量计算规则
020201001	墙面一般抹灰	砖墙、石墙、混凝土墙砌块墙及内墙、外墙的墙面一般抹灰工程	m²	按设计图示尺寸以面积计算。 外墙外面抹灰工程量＝$L_外 \times H - S_{门、窗洞口} - S_{外墙裙} - S_{>0.3孔洞}$ 式中：H—室外地坪至挑檐板底或女儿墙顶的高度。
020201002	墙面装饰抹灰	砖墙、石墙、混凝土墙砌块墙及内墙、外墙的墙面装饰抹灰工程	m²	外墙内面抹灰工程量＝($L_中$－4×外墙厚－内墙厚×T型接头个数)×净高－$S_{门、窗洞口}$－$S_{内墙裙}$－$S_{>0.3孔洞}$ 内墙抹灰工程量＝房间净周长×$H_{抹灰高度}$－$S_{门、窗洞口}$－$S_{>0.3孔洞}$
020201003	墙面勾缝	清水砖墙的加浆勾缝，石墙的勾缝	m²	式中：H—无墙裙的，高度按室内楼地面至天棚底面计算；有墙裙的高度按墙裙顶至天棚底面计算

项目编码	项目名称	适用范围	单位	清单工程量计算规则
020202001	柱面一般抹灰	矩形柱、异形柱的柱面一般抹灰工程	m²	按设计图示柱断面周长乘以高度以面积计算 $S=L \times H$ 式中：L—柱断面周长；H—柱高，算至板底
020202002	柱面装饰抹灰	矩形柱、异形柱的柱面装饰抹灰工程	m²	
020202003	柱面勾缝	砖柱的加浆勾缝，石柱的勾缝	m²	
020203	零星抹灰	小面积（0.5m² 以内）少量分散的抹灰和块料装饰工程	m²	按设计图示尺寸以面积计算
020204	墙面镶贴块料			按设计图示尺寸以镶贴面积计算。 $S=S_{墙面}+S_{洞口侧壁}$

2. 墙、柱面工程组价常用定额子目及工程量计算

墙、柱面工程在组价时需根据项目特征所描述的工作内容选套相应的定额子目，墙、柱面工程组价常用定额子目及工程量计算见表 4-11。

表 4-11　　　　墙、柱面工程组价常用定额子目及其工程量计算

项目编码	项目名称	组价常用陕西定额子目及工程量计算规则	组价常用国家定额子目及工程量计算规则
020201001	墙面一般抹灰	① 墙、柱面普通抹灰 10-229～10-296；	① 墙柱面装饰抹灰 2-001～2-028；
020201002	墙面装饰抹灰	② 墙面装饰抹灰 10-297～10-317；公式：a. 外墙抹灰工程量＝$L_{外} \times H-S_{门、窗洞口}-S_{外墙裙}-S_{>0.3孔洞}$	a. 外墙面抹灰：$S=L_{外} \times H-S_{门、窗洞口}-S_{外墙裙}-S_{>0.3孔洞}+S_{附墙柱侧}$
020201001	墙面勾缝	b. 内墙抹灰工程量＝$L_{主墙间净} \times H$ 式中：H—无墙裙的，以室内楼地面至天棚底面计算；有墙裙的，以墙裙上平面至天棚底面间的距离计算；有吊顶天棚的，其高度按吊顶高度增加 100mm 计算。	b. 柱面抹灰：$S=L \times H$ 式中：L—柱断面周长，H—柱高，算至板底。
020202001	柱面一般抹灰		c. 女儿墙（包括泛水、挑砖）、阳台栏板（不扣除花格孔洞面积）内侧抹灰：
020202002	柱面装饰抹灰	c. 柱面抹灰工程量＝$L \times H$ 式中：L—柱断面周长；H—柱高，算至板底。d. 栏板抹灰（含立柱、扶手或压顶）：$S=S_{垂直投影} \cdot 2.2-S_{>200mm空档}$	不带压顶：$S=$垂直投影面积× 1.10；带压顶：$S=$垂直投影面积× 1.30，按墙面定额执行。
020202003	柱面勾缝	e. 压顶抹灰：$S=B_{展开} \times L$ ③ 抹灰分格、嵌缝 10-293～10-294；$S=S_{抹灰}$	d. 零星抹灰：按实贴面积计算。② 装饰抹灰分格嵌缝 2-029～2-030；$S=S_{抹灰}$
020203	零星抹灰		
020204	墙面镶贴块料	镶贴块料面层 10-318～10-538 公式：$S=S_{墙面}+S_{洞口侧壁}$	镶贴块料面层 2-031～2-1650 公式：$S=S_{墙面}+S_{洞口侧壁}$

4.2.2　习题精练

一、选择题

【4-15】清单工程量计算中下列哪些项目中的（　　　）普通抹灰应并入外墙普通抹灰面积。

A. 附墙垛   B. 洞口侧壁   C. 柱侧面   D. 门窗套

E. 压顶

答案：A、C

【4-16】 柱面装饰板清单工程量应按设计图示饰面外围尺寸以面积计算，且（　　）。

A. 扣除柱帽、柱墩面积   B. 扣除柱墩面积、不扣柱帽面积

C. 扣除柱帽、不扣柱墩面积   D. 柱帽、柱墩面积并入柱饰面工程量中

答案：D

【4-17】 应按一般抹灰项目进行清单列项的有（　　）。

A. 麻刀石灰   B. 水刷石   C. 水泥砂浆   D. 干粘石

答案：A、C

【4-18】 "墙面镶贴块料"项目的工作内容应包括（　　）。

A. 基层清理   B. 结合层铺贴

C. 面层挂贴   D. 嵌缝

E. 磨光、酸洗、打蜡

答案：A、B、C、D、E

【4-19】 有墙裙有吊顶的房间，计算内墙面抹灰定额工程量时，高度（　　）。

A. 自墙裙顶算至吊顶底面   B. 自楼地面算至吊顶底面另加100mm

C. 自楼地面算至吊顶底面   D. 自墙裙顶算至吊顶底面另加100mm

答案：D

【4-20】 某房间层高3.9m，吊顶高3.3m，楼板厚0.15m，按2004年《陕西省建筑装饰消耗量定额》，其内墙抹灰高度为（　　）。

A. 3.4m   B. 3.9m   C. 3.15m   D. 3.75m

答案：A

分析：定额规定：建筑物有吊顶天棚的，墙面抹灰高度按吊顶高度增加100mm计算。

【4-21】 某工程室内净面积是500m²，门洞开口部分面积10m²，外墙面垂直投影面积360m²，门窗洞口面积30m²，门窗洞口侧壁的面积5m²。关于工程量计算，下列说法正确的是（　　）。

A. 水泥砂浆地面的清单工程量为500m² B. 外墙贴面砖的清单工程量为335m²

C. 花岗岩地面的清单工程量为510m² D. 外墙贴面砖的定额工程量为335m²

答案：A、B、D

分析：水泥砂浆地面的清单工程量＝$S_净$＝500m²；外墙贴面砖的清单工程量＝外墙贴面砖的定额工程量＝$S_{墙面垂直投影}$－$S_{门窗洞口}$＋$S_{门窗侧壁}$＝360－30＋5＝335（m²）。

二、计算题

【4-22】 某建筑物外砖墙面装饰为刷（喷）外墙涂料，其做法为：刷（喷）两遍丙烯酸外墙涂料，白水泥腻子，6mm厚1：2.5水泥砂浆压实赶光，12mm厚1：3水泥砂浆打底扫毛或划出纹道。外墙面长100m，从室外地面到女儿墙顶面高度为15.5m，外墙上门窗洞口面积350m²，门窗洞口侧面面积135m²，试编制该分部分项工程量清单并计算其定额工程量。

解 （1）墙面一般抹灰的清单工程量＝100×15.5－350＝1200（m²）

涂料的清单工程量＝100×15.5－350＋135＝1335（m²）

墙面一般抹灰、涂料的工程量清单见表4-12。

表4-12　　　　　　　　　　　　　　　分部分项工程量清单

项目编码	项目名称	项目特征	计量单位	工程量
020201001001	墙面一般抹灰	墙体类型：砖外墙； 底层厚度、砂浆配合比：12mm厚1∶3水泥砂浆打底扫毛或划出纹道；面层厚度、砂浆配合比：6mm厚1∶2.5水泥砂浆压实赶光	m²	1200
020507001001	刷喷涂料	基层类型：水泥砂浆； 腻子种类：白水泥； 涂料品种：丙烯酸外墙涂料2遍	m²	1335

（2）抹灰的定额工程量＝100×15.5－350＝1200m²＝12（100m²）

涂料的定额工程量＝墙展开面积×系数＝1335×1.00＝1335m²＝1.34（100m²）

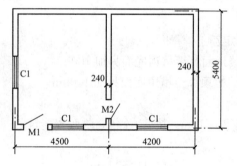

图4-6　某工程建筑物平面图

【4-23】　某工程建筑物平面如图4-6所示，图中 M1：1200mm×2400mm，M2：900mm×2400mm，C1：1500mm×1800mm。该建筑内墙净高为3.30m，窗台高900mm，设计内墙裙为水泥砂浆贴瓷砖，高度为1.50m，其余为抹灰墙面，门与开启方向墙面平齐，门框厚80mm。计算内墙裙及墙面抹灰的清单工程量。

解　（1）瓷砖墙裙清单工程量＝[（4.50＋4.20－0.24×2）×2＋（5.40－0.24）×4－0.90×2－1.20]×1.50－（1.50－0.90）×1.50×3＝48.42（m²）

（2）墙面抹灰清单工程量＝[（4.50＋4.20－0.24×2）×2＋（5.40－0.24）×4]×（3.30－1.5）－1.20×（2.40－1.50）－0.90×（2.40－1.50）×2－（0.90＋1.80－1.50）×1.50×3＝58.64（m²）

【4-24】　某变电室，外墙面尺寸如图4-7所示，M：1500mm×2000mm；C1：1500mm×1500mm；C2：1200mm×800mm；窗侧壁贴100mm宽瓷砖，门与开启方向墙面平齐，门框厚80mm。外墙水泥砂浆粘贴194mm×94mm瓷质外墙砖，灰缝5mm，计算外墙面砖清单工程量。

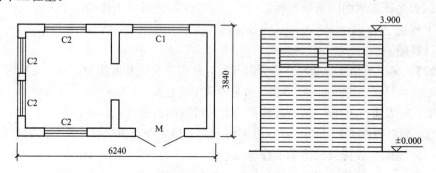

图4-7　某变电室示意图

解 块料墙面的项目编码为020204003001，墙面工程量为

外墙面砖清单工程量＝$(6.24+3.84)\times2\times3.9-1.50\times2.00-1.50\times1.50-1.20\times0.80\times4$
$+[1.50+2.00\times2+1.50\times4+(1.20+0.80)\times2\times4]\times0.10$
$=72.28$（m^2）

【4-25】 设计某方形柱做圆形不锈钢片饰面，已知柱饰面外围直径为500mm，柱高3.90m，试计算柱饰面工程量。

解 不锈钢片饰面定额项目中已包含了龙骨、基层及面层的费用，故本例应列项目为：方形柱包圆形饰面，则有

柱饰面工程量＝实铺面积＝饰面周长×柱高＝$3.14\times0.50\times3.90=6.12$（$m^2$）

【4-26】 某建筑物钢筋混凝土柱的构造如图4-8所示，柱面挂贴花岗岩面层，试计算该柱饰面的清单工程量。

解 柱面镶贴块料按设计图示尺寸以面积计算，柱帽、柱墩工程量并入相应柱面内计算。

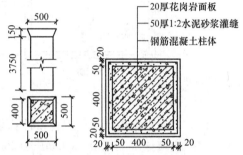

柱身工程量＝$(0.40+0.05\times2+0.02\times2)$
$\times4\times3.75$
$=8.10$（m^2）

柱帽工程量＝$(0.54+0.64)\times\dfrac{\sqrt{0.05^2+0.15^2}}{2}$
$\times4$
$=0.37$（m^2）

图4-8 某建筑物钢筋混凝土柱构造图

柱面挂贴花岗岩清单工程量＝$8.10+0.37=8.47$（m^2）

【4-27】 某一层建筑如图4-9所示，柱直径为500mm，M1：1200mm×2000mm，C1：1200mm×1500mm，墙内部采用15mm厚1:1:6混合砂浆找平，5mm厚1:0.3:3混合砂浆抹面，外部墙面和柱采用12mm厚1:3水泥砂浆找平，8mm厚1:2.5水泥砂浆抹面，外墙抹灰面采用3mm玻璃条分隔嵌缝，试计算墙、柱面抹灰定额工程量。

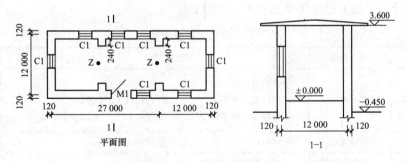

图4-9 某建筑平面及剖面图

解 外墙内表面抹混合砂浆工程量＝$[(27.00+12.00-0.24+12.00-0.24)\times2$
$+0.24\times8]\times3.60-1.20\times1.50\times8-1.20\times2.00$
$=353.86$（m^2）

柱面抹水泥砂浆工程量＝$3.14\times0.50\times3.60\times2=11.30$（$m^2$）

外墙外表面抹水泥砂浆工程量＝$(27.00+12.00+0.24+12.00+0.24)\times2$

$$\times(3.60+0.45)-1.20\times1.50\times8-1.20\times2.00$$
$$=400.19\ (m^2)$$

【4-28】 如图 4-10 所示某房屋实心砖外墙贴面砖，面砖尺寸为 $60mm\times240mm$，门框厚 70mm，门与开启方向墙面平齐，窗框厚 70mm，窗居中安装，两侧壁宽均为 150mm。试计算该房屋内墙抹石灰砂浆、外墙及挑檐立面贴面砖的工程量，并编制分部分项工程量清单。

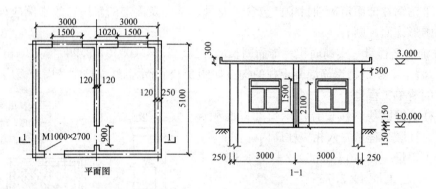

图 4-10 某房屋示意图

解 （1）根据内墙抹灰工程量计算规则，
内墙抹灰工程量 $=(3.00-0.24+5.10-0.24)\times2\times3.00\times2-1.00\times2.70$
$$-0.90\times2.10\times2-1.50\times1.50\times2$$
$$=80.46\ (m^2)$$

（2）外墙面贴面砖的工程量（暂不考虑台阶）$=(3.00\times2+0.50+5.10+0.50)\times2\times(3.00+0.15)-1.00\times2.7-1.50\times1.50\times2+(2.70\times2+1.00)\times0.30+(1.50+1.50)\times2\times2\times0.15=72.75\ (m^2)$

（3）挑檐立面贴墙砖的工程量 $=[(3.00\times2+0.50+5.10+0.50)\times2+0.50\times8]\times0.30=8.46\ (m^2)$

（4）各分部分项工程量清单见表 4-13 所示。

表 4-13 分部分项工程量清单

项目编码	项目名称	项目特征	单位	工程量
020201001001	墙面一般抹灰	墙体类型：砖外墙 底层厚度、砂浆配合比：10mm 厚，1：3 水泥砂浆； 面层厚度、砂浆配合比：8mm 厚，1：2.5 水泥砂浆抹面	m²	80.46
020204003001	块料墙面	面层材料规格：外墙面贴面砖 60mm×240mm	m²	72.75
020206003001	块料零星项目	面层材料规格：挑檐外立面贴面砖 60mm×240mm	m²	8.46

【4-29】 某墙面装饰做法：为轻钢龙骨 75 系列，间距 600mm，石膏板。其项目编码为 020207001001，试计算该墙饰面工程的综合单价。

解 该项目由轻钢龙骨和石膏板面组成，其中轻钢龙骨基层套用陕定额子目 10-557，石膏板面层套用陕定额子目 10-588。查 2009 年《陕西省建筑装饰工程价目表》，计算如下。

（1）陕定额 10－557 子目：

$$人工费＝483（元/100m^2）$$

$$材料费＝2161.52（元/100m^2）$$

$$机械费＝398.59（元/100m^2）$$

$$基价＝483＋2161.52＋398.59＝3043.11（元/100m^2）$$

$$风险＝0 元/100m^2$$

$$管理费＝3043.11×3.83％＝116.55（元/100m^2）$$

$$利润＝（3043.11＋116.55）×3.37％＝106.48（元/100m^2）$$

（2）陕定额 10－588 子目：

$$人工费＝489＝635.70（元/100m^2）$$

$$材料费＝1092.85（元/100m^2）$$

$$机械费＝0（元/100m^2）$$

$$基价＝489＋1092.85＋0＝1581.85（元/100m^2）$$

$$风险＝0（元/100m^2）$$

$$管理费＝1581.85×3.83％＝60.58（元/100m^2）$$

$$利润＝（1581.85＋60.58）×3.37％＝55.35（元/100m^2）$$

分项工程综合单价＝（483＋489）÷100＋（2161.52＋1092.85）÷100＋（398.59＋0）

$$÷100＋（116.55＋60.58）÷100＋（106.48＋55.35）÷100$$

$$＝49.59（元/m^2）$$

将所得结果列入表 4－14 得装饰板墙面工程综合单价分析表。

表 4－14 装饰板墙面工程综合单价分析表

项目编码	项目名称	计量单位	综合单价组成（元）						综合单价（元/m²）
			人工费	材料费	机械费	风险	管理费	利润	
020107001001	装饰板墙面	m²	9.72	32.54	3.99		1.77	1.57	
10－557	轻钢龙骨75系列	100m²	483	2161.52	398.59		116.55	106.48	49.59
10－588	石膏板墙面	100m²	489	1092.85	0		60.58	50.35	

4.3 天 棚 工 程

4.3.1 清单项目计算规则及组价常用定额子目

1. 天棚工程清单项目计算规则

天棚工程清单项目包括天棚抹灰、天棚吊顶、天棚其他装饰 3 个小节，适用于一般抹灰、装饰抹灰、吊顶等天棚装饰工程。

在进行清单列项时应根据天棚装饰材料、装饰部位的不同分别列项；在进行工程量计算过程中应注意是否需并入其他抹灰面积，如梁侧抹灰面积、阳台底板抹灰面积、雨篷底面抹灰面积等。常用天棚工程清单项目工程量计算规则见表 4－15。

表 4 - 15　　　　　　　　常用天棚工程清单项目及其工程量计算规则

项目编码	项目名称	适用范围	单位	清单工程量计算规则
020301001	天棚抹灰	石灰麻刀灰浆、水泥麻刀砂浆等天棚装饰工程	m²	按设计图示尺寸以水平投影面积计算。不扣除间壁墙、垛、柱、附墙烟囱、检查口和管道所占的面积，带梁天棚、梁两侧抹灰面积及挑檐板底抹灰面积并入天棚抹灰面积内，板式楼梯底面抹灰按斜面积计算，锯齿形楼梯底板抹灰按展开面积计算。 $S = S_净 + S_{梁侧} + S_{挑檐板底} + S_{雨篷、阳台} + S_{楼梯底面}$
020301002	天棚吊顶	平面、跌级、锯齿形、阶梯形、吊挂式、藻井式及矩形、弧形、拱形等天棚吊顶工程	m²	按设计图示尺寸以水平投影面积计算。天棚面中的灯槽及跌级、锯齿形、吊挂式、藻井式天棚面积不展开计算。不扣除间壁墙、检查口、附墙烟囱、柱垛和管道所占面积，扣除单个 0.3m² 以外的孔洞、独立柱及与天棚相连的窗帘盒所占的面积。 $S = S_净 - S_{应扣}$

2. 天棚工程组价常用定额子目及工程量计算

天棚工程在组价时需根据天棚的构造套用相应的龙骨、基层、面层及灯槽等定额子目，其组价常用定额子目及工程量计算见表 4 - 16。

表 4 - 16　　　　　　　天棚工程组价常用定额子目及其工程量计算

项目编码	项目名称	组价常用陕西定额子目及工程量计算规则	组价常用国家定额子目及工程量计算规则
020301001	天棚抹灰	① 天棚抹灰 10 - 653～10 - 656、10 - 659～10 - 667：同清单工程量计算。公式： a. $S = S_净 + S_{梁侧} + S_{挑檐板底} + S_{雨篷、阳台} + S_{楼梯底面}$； b. 板式楼梯的底面装饰工程量：$S = S_{水平投影面积} \times 1.15$。 ② 石灰砂浆装饰线 10 - 657～10 - 658：按延长米计算	① 平面、跌级天棚 3 - 001～3 - 148； ② 艺术造型天棚 3 - 149～3 - 216。 ①② 工程量计算公式： a. 各种吊顶天棚龙骨 　　$S = S_{主墙间净空面积}$； b. 天棚基层 $S = S_{展开}$； c. 天棚装饰面层 　　$S = S_{主墙间实钉(胶)}$； d. 龙骨、基层、面层合并列项的子目 $S = S_{主墙间净空}$； e. 板式楼梯底面 $S = S_{水平投影} \times 1.15$；梁式楼梯底面 $S = S_{展开}$
020301002	天棚吊顶	① 天棚吊顶 10 - 668～10 - 814； ② 艺术造型天棚 10 - 819～10 - 886。 计算规则：a. 吊顶天棚龙骨及龙骨、基层、面层合并列项的子目按主墙间净面积计算，不扣除间壁墙、检查洞、附墙烟囱、柱、垛和管道所占面积。 　　$S = S_{主墙间净}$； b. 天棚基层及装饰面层按主墙间实钉面积计算，不扣除间壁墙、检查口、附墙烟囱、柱垛和管道所占面积，扣除 0.3m² 以上的孔洞、独立柱、灯槽及与天棚相连的窗帘盒所占的面积。 　　$S = S_{主墙间实钉} - S_{应扣}$	

4.3.2　习题精练

一、选择题

【4 - 30】　天棚面做石灰砂浆抹面，下列清单规则正确的是（　　）。

A. 带梁天棚的梁侧面抹灰另外计算

B. 锯齿形楼梯底板抹灰按水平投影面积计算

C. 应扣除天棚下独立柱所占面积

D. 不扣除间壁墙、垛、柱、管道等所占面积

答案：D

【4-31】 计算天棚抹灰面积时，不扣除的因素有（　　）。

A. 柱、垛   B. 内隔墙

C. 600×600 的检查口   D. 附墙烟囱

答案：A、D

【4-32】 天棚龙骨工程量计算时，不扣除的因素有（　　）。

A. 格栅灯   B. 暗窗帘盒

C. 独立柱   D. 附墙烟囱

答案：A、B、C、D

【4-33】 天棚抹灰与天棚吊顶清单工程量计算规则不同之处是：前者不扣除（　　）所占面积。

A. 附墙烟囱   B. 独立柱

C. 间壁墙   D. 柱垛

答案：B

二、计算题

【4-34】 某房屋顶棚平面如图4-11所示，设计天棚工程为轻钢龙骨石膏板吊顶（龙骨间距450mm×450mm，不上人），面涂白色乳胶漆，暗窗帘盒，宽200mm，墙厚240mm，试依据《全国统一建筑装饰装修工程消耗量》计算顶棚龙骨、基层和面层的工程量。

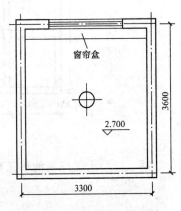

图4-11 某房屋顶棚平面图

解 依据《全国统一建筑装饰装修工程消耗量》规定：各种吊顶顶棚龙骨按主墙间净空面积计算，不扣除间壁墙、检查口、附墙烟囱、柱垛和管道所占面积；顶棚基层按展开面积计算；顶棚装饰面层，按主墙间实钉（胶）面积以平方米为单位计算，不扣除间壁墙、检查口、附墙烟囱、柱垛和管道所占面积，但应扣除0.3m² 以上的孔洞、独立柱及与顶棚相连的窗帘盒所占的面积。

轻钢龙骨的工程量＝(3.30－0.24)×(3.60－0.24)＝10.28 (m²)

石膏板基层工程量＝主墙间面积－窗帘盒工程量

＝(3.30－0.24)×(3.60－0.24)－(3.30－0.24)×0.2

＝9.67 (m²)

顶棚装饰面层的工程量＝9.67m²

【4-35】 某钢筋混凝土天棚如图4-12所示。已知板厚100mm，试计算其天棚抹灰工程量。

解 天棚抹灰工程量＝主墙间净面积＋梁的侧面抹灰面积

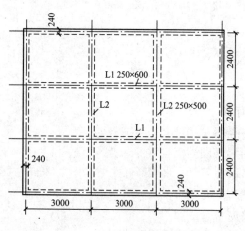

图 4-12 钢筋混凝土天棚

按图 4-12 所示，主墙间净面积$=(3.0\times3-0.24)\times(2.4\times3-0.24)=60.97$（$m^2$）

L1 的侧面抹灰面积

$S_1=[(3.0\times3-0.24)\times(0.6-0.1)-(0.5-0.1)\times0.25\times2]\times2$（两侧）$\times2$

$=16.72$（m^2）

L2 的侧面抹灰面积

$S_2=(2.4\times3-0.24-0.25\times2)\times(0.5-0.1)\times2\times2$

$=10.34$（m^2）

天棚抹灰工程量$=$主墙间净面积$+S_1+S_2$

$=60.97+16.72+10.34$

$=88.03$（m^2）

【4-36】 现浇钢筋混凝土井字梁天棚如图 4-13 所示，面层水泥石灰浆做法如下：刷素水泥浆一道；5mm 厚 1：0.3：3 水泥石灰膏打底扫毛；5mm 厚 1：0.3：2.5 水泥石灰砂浆找平。试计算天棚抹灰的清单及定额工程量，并选择套用定额。

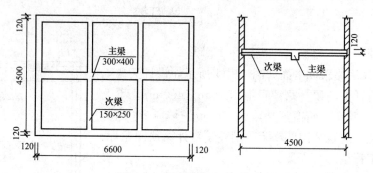

图 4-13 井字梁天棚示意图

解 （1）天棚抹灰清单工程量$=(6.60-0.24)\times(4.50-0.24)+[(6.60-0.24)\times(0.40-0.12)-0.15\times(0.25-0.12)\times2]\times2$

$+(4.50-0.24-0.30)\times(0.25-0.12)\times2\times2$

$=32.64$（m^2）

其工程量清单见表 4-17。

表 4-17 分部分项工程量清单

项目编码	项目名称	项目特征	计量单位	工程量
020301001001	天棚抹灰	基层类型：混凝土现浇板 抹灰厚度、材料种类：5mm 厚，1：0.3：2.5 水泥石灰砂浆找平； 打底材料种类、厚度：1：0.3：3 水泥石灰膏打底扫毛，5mm 厚； 素水泥浆一道	m^2	32.64

（2）天棚抹灰定额工程量计算及定额项目的选择：

$$天棚抹灰定额工程量＝清单工程量＝32.64m^2$$

天棚抹灰应套用陕定额子目 10－663。

【4－37】 某会议室天棚平面尺寸如图 4－14 所示，该天棚采用不上人型轻钢龙骨，2440mm×1220mm×10mm 石膏板面层，跌级吊顶，高差为 300mm，柱截面尺寸 500mm×500mm，墙厚 240mm。试计算天棚龙骨和面层工程量。

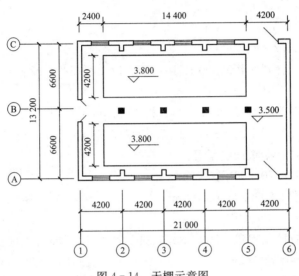

图 4－14 天棚示意图

解 （1）龙骨工程量＝$(21.0－0.24)×(13.2－0.24)＝269.05（m^2）$

（2）面层工程量＝$269.05＋(14.4＋4.2)×2×0.3×2＝291.37（m^2）$

【4－38】 某房间如图 4－15 所示，客厅、卧室吊顶采用装配式 U 型轻钢龙骨、钙塑板面层（450mm×450mm），书房吊顶采用装配式 T 型铝合金龙骨，铝板网面层（600mm×600mm），单层结构。计算该房间天棚吊顶装饰工程的综合单价并进行清单计价。

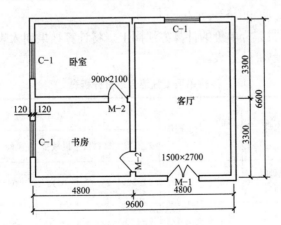

图 4－15 某房间建筑平面图

解 （1）客厅、卧室轻钢龙骨钙塑板面层清单工程量为

$$S＝(4.8－0.24)×(3.3－0.24)＋(4.8－0.24)×(6.6－0.24)＝42.96（m^2）$$

（2）书房铝合金龙骨铝板清单工程量为：

$$S=(4.8-0.24)\times(3.3-0.24)=13.95（m^2）$$

（3）该房间天棚吊顶工程综合单价分析见表 4 - 18。

客厅、卧室吊顶采用装配式 U 型轻钢龙骨、钙塑板面层（450mm×450mm）不上人型，应套用陕定额子目 10 - 692、10 - 760，查 2009 年《陕西省建筑装饰工程价目表》得：

① 陕定额 10 - 692 装配式 U 型天棚龙骨子目：

人工费＝1050.00 元/100m²

材料费＝5161.70 元/100m²

机械费＝12.22 元/100m²

分项直接工程费＝1050.00＋5161.70＋12.22＝6223.92（元/100m²）

风险＝0 元/100m²

管理费＝6223.92×3.83％＝238.38（元/100m²）

利润＝（6223.92＋238.38）×3.37％＝217.78（元/100m²）

② 陕定额 10 - 760 钙塑板面层子目：

人工费＝700.00 元/100m²

材料费＝2350.34 元/100m²

机械费＝0 元/100m²

分项直接工程费＝700＋2350.34＋0＝3053.34（元/100m²）

风险＝0 元/100m²

管理费＝3053.34×3.83％＝116.94（元/100m²）

利润＝（3053.34＋116.94）×3.37％＝106.84（元/100m²）

分项工程综合单价＝（1050.00×0.43＋700.00×0.43）÷42.96＋（5161.70×0.43

＋2350.34×0.43）÷42.96＋（12.22×0.43＋0×0.43）÷42.96

＋（238.38×0.43＋116.84×0.43）÷42.96＋（217.78×0.43

＋106.84×0.43）÷42.96

＝99.63（元/m²）

铝合金龙骨铝板面层综合单价的计算方法同上。将计算结果列入表 4 - 18 即可得到该房间天棚吊顶工程的综合单价分析表。

表 4 - 18　　　　　　　　　　天棚吊顶工程综合单价分析表

序号	项目编码	项目名称	计量单位	工程量	综合单价组成						综合单价（元/m²）
					人工费	材料费	机械费	风险	管理费	利润	
1	020302 001001	轻钢龙骨钙塑板面层	m²	42.96	17.52	75.12	0.12	0	3.56	3.25	99.63
	10 - 692	装配式 U 型天棚龙骨	100m²	0.43	1050.00	5161.70	12.22	0	238.38	217.78	
	10 - 760	钙塑板面层	100m²	0.43	700.00	2350.34		0	116.94	106.84	

序号	项目编码	项目名称	计量单位	工程量	综合单价组成						综合单价（元/m²）
					人工费	材料费	机械费	风险	管理费	利润	
2	020302 001002	铝合金龙骨铝板面层	m²	13.95	12.51	77.01	0.15	0	3.43	3.14	96.24
	10-714	装配式T型天棚龙骨	100m²	0.14	700.00	5539.67	15.18		239.56	218.86	
	10-754	铝板面层	100m²	0.14	550.00	2161.49	0		103.85	94.88	

（4）该房间天棚吊顶工程的清单计价见表4-19。

表4-19　　　　　　　天棚吊顶工程清单计价表

序号	项目编码	项目名称	计量单位	工程数量	金额（元）	
					综合单价	合价
1	020302001001	轻钢龙骨钙塑板面层	m²	42.96	99.63	4280.11
2	020302001002	铝合金龙骨铝板面层	m²	13.95	96.24	1342.55
	合计					5622.66

4.4 门 窗 工 程

4.4.1 清单项目计算规则及组价常用定额子目

1. 门窗工程清单项目计算规则

门窗工程清单项目包括木门、金属门、金属卷帘门、其他门、木窗、金属窗、门窗套、窗帘盒、窗帘轨、窗台板10个小节。

在进行清单列项时应根据门窗类型、截面尺寸、油漆方法的不同分别列项；在进行工程量计算过程中应注意根据不同的使用要求选择合适的计量单位。常用门窗工程清单项目工程量计算规则如表4-20所示。

表4-20　　　　　　　常用门窗工程清单项目及其工程量计算规则

项目编码	项目名称	适用范围	单位	清单工程量计算规则
020401004	胶合板门	各种胶合板门	樘/m²	按设计图示数量或设计图示洞口尺寸面积计算
020401006	木质防火门	各种木质防火门	樘/m²	
020402003	金属地弹门	各种地埋式或内置立式金属地弹门	樘/m²	
020402005	塑钢门	各种塑钢门	樘/m²	
020403003	防火卷帘门	各种防火卷帘门	樘/m²	
020406001	金属推拉窗	各种金属推拉窗	樘/m²	
020406007	塑钢窗	各种塑钢窗	樘/m²	
020406010	特殊五金	木门、木窗、铝合金门、铝合金窗、其他门的五金	个/套	按设计图示数量计算

项目编码	项目名称	适用范围	单位	清单工程量计算规则
020407001	木门窗套	各种木门窗套	m^2	按设计图示尺寸以展开面积计算
020407004	门窗木贴脸	各种门窗木贴脸	m^2	
020407005	硬木筒子板	各种硬木筒子板	m^2	

2. 门窗工程组价常用定额子目及工程量计算

门窗工程在组价时需依据其不同的组成内容，根据其项目特征的描述选套相应的门窗制作、安装、运输、油漆等定额子目，门窗工程组价常用定额子目及工程量计算见表 4 - 21。

表 4 - 21　　　　　　　　门窗工程组价常用定额子目及其工程量计算

项目编码	项目名称	组价常用陕西定额子目及工程量计算规则	组价常用国家定额子目及工程量计算规则
020401004	胶合板门	① 木门窗运输 6 - 40～6 - 44：按门窗面积计算，$S=BH$ 式中：B—门窗洞口宽，H—门窗洞口高； ② 木门框制作 7 - 23～7 - 26：按门洞口尺寸计算，门亮子按所在门的洞口计算； ③ 装饰板门扇制作 10 - 979～10 - 981：按扇外围面积计算； ④ 装饰门扇安装玻璃 10 - 982：按玻璃面积计算，且不扣减装饰板面积； ⑤ 高级装饰木门安装 10 - 983：按扇计算	① 木门窗运输 6 - 91～6 - 96：按门窗面积计算，$S=BH$； ② 木门框制作 7 - 2、7 - 6、7 - 10 等：按门洞口尺寸计算； ③ 装饰板门扇制作 4 - 058～4 - 060：按扇外围面积计算； ④ 装饰门安装 4 - 061：按扇计算
020401006	木质防火门	① 木门窗运输 6 - 40～6 - 44：按门窗面积计算； ② 木门框制作 7 - 23～7 - 26：按门洞口尺寸计算，门亮子按所在门的洞口计算； ③ 装饰板门扇制作安装 10 - 979～10 - 983：按扇计算	① 木门窗运输 6 - 91～6 - 96 按门窗面积计算，$S=BH$； ② 木门框制作 7 - 2、7 - 6、7 - 10 等：按门洞口尺寸计算，$S=BH$； ③ 防火门安装 4 - 050～4 - 051：按框外围面积计算
020402003	金属地弹门	地弹门安装 10 - 949： $$S=BH$$ 式中：B—门窗洞口宽；H—门窗洞口高	地弹门制作、安装 4 - 001～4 - 008： $$S=BH$$ 式中：B—门窗洞口宽；H—门窗洞口高
020402005	塑钢门	① 塑钢门安装 10 - 964； ② 塑钢门连窗安装 10 - 966。 $$S=BH$$ 式中：B—门窗洞口宽；H—门窗洞口高	塑钢门安装 4 - 043～4 - 044： $$S=BH$$ 式中：B—门窗洞口宽；H—门窗洞口高
020403003	防火卷帘门	① 卷闸门窗安装防火门窗 10 - 974：带卷筒罩的按展开面积计算。电动装置安装以套计算，小门安装以个计算，小门面积不扣。 $$S=BH$$ 式中：B—门的实际宽度；H—门的安装高度，算至滚筒顶点 ② 防火卷帘门手动装置 10 - 975：按实际安装套数计算	① 防火卷帘门安装 4 - 052； ② 防火卷帘门手动装置 4 - 053。 带卷筒罩的展开面积增加。电动装置安装以套计算，小门安装以个计算，小门面积不扣除。 $$S=BH$$ 式中：B—门的实际宽度；H—门的安装高度，算至滚筒顶点

续表

项目编码	项目名称	组价常用陕西定额子目及工程量计算规则	组价常用国家定额子目及工程量计算规则
020406001	金属推拉窗	推拉窗安装 10-951： $S=BH$ 式中：B—门窗洞口宽；H—门窗洞口高	推拉窗安装 4-019～4-024： $S=BH$ 式中：B—门窗洞口宽；H—门窗洞口高
020406007	塑钢窗	① 塑钢窗安装 10-965； ② 塑钢门连窗安装 10-966。 $S=BH$ 式中：B—门窗洞口宽；H—门窗洞口高	塑钢窗安装 4-045～4-046。 $S=BH$ 式中：B—门窗洞口宽；H—门窗洞口高
020406010	特殊五金	门五金安装 10-101～10-103：按设计图示数量计算	门五金安装 4-092～4-101：按设计图示数量计算
020407001	木门窗套	① 带木筋门窗套 10-996； ② 不带木筋门窗套 10-997。 ①②工程量按展开面积计算	① 带木筋门窗套 4-073； ② 不带木筋门窗套 4-074。 ①②工程量按展开面积计算
020407004	门窗木贴脸	门窗贴脸（宽）10-1000～10-1002：按延长米计算	门窗贴脸 4-077～4-079：按延长米计算
020407005	硬木筒子板	① 带木筋硬木筒子板 10-1003； ② 不带木筋硬木筒子板 10-1004。 ①②工程量按展开面积计算	① 带木筋硬木筒子板 4-080； ② 不带木筋硬木筒子板 4-081。 ①②工程量按展开面积计算

4.4.2 习题精练

一、选择题

【4-39】 下列几种门，属于清单中木门的是（　　　）。

A. 镶板木门　　　　　　　　　　B. 夹板装饰门

C. 全玻门　　　　　　　　　　　D. 木纱门

E. 连窗门

答案：A、B、D、E

【4-40】 在金属门清单项目中需要描述的项目特征有（　　　）。

A. 框截面尺寸、单扇面积　　　　B. 扇材质、外围尺寸

C. 玻璃品种、厚度　　　　　　　D. 油漆品种、刷漆遍数

E. 门类型

答案：B、C、D、E

【4-41】 下列哪一项目中（　　　）不属于金属卷帘门清单项目的工作内容。

A. 门制作、运输、安装　　　　　B. 启动装置、五金安装

C. 刷防护材料、油漆　　　　　　D. 包面层

答案：D

【4-42】 某工程的门窗工程中有门的玻璃面积占其门扇面积的 1/2，则该项目应以

（　　　）列项。

A. 木门   B. 其他门

C. 半玻门   D. 全玻门

答案：C

【4-43】 清单门窗工程中，可以 m^2 作为计量单位的有（   ）。

A. 塑钢窗   B. 大理石窗台板

C. 门窗套   D. 铝合金卷帘门

E. 硬木筒子板

答案：A、C、D、E

分析：清单中石材窗台板按设计图示尺寸以长度计算，计量单位为 m。

二、计算题

【4-44】 某工程采用双层玻璃窗，窗洞口尺寸 1500mm×1500mm，共 10 樘，框料尺寸为 12cm×8cm，扇料尺寸为 4cm×6cm，均为三、四类木种。请计算此窗的分部分项工程费。若规格料单价为 3000.00 元/m^3，则此窗的分部分项工程费又为多少？

解 窗的清单工程量＝10 樘

窗的定额工程量＝1.5×1.5×10＝22.5m^2＝0.225（100m^2）

（1）采用双层玻璃窗，框料、扇料双面刨光，双面刨光的损耗 5mm。根据陕西省定额规定：三、四类木种的门窗制作人工工日及机械台班乘以系数 1.3，安装的人工工日乘以系数 1.16。

木材的用量应根据以下公式计算：

$$调整后的木材耗用量＝\frac{定额木材消耗量×设计断面尺寸（加双面刨光损耗）}{附表（定额中的附表）中对应门窗断面积}$$

根据给定条件，套用陕定额 7-3（双层玻璃窗制作）和 7-4（双层玻璃窗安装）两个子目。查陕定额 7-3 子目，框料定额用量为 3.047m^3，扇料定额用量为 3.721m^3；查《陕西省定额》"窗框、扇料断面表"得双玻窗框料断面积为 66cm^2，扇料断面积为 27cm^2 查《陕西省价目表》得木门窗用规格料单价为 2837 元/m^3。

陕定额 7-3 子目换算基价＝2048.80×55×1.3＋[（3.047×12.5×8.5/66＋3.721×4.5
        ×6.5/27－6.768）×2837.00＋20305.42]＋342.97×1.3
        ＝29566.17（元/100m^2）

陕定额 7-4 子目换算基价＝2667.84×55×1.16＋6207.74＝9302.43（元/100m^2）

分部分项工程费＝（29566.17＋9302.43）×（1＋5.11%）×（1＋3.11%）×0.225
        ＝9478.21（元）

（2）若规格料单价为 3000.00 元/m^3

分部分项工程费＝9478.21＋（3.047×12.5×8.5/66＋3.721×4.5×6.5/27）×0.225
        ×（3000.00－2837.00）＋（48.781×1.3＋63.520×1.16）×（55－42）×0.225
        ＝10206.96（元）

即规格料单价为 3000.00 元/m^3 时，该工程窗的分部分项工程费为 10240.56 元。

【4-45】 已知某工程有 5 樘无亮镶板木门，其尺寸为 1200mm×2100mm，该门窗工程的工程量清单见表 4-22 所示。试在不考虑风险的情况下计算该无亮镶板门的综合单价，并进行清单计价。

表4-22 某门窗工程工程量清单

序号	项目编码	项目名称	项目特征	计量单位	工程量
1	020401001001	镶板木门	门类型：无亮 门洞尺寸：1200mm×2100mm 门框：木门框制作、安装； 门油漆：木材面油漆，底油一遍、调和漆二遍、单层木门； 门扇：普通平开门、木门扇安装	樘	5

解 陕定额子目7-25、7-26、7-27及10-1063的工程数量为：$1.2×2.1×5÷100=0.13(100m^2)$

该工程无亮镶板门的综合单价分析表见表4-23。

表4-23 无亮镶板门工程综合单价分析表

序号	项目编码	项目名称	计量单位	工程数量	人工费	材料费	机械费	风险	管理费	利润	综合单价(元/樘)
1	020401001001	无亮镶板门	樘	5	61.92	367.52	1.58		14.41	9.47	
	B-1	采购木门扇 1.2m×2.1m	樘	5	0.00	200.00			10.22	6.54	
	7-25	木门框（无亮）制作	100m²	0.13	398.58	5133.71	60.90		285.81	182.84	454.90
	7-26	木门框（无亮）安装	100m²	0.13	532.14	76.06	0		31.08	19.88	
	7-27	普通平开门、木门扇安装	100m²	0.13	409.08	650.20	0		40.57	34.21	
	10-1063	木材面油漆、底油一遍、刮腻、调和漆二遍	100m²	0.13	1017.50	582.99	0		61.30	56.00	

该工程无亮镶板门工程量清单计价表见表4-24。

表4-24 无亮镶板门工程量清单计价表

序号	项目编码	项目名称	计量单位	工程数量	综合单价	合价
1	020401001001	1200mm×2100mm 无亮镶板门	樘	5	454.90	2274.50
		合计	元			2274.50

【4-46】 某工程的防火卷帘门如图4-14所示，卷帘门的工程量为3樘，请依据《建设工程工程量清单计价规范》及《陕西省建筑、装饰消耗量定额》计算该工程卷帘门的清单工程量并进行综合单价分析。

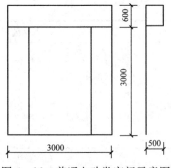

图 4-16 普通电动卷帘门示意图

解 (1) 卷帘门安装清单工程量为

$$S = 3.0 \times (3.0 + 0.6) \times 3$$
$$= 32.40 \ (\text{m}^2)$$

(2) 电动装置工程量 $= 3 \times 1 = 3$ 套。

(3) 该防火卷帘门的综合单价分析如表 4-25 所示。
卷帘门安装定额工程量

$$= \{3.0 \times (3.0 + 0.6) + [0.5 \times 0.6 \times 2 + (0.5 \times 2 + 0.6)$$
$$\times 3.0]\} \times 3/100$$
$$= 0.486 (100 \text{m}^2)$$

表 4-25 普通防火卷帘门综合单价分析

项目编码	项目名称	计量单位	工程数量	综合单价组成（元/m²）						综合单价（元/m²）
				人工费	材料费	机械费	风险	管理费	利润	
020403001001	防火卷帘门	m²	32.40	55.60	476.13	2.18		20.45	18.68	
10-956	卷闸门安装	100m²	0.486	3398.00	20630.57	145.13		975.85	845.85	573.04
10-957	卷闸门安装电动装置	套	3	50.00	1800.00	0		70.86	64.73	

【4-47】 某住宅平面如图 4-17 所示。其中 M-1 为防盗门（居中立樘），M-2、M-5 的门扇为实木镶板门（凸凹型），M-3、M-4 的门扇为实木全玻门扇（网格式）。M-1：800mm× 2000mm；M-2：800mm × 2000mm；M-5： 750mm × 2000mm。实木门框断面 50mm × 100mm。餐厅的窗户 C-1：1800mm×1500mm， 安装铝合金窗帘杆。试依据《全国统一建筑装饰装修工程消耗量定额》计算防盗门的安装工程量，实木门 M-2、M-5 的制作安装工程的工程量及窗帘杆工程量。

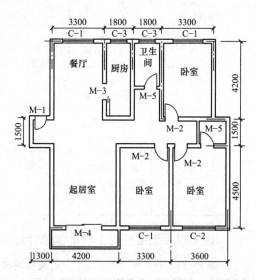

图 4-17 某住宅平面图

解 《全国统一建筑装饰装修工程消耗量定额》规定：防盗门按框外围面积以平方米为单位计算。实木门框制作安装按延长米计算。实木门扇制作及装饰门扇制作按扇外围面积以平方米为单位计算。装饰门扇及成品门扇安装以扇为单位计算。

窗帘盒、窗帘轨道按图示尺寸以米为单位计算。窗帘盒、窗台板为弧形时，按其长度以中心线计算；如设计无规定时，可按窗框外围宽度加300mm（每边加150mm）计算。

防盗门 M-1 安装工程量 $= 0.8 \times 2.0 = 1.60 \ (\text{m}^2)$

M-2、M-5 门扇制作安装工程量 $= (0.8-0.05) \times (2.0-0.05) \times 3 + (0.75-0.05)$
$\times (2.0-0.05) \times 2 = 7.12 \ (\text{m}^2)$

铝合金窗帘杆工程量＝1.8＋0.15×2＝2.10(m)

【4-48】 某窗台板如图 4-18 所示。门洞尺寸为 1800mm×1800mm，塑钢窗居中立樘。试依据《全国统一建筑装饰装修工程消耗量定额》计算窗台板的铺贴窗台板子目的工程量。

解 《全国统一建筑装饰装修工程消耗量定额》规定：窗台板分不同材质按实铺面积以平方米为单位计算。

$$窗台板铺贴工程量＝窗台板面宽×进深$$
$$＝1.8×0.1＝0.18 \ (m^2)$$

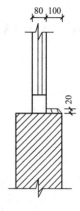

图 4-18　窗台板

4.5　油漆、涂料、裱糊工程

4.5.1　清单项目计算规则及常用定额子目

1. 油漆、涂料、裱糊工程清单项目计算规则

油漆、涂料、裱糊工程清单项目包括门油漆，窗油漆，木扶手及其他板条线条油漆，木材面油漆，金属面油漆，抹灰面油漆，喷刷、涂料，花饰、线条刷油漆，裱糊 9 个小节，适用于门窗、楼梯扶手等油漆装饰工程。

在进行清单列项时应根据油漆面层材料、油漆遍数的不同分别列项；在进行工程量计算时需特别注意应根据不同的使用要求选择合适的计量单位。常用楼地面工程清单项目工程量计算规则见表 4-26。

表 4-26　　　　常用油漆、涂料、裱糊工程清单项目及其工程量计算规则

项目编码	项目名称	适用范围	单位	清单工程量计算规则
020501001	门油漆	各类门的油漆工程	樘/m²	按设计图示数量或设计图示单面洞口面积计算
020502001	窗油漆	各类窗的油漆工程	樘/m²	
020505001	金属面油漆	金属构件表面油漆工程	t	按设计图示尺寸以质量计算
020506001	抹灰面油漆	抹灰面油漆工程	m²	按设计图示尺寸以面积计算
020509001	墙纸裱糊	墙纸裱糊工程	m²	

2. 油漆、涂料、裱糊工程组价常用定额子目及工程量计算

油漆、涂料、裱糊工程在组价时需根据项目特征所描述的工作内容选套相应的定额子目，尤其需注意油漆遍数调增调减子目的正确套用。油漆、涂料、裱糊工程常用定额子目及工程量计算见表 4-27。

表 4-27　　　　油漆、涂料、裱糊工程组价常用定额子目及其工程量计算

项目编码	项目名称	组价常用陕西定额子目及工程量计算规则	组价常用国家定额子目及工程量计算规则
020501001	门油漆	① 10-(单层木门油漆)； ② 单层木门过氯乙烯漆 10-1215～10-1218。 公式：S＝门单面洞口面积×木门工程量系数(见《陕西省定额》中册 352 页"执行木门定额工程量系数表")	① 5-(单层木门油漆)； ② 单层木门过氯乙烯漆 5-089～5-092。 S＝门单面洞口面积×木门工程量系数(见《全国统一建筑装饰装修工程消耗量定额》第 291 页"执行木门定额工程量系数表")

项目编码	项目名称	组价常用陕西定额子目及工程量计算规则	组价常用国家定额子目及工程量计算规则
020502001	窗油漆	① 10-(单层木窗油漆)； ② 单层木窗过氯乙烯漆 10-1219～10-1222。 公式：S＝窗单面洞口面积×木窗工程量系数（见《陕西省定额》中册 352 页"执行木窗定额工程量系数表"）	① 5-(单层木窗油漆)； ② 单层木窗过氯乙烯漆 5-093～5-096。 S＝窗单面洞口面积×木门工程量系数（1.0、0.83）（见《全国定额计算规则》291 页"执行木窗定额工程量系数表"）
020505001	金属面油漆	金属底面油漆 10-1266～10-1324； 公式：S＝按相应构件面积×单层钢门窗工程量系数（见《陕西省消耗量定额》中册 353 页"执行单层钢门窗定额工程量系数表"）	金属面油漆 5-180～5-194；按相应构件质量（t）计算
020506001	抹灰面油漆	① 底油一遍、铅油一遍、调和漆一遍 10-1325～10-1336； ② 其他抹灰面油漆 10-1341～10-1401。 公式：S＝抹灰面面积×相应系数（见《陕西省消耗量定额》中册 355 页"抹灰面油漆、涂料工程量系数表"）	抹灰面油漆 5-195～5-217； 公式：S＝抹灰面面积×相应系数 （见《全国定额计算规则》293 页"抹灰面油漆、涂料、裱糊"）
020509001	墙纸裱糊	① 墙面贴装饰纸（不对花、对花）10-1459、1460；按墙面积计算； ② 柱面贴装饰纸（不对花、对花）10-1462、1463；按柱表面积计算； ③ 天棚面贴装饰纸（不对花、对花）10-1465、1466；按天棚面积计算规则计算	① 墙面贴装饰纸 5-287～5-289；按墙面展开面积计算； ② 柱面贴装饰纸 5-290～5-292；按柱面展开面积计算； ③ 天棚面贴装饰纸 5-293～5-295；按天棚面展开面积计算

4.5.2 习题精练

一、选择题

【4-49】 清单中木扶手面的油漆，按（　　）。

A. 设计图示展开面积查表，乘以表中系数，以面积计算

B. 设计图示长度查表，乘以表中系数，以长度计算

C. 设计图示面积计算

D. 设计图示尺寸以长度计算

答案：D

【4-50】 根据基层材料的不同，油漆工程一般有（　　）。

A. 木材面油漆　　　　　　　　　B. 窗帘盒油漆

C. 金属面油漆　　　　　　　　　D. 抹灰面油漆

答案：A、C、D

【4-51】 木材面油漆工程的工作内容包括（　　）。

A. 基层清理　　　　　　　　　　B. 刷防护材料

C. 刷油漆　　　　　　　　　　　D. 刮腻子

答案：A、B、C、D

【4-52】 在门油漆清单项目中不需描述的项目特征是（　　）。

A. 刮腻子要求　　　　　　　　　　B. 防护材料种类

C. 油漆品种、刷油遍数　　　　　　D. 油漆体长度

E. 油漆部位单位展开长度

答案：D、E

二、计算题

【4-53】 某房屋工程安装 6 部钢爬梯，每部楼梯质量为 950kg，计算钢爬梯刷油漆的清单工程量。

解 根据清单工程量计算规则，钢爬梯的清单工程量＝0.95×6＝5.7（t）

【4-54】 某工程单层木门洞口面积共 200m²，刷底油一遍，刮腻子，调和漆三遍。若人工单价为 65 元/工日，试计算其分项工程直接工程费。

解 （1）查找定额，该油漆工程应套用陕定额子目 10-1067。

（2）门油漆工程直接工程费＝200/100×[1959.13＋(65−50)×23.550]＝4624.76（元）

【4-55】 如 [4-54]，若只刷单层木门的外面，其综合单价是多少？

解 [1959.13＋(65−50)×23.550]×0.49＝1133.07（元/100m²）

注：0.49 为单层木门单层刷油的油漆系数。

【4-56】 某木百页门共 300m²，其油漆工程做法为：刷润油粉、刮腻子、调和漆一遍、醇酸磁漆两遍，试计算其预算价格。

解 （1）查陕定额系数表得木百叶门油漆工程量系数为 1.25，故

木百叶门油漆工程量＝300×1.25＝375（m²）

（2）套陕定额子目 10-1087，其直接工程费＝3435.39＋(65−50)×45.0

＝4110.39（元/100m²）

（3）其预算价为：375m²×4110.39 元/100m²＝15413.96 元

【4-57】 某工程有窗帘盒 200m，油漆为底油一遍、磁漆两遍、过氯乙烯清漆两遍。若人工单价为 65 元/工日，试计算其分项工程直接工程费。

解 （1）查陕定额系数表，得窗帘盒油漆工程量系数为 2.0，故

窗帘盒油漆工程量＝200×2.0＝400（m）

（2）套陕定额子目 10-1223 得其工程费＝1022.26＋(65−50)×13.300

＝1221.76（元/100m）

（3）其分项工程直接工程费为：400m×1221.76 元/100m＝4887.04（元）

【4-58】 某建筑如图 4-19 所示，外墙刷真石漆墙面，窗连门，全玻璃门、推拉窗，居中立樘，框厚 80mm，墙厚 240mm。试依据《全国统一建筑装饰装修工程消耗量定额》计算外墙真石漆工程量、门窗油漆工程量。

解 抹灰面油漆按设计图示尺寸以面积计算。计算时，依据设计要求注意门窗洞口侧壁面积的增加；连窗门可按单面洞口面积计算，其油漆工程量按木门、窗定额工程量系数表计算。

外墙面真石油漆工程量＝墙面工程量＋洞口侧面工程量

＝(6.00＋0.12×2＋3.90＋0.12×2)×2×(4.50＋0.30)

−(0.80×2.20＋1.20×1.20＋1.50×1.50)

＋(2.20×2＋0.80＋1.20×2＋1.20＋1.50×4)

×(0.24−0.08)/2＝95.38（m²）

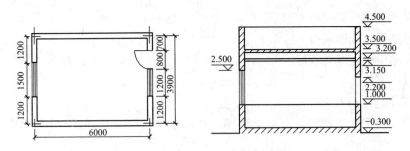

图 4-19　某建筑平面图及剖面图

门油漆工程量＝0.80×2.20×1＝1.76（m²）

窗油漆工程量＝1.50×1.50＋1.20×1.20＝3.69（m²）

【4-59】 如图 4-19 所示，木墙裙高 1000mm，上润油粉、刮腻子、油色、清漆四遍、磨退出亮；内墙抹灰面满刮腻子两遍，贴对花墙纸，挂镜线 25mm×50mm，刷底油一遍、调和漆两遍，挂镜线以上及顶棚刷防瓷涂料两遍。试依据《全国统一建筑装饰装修工程消耗量定额》计算木墙裙油漆、墙纸裱糊、挂镜线油漆和防瓷涂料工程量。

解　木墙裙油漆的工程量＝内墙净长×木墙裙高度－门窗洞口面积＋洞口侧面面积

＝(6.00－0.12×2＋3.90－0.12×2)×2×1.00－0.80
×1.00＋(0.24－0.08)÷2×1.00×2＝18.20（m²）

墙纸裱糊工程量＝内墙净长×裱糊高度－门窗洞口面积＋洞口侧面面积

＝(6.00－0.12×2＋3.90－0.12×2)×2×(3.15－1.00)－(0.80＋1.20)
×1.20－1.50×1.50＋(1.50＋1.50)×2×(0.24－0.08)÷2
＋(1.20×4＋0.80＋1.20)×(0.24－0.08)÷2
＝36.88（m²）

挂镜线油漆工程量＝(6.00－0.12×2＋3.90－0.12×2)×2×0.35＝6.59（m²）

【4-60】 某房间如图 4-20 所示，内墙裙高 0.9m，窗台高 0.9m，墙裙为胶合板刷调和漆三遍（底油一遍，刮腻子），门为 1200mm×2100mm 单层全玻门，窗为 1800mm×1500mm 一玻一纱窗，试计算该房间墙裙、门、窗油漆的清单工程量、综合单价及油漆工程的分部分项工程费。

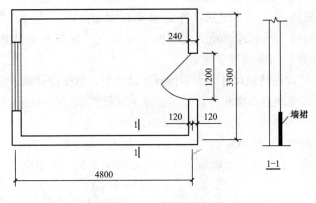

图 4-20　某房间施工图

解　(1) 根据清单工程量计算规则计算各项目工程量为

墙裙油漆工程量＝[(4.80－0.24＋3.30－0.24)×2－1.20]×0.90＝12.64（m²）

$$门油漆工程量＝1 樘$$

$$窗油漆工程量＝1 樘$$

(2) 门、窗油漆工程定额工程量为

$$门油漆工程量＝0.83×1.2×2.1＝2.09（m²）$$

$$窗油漆工程量＝1.3×1.8×1.5＝3.51（m²）$$

注：0.83、1.3 分别为单层全玻门油漆系数、一玻一纱窗油漆系数。

(3) 墙裙、门、窗油漆工程量清单综合单价分析见表 4－28。

表 4－28　　　　　　　　　　　油漆工程综合单价分析表

序号	项目编码	项目名称	计量单位	工程数量	综合单价组成						综合单价
					人工费	材料费	机械费	风险	管理费	利润	
1	020501001001	单层全玻门油漆	樘	1	24.72	16.41	0	0	1.58	1.44	44.15 元/樘
	10－1067	单层木门油漆	100m²	0.021	1777.50	781.63	0	0	75.03	68.55	
2	020502001001	一玻一纱窗油漆	樘	1	42.21	22.81	0	0	2.45	2.24	68.71 元/樘
	10－1068	单层木窗油漆	100m²	0.035	1177.50	651.62	0	0	70.06	64.00	
3	020504001001	胶合板油漆	m²	12.64	8.25	3.94	0		0.47	0.43	13.07 元/m²
	10－1070	木材面调和漆三遍	100m²	0.126	827.50	394.32	0		46.80	42.75	

(4) 油漆工程的分部分项工程直接费＝44.15×1＋68.71×1＋13.07×12.64＝278.06（元）

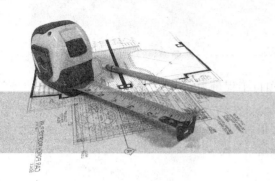

第 5 章

措施项目计量与计价

学习要点

　　本章主要介绍依据消耗量定额计算的措施项目的内容、工程量计算规则及组价常用的定额子目，依据参考费率计算的措施项目的项目内容及计价程序。措施项目费用的发生具有一定的不可预见性，因此措施项目清单的编制应考虑各种工程建设中可能出现的因素，编制时力求全面。通过本章的学习，要求了解措施项目的清单组成，熟练运用消耗量定额及参考费率，熟悉措施项目清单编制，掌握依据消耗量定额计算的措施项目的工程量计算规则、技巧及依据参考费率计算的措施项目的计价程序及取费基础。

5.1　依据消耗量定额计算的措施项目

5.1.1　依据消耗量定额计算的措施项目组价常用定额子目

　　措施项目一般可按其适用的项目范围分为通用措施项目和专业措施项目，也可以按其计费方法分为依据消耗量定额计算的措施项目与依据参考费率计算的措施项目。编制措施项目清单时可结合工程的具体内容及招标人的要求，根据《计价规范》中给出的措施项目选择列项。

　　依据消耗量定额计算的措施项目的费用支出一般可以精确计量，其费用可采用与分部分项工程直接费相同的计费方法进行计算。依据消耗量定额计算的措施项目包括大部分的专业措施项目，如混凝土、钢筋混凝土模板及支架、脚手架、垂直运输等，部分通用措施项目，如大型机械设备出场及安拆、施工排水、施工降水等。它们一般应根据经审定的施工组织设计或施工措施技术方案，确定工程所采用的消耗量定额来计算相应措施项目；所以，又称技术性措施项目。

　　在确定措施项目的种类之后，需根据定额措施项目的适用范围及项目内容，选择套用相应的定额子目。技术性措施项目费用计算常用的定额子目及工程量计算规则见表5-1。

表 5-1　　　　　　　　技术性措施项目常用的定额子目及工程量计算

项目 名称	陕西定额参考子目及工程量计算规则		国家定额参考子目及工程量计算规则	
	单位	参考子目及工程量计算	单位	参考子目及工程量计算
建筑工程依据消耗量定额计算的措施项目				
1	混凝土、钢筋混凝土模板及支架			

续表

项目名称	陕西定额参考子目及工程量计算规则		国家定额参考子目及工程量计算规则	
	单位	参考子目及工程量计算	单位	参考子目及工程量计算
带形基础	m^3	带基模板4－16～4－18：按设计图示尺寸以混凝土体积计算	m^2	带基模板5－1～5－14：区别模板的不同材质，按混凝土与模板的接触面积计算
独立基础	m^3	独立基础模板4－19～4－21：按设计图示尺寸以混凝土体积计算	m^2	独立基础模板5－15～5－18：区别模板的不同材质，按混凝土与模板的接触面积计算
满堂基础	m^3	满堂基础模板4－23～4－24：按设计图示尺寸以混凝土体积计算。无梁式为基础底板的实际体积；有梁式为基础梁和底板体积之和	m^2	满堂基础模板5－27～5－32：区别模板的不同材质，按混凝土与模板的接触面积计算
设备基础	m^3	① 设备基础模板4－27～4－28：按设计图示尺寸以混凝土体积计算； ② 设备基础螺栓套4－30：按个数，以"10个"为单位计算	m^2	① 设备基础模板5－39～5－54：区别模板的不同材质，按混凝土与模板的接触面积计算。 ② 设备基础螺栓套5－55～5－57：按个数，以"10个"为单位计算
桩承台基础	m^3	桩承台模板4－25～4－26：按设计图示尺寸以混凝土体积计算，不扣除伸入承台基础的桩头体积	m^2	桩承台模板5－35～5－38：区别模板的不同材质，按混凝土与模板的接触面积计算
垫层	m^3	基础垫层模板4－29：按设计图示尺寸以混凝土体积计算，$V＝S_净×垫层厚$	m^2	5－33：区别模板的不同材质，按混凝土与模板的接触面积计算
矩形柱 异形柱	m^3	① 矩形柱模板4－31～4－32； ② 异形柱模板4－33； ③ 构造柱模板4－35。 公式：$V＝S_{断面}×H_{柱高}$ 式中：$H_{柱高}$——自柱基扩大顶面至柱顶高度； 　　　$S_{断面}$——应考虑马牙槎面积，与圈梁相交部分计入构造柱	m^2	① 矩形柱模板5－58～5－61； ② 异形柱模板5－62～5－65。 公式：$S＝L_{柱断面周长}×H_{柱高}$ 式中：$H_{柱高}$——自柱基扩大顶面至柱顶高度
基础梁 矩形梁	m^3	① 基础梁模板4－36； ② 矩形梁模板4－37。 按设计图示尺寸以体积计算。伸入墙内的梁头、梁垫并入梁体积内。梁长取定：梁与柱连接时，梁长算至柱侧；主梁与次梁连接时，次梁长算至主梁侧面	m^2	基础梁模板5－69～5－72：区别模板的不同材质，按混凝土与模板的接触面积计算
异形梁 圈梁 过梁	m^3	① 异形梁模板4－38； ② 圈过梁模板4－39、4－42。 按设计图示尺寸以体积计算。伸入墙内的梁头、梁垫并入梁体积内。梁长取定同矩形梁	m^2	① 异形梁模板5－79～5－81； ② 圈梁模板5－82～5－84； ③ 过梁模板5－77～5－78。 ①②③工程量计算：区别模板的不同材质，按混凝土与模板的接触面积计算

项目名称	陕西定额参考子目及工程量计算规则		国家定额参考子目及工程量计算规则	
	单位	参考子目及工程量计算	单位	参考子目及工程量计算
直形墙	m³	直形墙模板 4-43～4-45：按设计尺寸以体积计算，不扣除构件内钢筋、预埋铁件所占体积，扣除门窗洞口及单个面积 0.3m³ 以上的孔洞所占体积，墙垛及突出墙面部分并入墙体积内	m²	① 直形墙模板 5-87～5-90：附墙柱模板并入墙模板内计算； ② 有梁板模板 5-100～5-103； ③ 无梁板模板 5-104～5-107； ④ 平板模板 5-108～5-111； ⑤ 栏板模板 5-124。 ①～⑤工程量计算：区别模板的不同材质，按混凝土与模板的接触面积计算，单孔面积≤0.3m² 时，不扣除孔洞面积，也不增加孔洞侧壁模板面积；单孔面积＞0.3m² 时，不扣除孔洞面积，孔洞侧壁面积并入模板面积
有梁板	m³	有梁板模板 4-48、49：按设计图示尺寸以梁与板的体积之和计算，扣除 0.3m² 以上孔洞体积	m²	
无梁板	m³	无梁板模板 4-50：按设计图示尺寸以板与柱帽（托）体积之和计算，扣除 0.3m² 以上孔洞体积	m²	
平板	m³	平板 4-51～4-52：按设计图示尺寸以板实体积计算，扣除 0.3m² 以上孔洞体积。板范围算至框架梁、混凝土墙、圈梁内侧	m²	
栏板	m²	栏板模板 4-62：按外侧垂直投影面积计算（不含压顶高度）。 注：栏板适用于楼梯、看台、通廊等侧边弯起部分垂直立面高度大于 30cm 的防护或装饰性工程	m²	
天沟、挑檐	m³	天沟、挑沿、悬挑构件模板 4-54：按设计图示尺寸以体积计算。 $V=V_{水平}+V_{翻起}=S_{水平板断面}(L_{外}+4B_{挑檐宽})+S_{翻起栏板断面}[L_{外}+8(B_{挑檐宽}-H_{栏板厚}/2)]$	m²	天沟、挑檐模板 5-129：区别模板的不同材质，按混凝土与模板的接触面积计算
雨篷、阳台板	m²	①雨篷模板 4-58：外挑≤1.5m，按水平投影面积计算；外挑宽度＞1.5m，分解后按相应规则计算； ②整体阳台 4-59：按水平投影面积计算； ③阳台底板 4-60：按水平投影面积计算； ④圆弧形雨篷、阳台底板 4-61：按水平投影面积计算	m²	悬挑板 5-121～5-122（阳台、雨篷）模板：$S=S_{外挑尺寸的水平投影}$
直形楼梯	m²	普通整体楼梯4-56：各层投影面积之和计算。 公式：各层投影面积 $S=LB-S_{宽度>500mm楼梯井}$ 式中：L—休息平台墙内侧至楼梯梁的外侧尺寸；B—楼梯间净宽	m²	直形楼梯模板 5-119： $S=S_{露明面的水平投影}-S_{宽度>500mm楼梯井}$ 注：楼梯踏步、踏步板平台梁等侧面模板不再另外计算。
预制矩形柱	m³	① 矩形柱模板 4-73～4-74：V=清单量×(1+损耗率) ② 矩形梁模板 4-81～4-82：V=清单量×(1+损耗率) ③ 过梁模板 4-84：V=清单量×(1+损耗率) ④ 空心板模板 4-112～4-114：V=清单量×(1+损耗率) （损耗率见《陕西省消耗量定额》第 214 页"预制钢筋混凝土构件成品、运输、安装损耗率表"）	10m³	① 预制矩形柱模板 5-138～5-139； ② 预制矩形梁模板 5-147～5-148； ③ 预制过梁模板 5-150； ④ 预制空心板模板 5-164～5-168。 工程量计算：V=混凝土实体体积
预制矩形梁				
预制过梁				
预制空心板				

续表

项目名称	陕西定额参考子目及工程量计算规则		国家定额参考子目及工程量计算规则	
	单位	参考子目及工程量计算	单位	参考子目及工程量计算
现浇混凝土模板增加费	m³	层高超过 3.6m 每增加 1m（梁板、墙柱）4-68～4-69：指建筑设计层高超过 3.6m 部分（不含 3.6m），不足 1m 者按 1m 计算应增加的消耗量定额。梁、板处于层高 3.6m 以上时则应全部计算其支模增加消耗量；墙、柱超过 3.6m 以上部分则计算支模增加消耗量	m²	① 柱支撑超过 3.6m，每增加 1m 5-67～5-68； ② 梁支撑超过 3.6m，每增加 1m 5-85～5-86； ③ 板支撑超过 3.6m，每增加 1m 5-113～5-114。 现浇钢筋混凝土柱、梁、板、墙的支模高度以 3.6m 以内为准，超过 3.6m 以上部分，另按超过部分计算增加支撑工程量
2	脚手架			
外脚手架	m²	外脚手架钢管架 13-1～13-7：按不同檐口高度分别计算，不扣除门、窗洞口，及穿过建筑物的通道的孔洞面积，及入屋面上的楼梯间、水池、电梯机房等的脚手架工程量。 $S=LH$ 式中：L—外墙外边线的凹凸总长度；H—设计室外地坪至外墙的顶板面或檐口（女儿墙顶面）的高度；地下室外墙高度从设计室外地坪算至底板垫层底；裙楼从设计室外地坪算至裙楼顶面	m²	① 外脚手架 3-1～3-12：突出墙外宽度在 24cm 以内的墙垛，附墙烟囱等不计算脚手架，宽度超过 24cm 以外时按图示尺寸展开计算，$S=L_{外墙外边线}\times H_{墙高}$； ② 里脚手架 3-13～3-15：按墙面垂直投影面积计算； ③ 满堂脚手架 3-16～3-21：工程量计算规则同陕西省定额计算规则。 注：脚手架计算均不扣除门、窗洞口、空圈洞口等所占面积
里脚手架	m²	里脚手架钢管架 13-8～13-9：按建筑物建筑面积计算；楼层高度在 3.6m 以内按各层建筑面积计算；层高超过 3.6m 每增加 1.2m 按调增子目计算，不足 0.6m 的不计算；有满堂脚手架搭设的部分，里脚手架按该部分建筑面积的 50% 计算；无法按建筑面积计算的部分，高度超过 3.6m 时按实际搭设面积，套外脚手架子目乘以系数 0.7		
满堂脚手架	m²	满堂脚手架钢管架 13-10～13-11：按室内净面积计算，其高度在 3.6～5.2m 按满堂脚手架基本层计算；超过 5.2m，每增加 1.2m 按增加一层计算，不足 0.6m 的不计算，层数＝（层高－5.2m）÷1.2，按四舍五入取整数		
3	垂直运输机械、超高降效			
垂直运输	m²	① 20m（6层）以内卷扬机施工 14-1～14-17； ② 20m（6层）以内塔式起重机施工 14-18～14-31； ③ 20m（6层）以上塔式起重机施工 14-32～14-71； ①～③工程量计算：区分不同建筑物的结构类型、功能及高度，按建筑面积计算。檐高大于 120m 时，按不同建筑物结构类型的 120m 定额为基数，均套用每增 10m 的垂直运输定额	m²	① 20m（6层）以内卷扬机施工 13-1～13-19； ② 20m（6层）以内塔式起重机施工 13-20～13-41； ③ 20m（6层）以上塔式起重机施工 13-42～13-152。 ①～③工程量计算：区分不同建筑物的结构类型及高度以建筑面积计算

项目名称	陕西定额参考子目及工程量计算规则		国家定额参考子目及工程量计算规则	
	单位	参考子目及工程量计算	单位	参考子目及工程量计算
超高增加人工机械	无	超高增加人工、机械降效率15-1～15-11；人工降效按规定内容（建筑物±0.00以上的全部工程项目，但不包括垂直运输、各类构件的水平运输及各项脚手架）中的全部人工工日乘以降效系数计算；吊装机械降效按吊装项目中全部吊装机械，分别对其消耗台班量乘以降效系数计算；其他机械降效按规定内容中的全部机械，分别对消耗台班量（扣除吊装机械）乘以降效系数计算	无	建筑物超高人工、机械降效率14-1～14-10；人工降效按规定内容中的全部人工费乘以定额系数计算；吊装机械降效按吊装项目中的全部机械费乘以定额系数计算；其他机械降效按规定内容中的全部机械费乘以定额系数计算。
装饰工程依据消耗量定额计算的措施项目				
1		**装饰脚手架**		
装饰外脚手	m²	装饰外脚手架13-46～13-49：不扣除门、窗洞口，及穿过建筑物的通道的孔洞面积；利用主体外脚手架改作外墙面装饰时，按每100m²墙面垂直投影面积增加改架工1.28工日；独立柱按柱周长增加3.6m乘柱高套用装饰装修外脚手架相应高度的定额。$S=L_{外}×H_{外墙}$	m²	装饰装修外脚手架7-001～7-004：不扣除门、窗洞口，及穿过建筑物的通道的孔洞面积；利用主体外脚手架改作外墙面装饰时，按每100m²墙面垂直投影面积增加改架工1.28工日；独立柱按柱周长增加3.6m乘柱高套用装饰装修外脚手架相应高度的定额。$S=L_{外}×H_{外墙}$
满堂脚手架	m²	满堂脚手架13-50～13-51：按实际搭设的水平投影面积计算，不扣除附墙柱、独立柱所占的面积。凡超过3.6m、在5.2m以内的天棚抹灰及装饰装修，应计算满堂脚手架基本层。超过5.2m，每增加1.2m按增加一层计算，不足0.6m的不计算。$S=S_{实际搭设的水平投影}$ 层数=（层高-5.2m）÷1.2，按四舍五入取整数	m²	满堂脚手架7-005～7-006：按实际搭设的水平投影面积计算，不扣除附墙柱、独立柱所占的面积。凡超过3.6m、在5.2m以内的天棚抹灰及装饰装修，应计算满堂脚手架基本层。超过5.2m，每增加1.2m按增加一层计算，不足0.6m的不计算。$S=S_{实际搭设的水平投影}$ 层数=（层高-5.2m）÷1.2，按四舍五入取整数
内墙粉饰脚手架	m²	内墙面粉饰脚手架13-52～13-54：$S=L_{内}×H_{墙净高}$，不扣除门窗洞口的面积	m²	内墙面粉饰脚手架7-007～7-009：$S=L_{内}×H_{墙净高}$，不扣除门窗洞口的面积
2		**垂直运输机械、超高降效**		
装饰装修工程垂直运输	工日	① 多层建筑物垂直运输14-122～14-144；②单层建筑物垂直运输14-145～14-146；①②工程量计算：区别不同垂直运输高度（单层建筑物为檐口高度），按消耗量定额分别计算	工日	① 多层建筑垂直运输8-001～8-021；② 单层建筑垂直运输8-022～8-023。①②工程量计算：区别不同垂直运输高度按定额工日分别计算
装饰装修工程超高降效系数	无	超高增加人工、机械降效率15-23～15-31；装饰装修楼层区别不同的垂直运输高度，按装饰装修工程的人工与机械费以元为单位乘以本定额中规定的降效系数	无	8-024～8-031：区别不同的运输高度以人工费与机械费之和按元分别计算

续表

项目名称	陕西定额参考子目及工程量计算规则		国家定额参考子目及工程量计算规则	
	单位	参考子目及工程量计算	单位	参考子目及工程量计算
可计量的通用措施项目				
1	大型机械设备进出场及安拆			
大型机械设备进出场及安拆	1000m³	机械土石方工程 16-332～16-337：依据其相应的施工工艺，按每 1000m³ 工程量计算；基坑降水按所采取的降水工艺设备按每一个降水单位工程计算		按相关规定计算
	单位工程	① 桩基工程 16-338～16-343：依其施工工艺及所配备的大型机械设备按照一个单位工程计取一次； ② 垂直运输 16-345～16-362：按一个单位工程分别计取大型机械 25km 内往返场外运输、安装、拆卸，基础铺、拆等		
	100m³（t）	吊装工程 16-344：以 100m³ 混凝土构件或 100t 金属构件为单位计算，适用于采用履带式吊装机械施工的工业厂房及民用建筑工程		
2	施工排水、施工降水			
施工排水、施工降水	见陕西省定额	轻型井点降水 2-70～2-72：每 50 根、24 小时为 1 套·天，大口径降水井成井以"口"为单位计算。井管以上空孔部分不得计算工程量；回旋钻机、冲击钻机 2-73～2-76 锅锥钻机 2-77～2-78 安拆集水管 2-79 降水系统维护 2-80 抽水台班以水泵出水口径按设备台班消耗量定额计算。降水系统维护按单井单泵台班计算	见国家定额	井点排水 1-294～1-299；抽水机降水 1-300～1-302；井点降水 1-303～327。 井点降水区别轻型井点、喷射井点、大口径井点、电渗井点、水平井点，按不同井管深度的井管安装、拆除，以根为单位计算，使用按套、天计算。使用天应以每昼夜 24 小时为一天，使用天数应按施工组织设计规定的使用天数计算

5.1.2 习题精练

一、选择题

【5-1】 2009 年《计价规则》装饰装修工程专业措施项目不包括（　　）

A. 脚手架　　　　　　　　　　B. 大型机械进出场及安拆

C. 垂直运输机械　　　　　　　D. 室内空气污染测试

答案：B

【5-2】 下列关于装饰装修满堂脚手架的计算规则中不正确的是（　　）

A. 按实际搭设的水平投影面积计算

B. 扣除附墙柱、独立柱所占的面积

C. 其基本层高以 3.6m 以上至 5.2m 为准

D. 层高超过 5.2m 时，每增加 1.2m 计算一个增加层，不足 1.2m 的按增加一层计算

答案：B、D

【5-3】 下列对脚手架工程叙述正确的是（　　）

A. 编制清单时，列入措施项目中，其计量单位可以是项或平方米

B. 脚手架定额有外墙脚手架、内墙脚手架和满堂脚手架

C. 里脚手架按建筑面积计算

D. 满堂脚手架按室内净面积计算

答案：A、C、D

【5-4】 工程量清单中的垂直运输措施项目费，采用《陕西省定额》计价时，与（   ）有关。

A. 结构类型　　　　　　　　　　　B. 功能

C. 基础类型　　　　　　　　　　　D. 檐口高度或层数

E. 层高

答案：A、B、D

二、计算题

【5-5】 某现浇钢筋混凝土方形柱，柱高9.0m，设计断面尺寸为600mm×500mm，柱模板采用组合钢模板、钢支撑，分别依据《全国定额计算规则》与《陕西省定额》计算柱模板工程量。

解　（1）按《全国定额计算规则》以接触面积计算

柱模板与混凝土的接触面积＝(0.6＋0.5)×2×9.0＝19.80（m²）

柱模板支撑增加工程量＝(0.6＋0.5)×2×(9.0－3.6)＝11.88（m²）

（2）按《陕西省消耗量定额》现浇混凝土柱模板以混凝土体积计算

柱模板工程量＝0.6×0.5×9.0＝2.70（m³）

柱模板支撑增加工程量＝0.6×0.5×(9.0－3.6)＝1.62（m³）

【5-6】 如图5-1所示，试依据《陕西省定额》求现浇钢筋混凝土雨篷模板工程量。

解　雨篷外挑宽度为1.2m＜1.5m，故其模板工程量应按其水平投影面积计算。

雨篷模板工程量＝1.2×2.4＝2.88（m²）

【5-7】 如图5-2所示，每一梯段有16个踏步，求现浇钢筋混凝土螺旋楼梯模板工程量（已知该工程为三层建筑，不上人屋面）。

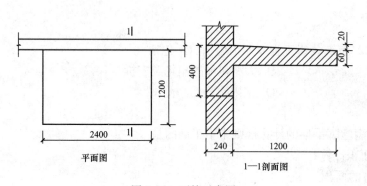

图5-1　雨篷示意图

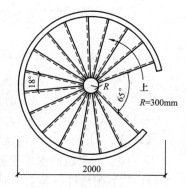

图5-2　螺旋楼梯示意图

解　（1）梯井 D＝600mm＞500mm，应扣除其所占面积。

（2）工程量＝(18×16＋65)/360×π×(1.0²－0.3²)×2＝5.60（m²）

【5-8】 某工程现浇混凝土构造柱断面如图5-3所示，其中有4根布置在直角转角处，

4 根布置在 T 形转角处，2 根布置在直形墙内，2 根布置在十字形转角处，该工程墙体厚度为 240mm，构造柱高为 20.04m，试依据《陕西省定额》求其模板工程量。

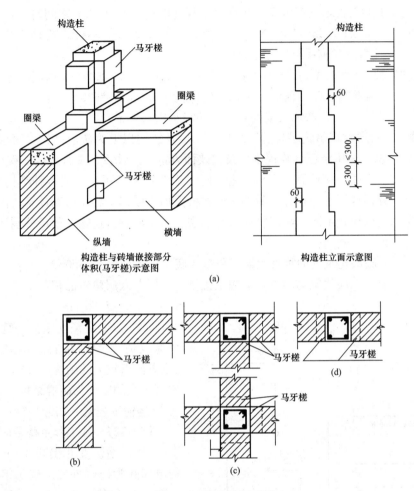

图 5-3　构造柱断面图

(a) 90°转角；(b) T 形接头；(c) 十字形接头；(d) 一字形

解　《陕西省消耗量定额》中规定构造柱模板工程量以构造柱混凝土体积计算，所以计算构造柱模板工程量即计算构造柱的混凝土体积。

(1) 直角转角处：$(0.24 \times 0.24 + 0.06 \div 2 \times 0.24 \times 2) \times 20.04 \times 4 = 5.77$ (m³)

(2) T 形转角处：$(0.24 \times 0.24 + 0.06 \div 2 \times 0.24 \times 3) \times 20.04 \times 4 = 6.35$ (m³)

(3) 直形墙内：$(0.24 \times 0.24 + 0.06 \div 2 \times 0.24 \times 2) \times 20.04 \times 2 = 2.89$ (m³)

(4) 十字形转角处：$(0.24 \times 0.24 + 0.06 \div 2 \times 0.24 \times 4) \times 20.04 \times 2 = 3.46$ (m³)

模板工程量 $= 5.77 + 6.35 + 2.89 + 3.46 = 18.47$ (m³)

【5-9】　某钢筋混凝土柱面贴大理石，柱断面尺寸为 600mm×600mm，柱高为 6.0m，试依据《全国定额计算规则》计算柱装饰脚手架工程量。

解　《全国定额计算规则》中规定：独立柱按柱周长增加 3.6m 乘柱高套用装饰装修外脚手架相应高度的定额。

柱装饰脚手架工程量 $= (0.60 \times 4 + 3.60) \times 6.0 = 36.0$ (m²)

【5-10】 某长方形活动室净长45m，净宽15m，室内净高8.1m，试计算其满堂脚手架工程量。

解 满堂脚手架工程量按室内净面积计算，其高度在3.6~5.2m之间时，计算基本层，超过5.2m时，每增加1.2m按增加一层计算，不足0.6m的不计。活动室净高已超过5.2m，因此，应计算满堂脚手架增加层。

$$增加层数=(室内净高度-5.2m)/1.2m=(8.1-5.2)/1.2=2.42，取2层$$

$$满堂脚手架工程量为：基本层工程量=45×15=675（m^2）$$

$$增加层工程量=2×675=1350（m^2）$$

【5-11】 某六层建筑物底层为框架结构，二层及二层以上为砖混结构，每层建筑面积1500m²，分别依据《全国定额计算规则》及《陕西省定额》计算其垂直运输工程量。

解 （1）按《全国定额计算规则》规定：同一建筑物多种用途（或多种结构），按不同用途（或结构）分别计算，分别计算后的建筑物檐高均应以建筑物总檐高计算。该题中底层与二层~六层的结构形式不同，故应将底层与二层~六层的垂直运输工程量分别计算，并套用不同定额。可得

$$底层建筑物的垂直运输工程量=底层建筑面积=1500m^2$$

$$二层~六层建筑物的垂直运输工程量=二层~六层建筑面积$$

$$=1500×5=7500（m^2）$$

（2）按陕定额规定同一建筑物多种用途（或多种结构）时，按主要功能（或占比例较大的结构）计算。该题中占比例较大的结构为砖混结构，故

$$垂直运输工程量=1500×6=9000（m^2）$$

【5-12】 某工程主楼及附房尺寸如图5-4所示。女儿墙高1.5m，出屋面的电梯间为砖砌外墙。施工组织设计中外脚手架为钢管脚手架。计算措施费中脚手架工程量并选择套用定额。

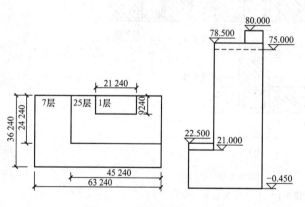

图5-4 主楼及附房示意图

解 措施项目工程量计算及定额项目的选择：

$$主楼部分外脚手架工程量=(45.24+24.24)×(76.50+0.45)+(45.24+24.24)$$
$$×(76.50-21.00)+(21.24+9.24×2)×(80.00-75.00)$$
$$+21.24×(80.00-76.50)$$
$$=9475.57（m^2）$$

主楼部分外脚手架为90m以下钢管脚手架，套用陕定额子目13-6。

$$附房部分外脚手架工程量=(63.24×2-45.24+36.24×2-24.24)×(22.50+0.45)$$
$$=2971.57m^2$$

附房部分外脚手架为24m以内钢管外脚手架，套用陕定额子目13-2。

【5-13】 某单位砌一砖围墙，围墙设计室外地坪至墙顶高2.5m，长度为382m，试计算该围墙的脚手架工程量。

解　陕定额规定围墙脚手架，面积以设计室外地坪至围墙顶高度乘以围墙长度套相应步距的外脚手架子目乘以系数 0.7 计算。

$$该围墙的脚手架工程量 = 2.5 \times 382 \times 0.7 = 668.50（m^2）$$

【5-14】　如图 5-5 所示，依据《全国定额计算规则》计算某建筑物外墙装饰外脚手架工程量。

解　《全国定额计算规则》规定：装饰装修外脚手架，按外墙的外边线长度乘墙高以平方米为单位计算，不扣除门窗洞口面积。同一建筑物各面墙的高度不同，且不在同一定额步距内时，分别计算工程量。定额中所指的檐口高度 5～45m 以内，系指建筑物自设计室外地坪面至外墙顶点或构筑物顶面的高度。

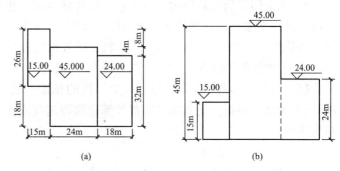

图 5-5　某建筑平面图及立面图

（a）平面图；（b）立面图

(1) 15m 高装饰外脚手架工程量＝(8.0＋15.0×2＋26.0)×15.0＝960（m²）

(2) 24m 高装饰外脚手架工程量＝(18.0×2＋32.0)×24.0＝1632（m²）

(3) 45m 高装饰外脚手架工程量＝(4.0＋24.0×2＋18.0)×45.0＝3150（m²）

(4) 30m 高装饰外脚手架工程量＝(26.0－8.0)×(45.0－15.0)＝540（m²）

(5) 21m 高装饰外脚手架工程量＝32.0×(45.0－24.0)＝672（m²）

【5-15】　如［2-21］中图 2-15 所示，计算该多层住宅外墙脚手架的工程量。

解　该多层住宅外墙脚手架工程量计算见表 5-2。

表 5-2　　　　　　　　　　　　**外墙脚手架工程量计算表**

序号	名称	计 算 公 式
1	A-B 轴	(11.60＋0.15)×[(8.2＋0.1×2＋0.2)×2＋30.20]＝556.95（m²）
2	C-D 轴	(12.60＋0.15)×[12.20×2＋60.20＋6×1.8＋(60.20－30.20)]＝1598.85（m²）
3	高低跨间	30.20×(12.60－11.00)＝48.32（m²）
合　计		556.95＋1598.85＋48.32＝2204.12（m²）

【5-16】　某办公楼为钢筋混凝土结构，共计 21 层，檐高 66.20m。1～3 层为现浇钢筋混凝土框架结构，每层建筑面积为 960.00m²；4～21 层为全现浇钢筋混凝土框剪结构，每层建筑面积为 720.00m²。并采用商品混凝土泵送施工。施工组织设计中采用自升式塔吊 2000kN·m。计算措施费中机械垂直运输工程量并选套定额子目。

解　1～3 层现浇钢筋混凝土框架部分机械垂直运输工程量＝960.00×3＝2880.00（m²）

4～21 层现浇钢筋混凝土框剪部分机械垂直运输工程量＝720.00×18＝12960.00（m²）

$$工程量合计 = 2880.00 + 12\,960.00 = 15\,840.00（m^2）$$

套用陕定额子目 14-56：办公用房 21 层，檐高 70m 以内现浇框架结构。

【5-17】　某建筑物外墙干挂天然石材的施工，已知其檐口总高度为 23.8m，层高均小

于 3.3m，建筑面积为 3218m²，算出其总的定额直接工程费为 4 570 477.54 元，其中人工费为 534 760.36 元、材料费为 3 601 555.23 元、机械费为 434 161.95 元，试依据《全国定额计算规则》计算该工程的超高费。

解 《全国定额计算规则》规定：装饰装修楼面（包括楼层所有装饰装修工程量）区别不同的垂直运输高度（单层建筑物系槽口高度），按人工费与机械费之和以元为单位分别计算。查定额 8 - 024 子目，得到人工、机械降效系数为 9.35%，故

工程超高费 = (534 760.36 + 434 161.95) × 9.35% = 90 594.24 (元)

【5 - 18】 某现浇钢筋混凝土框架结构的宾馆，建筑物单层建筑面积（m²）及层数如图 5 - 6 所示，根据下列数据和定额计算建筑物超高人工、机械降效费和建筑物超高加压水泵台班费。

1～7 层①～②轴线

人工费：202 500 元　　　吊装机械费：67 800 元　　　其他机械费：168 500 元

1～17 层②～④轴线

人工费：2 176 000 元　　吊装机械费：707 200 元　　其他机械费：1 360 000 元

1～10 层③～⑤轴线

人工费：450000 元　　　吊装机械费：120000 元　　其他机械费：300000 元

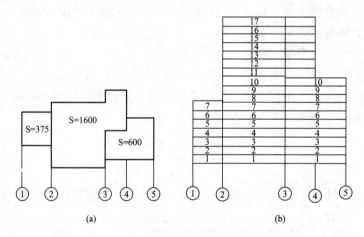

图 5 - 6　高层建筑示意图

(a) 平面示意图；(b) 立面示意图

解 （1）人工降效费

①～②轴、③～⑤轴，套用陕定额子目 15 - 1：(202 500 + 450 000) × 3.33% = 21 728.25 (元)

②～④轴，套用陕定额子目 15 - 4：2 176 000 × 13.33% = 290 060.80 (元)

合计：21 728.25 + 290 060.80 = 311 789.05 (元)

（2）吊装机械降效费

①～②轴、③～⑤轴，套用陕定额子目 15 - 1：(67 800 + 120 000) × 7.67% = 14 404.26 (元)

②～④轴，套用陕定额子目 15 - 4：707 200 × 34% = 240 448.00 (元)

合计：14 404.26 + 240 448.00 = 254 852.26 (元)

（3）其他机械降效费

①～②轴、③～⑤轴，套用陕定额子目 15 - 1：　(168 500 + 300 000) × 3.33% =

15 601.05（元）

②～④轴，套用陕定额子目 15 - 4：1 360 000×13.33％=181 288.00（元）

合计：1 5601.05+181 288.00=196 889.05（元）

（4）建筑物超高加压水泵台班费

①～②轴、③～⑤轴，套用陕定额子目 15 - 12：（375×7 层+600×10 层）/100×183.35 元/100m² =15 813.94（元）

②～④轴，套用陕定额子目 15 - 15：1600×17 层×649.36 元/100m² =176 625.92（元）

合计：15 813.94+176 625.92=192 439.86（元）

【5-19】 某框架结构教学楼，分别由图 5-7 所示 A、B、C 单元楼组合为一幢整体建筑。A 楼 15 层，檐高 50.70m，每层建筑面积 500m²，B 楼、C 楼均为 10 层，檐高均为 34.50m，每层建筑面积 300m²。请计算该教学楼里脚手架、垂直运输的直接工程费。（室内净高超过 3.60m 的脚手架应增加的混凝土浇捣脚手架费暂不计入。）

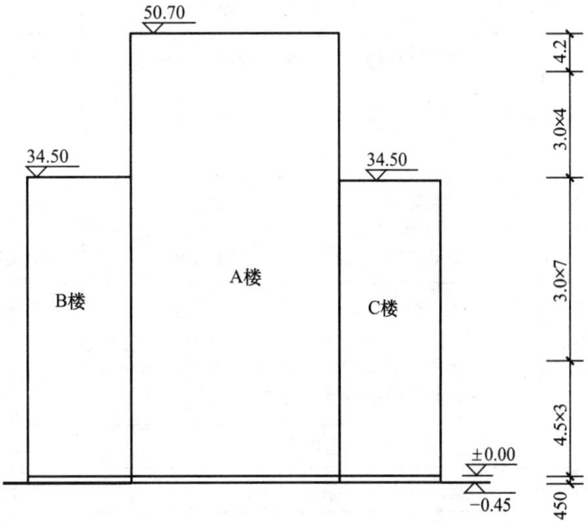

图 5-7 某框架结构教学楼立面图

解 1. 里脚手架费用

（1）求 A 楼、B 楼、C 楼总建筑面积，套用陕定额子目 13 - 8，计算里脚手架费用：

$$(15×500+10×300×2)/100×[552.96+10.209×(55-42)]=92\ 566.39（元）$$

（2）计算层高超过 3.60m 的脚手架增加费，套用陕定额子目 13 - 9：

$$(4×500+3×300×2)/100×[231.08+4.354×(55-42)]=10\ 931.92（元）$$

里脚手架费用=92 566.39+10 931.92=103 498.31（元）

2. 机械垂直运输费

（1）B、C 楼机械垂直运输费，套用陕定额子目 14 - 53：

$$10×300×2÷100×[4086.47+3.960×(55-42)]=248\ 277.00（元）$$

（2）A 楼机械垂直运输费，套用陕定额子目 14 - 55：

$$500×15÷100×[6243.16+5.670×(55-42)]=473\ 765.25（元）$$

机械垂直运输费=248 277.00+473 765.25=722 042.25（元）

5.2 依据参考费率计算的措施项目

5.2.1 依据参考费率计算的措施项目及计价程序

依据参考费率计算的措施项目是在施工过程中必须发生的措施项目，其费用的发生与使用时间、施工方法或者两个以上的工序相关，且与实际完成的实体工程量的大小关系不大，无法准确计算其发生量，一般以项为计量单位进行编制，按一定的费率计取费用。

按费率计取的措施项目费用依据其计价费率是否可调，可分为不可竞争费及可竞争费，其中不可竞争费是指必须按照规定的计价程序、计价费率计取的措施费用，包括安全文明施工费（含环境保护、文明施工、安全施工、临时设施）及国家和省内规定的其他不得参与竞争的费用；可竞争的措施费用由企业在投标报价过程中根据自身综合素质及其投标策略制定费率计取，其费率的高低可直接反映施工企业管理水平的高低。

可依据参考费率计算的措施项目见表5-3。

表5-3 保障性措施项目一览表

序号	项 目 名 称	清单计价方法
1	安全文明施工（含环境保护、文明施工、安全施工、临时设施）	不可竞争费，按照造价管理部门规定的计价费率计算
2	夜间施工	根据施工组织设计或参照造价管理部门发布的费率计算
3	二次搬运	根据施工组织设计或参照造价管理部门发布的费率计算
4	测量放线、定位复测、检测试验	根据施工组织设计或参照造价管理部门发布的费率计算
5	冬、雨季施工	根据施工组织设计或参照造价管理部门发布的费率计算
6	施工影响场地周边地上、地下设施及建筑物安全的临时保护设施	根据施工组织设计或参照造价管理部门发布的费率计算
7	已完工程及设备的保护	根据施工组织设计或参照造价管理部门发布的费率计算
8	室内空气污染测试	按相关取费标准计算

各项措施项目的计费基础及费率见表5-4。

表5-4 措施项目计价程序

序号	项目编码	项目名称	单位	数量	计费基础
1		测量放线、定位复测、检测试验费	项	1	
	1.1	人工土石方	项	1	人工费
	1.2	一般土建	项	1	分部分项工程费
	1.3	装饰	项	1	分部分项工程费
2		冬雨季、夜间施工费	项	1	
	2.1	人工土石方	项	1	人工费
	2.2	一般土建	项	1	分部分项工程费
	2.3	装饰	项	1	分部分项工程费
3		二次搬运费	项	1	
	3.1	人工土石方	项	1	人工费
	3.2	一般土建	项	1	分部分项工程费
	3.3	装饰	项	1	分部分项工程费
4		安全及文明施工费	项	1	分部分项工程费+措施费（不含安全及文明施工）+其他项目费

5.2.2 习题精练

一、选择题

【5-20】 （ ）不属于建筑工程费用中的措施费。

A. 二次搬运   B. 夜间施工

C. 室内空气污染测试费   D. 施工降水

答案：C

【5-21】 陕建发〔2007〕232 号文件规定，施工安全费用的费率 1.4% 调整为 2.6%，调整后的施工安全文明施工费用是以（ ）为基础计算的。

（一）分部分项工程费用   （二）措施费（不含安全及文明施工）

（三）其他项目费   （四）规费

A.（一）   B.（一）+（二）+（三）

C.（一）+（二）   D.（一）+（二）+（三）+（四）

答案：B

【5-22】 直接费包括直接工程费和措施费，其中措施费中的安全文明施工费包括（ ）。

A. 安全文明施工费   B. 临时设施费

C. 已完工程和设备的保护费   D. 环境保护费

答案：A、B、D

【5-23】 规费主要包括（ ）。

A. 社会保障保险   B. 危险作业意外伤害保险

C. 失业保险   D. 住房公积金

答案：A、B、D

【5-24】 以费率计取的措施费包括（ ）。

A. 安全文明施工措施费   B. 大型机械进出场及安拆

C. 测量放线、定位复测、检验试验费   D. 二次搬运费

答案：A、C、D

【5-25】 下列内容中属于措施项目中通用项目的是（ ）

A. 垂直运输机械   B. 二次搬运

C. 脚手架   D. 已完工工程保护

答案：B、D

【5-26】 某工程建设地点位于西安市长安区，由周至县建筑工程公司承建，该工程适用的税率为（ ）。

A. 3.41%   B. 3.35%   C. 3.22%   D. 3.30%

答案：A

二、计算题

【5-27】 某房屋工程，其天棚工程采用木龙骨，石膏板面层刷乳胶漆，工程量为 23.22m²，综合单价为 83.79 元/m²；墙面刷乳胶漆两遍，工程量为 67.26m²，综合单价为 8.75 元/m²；地面铺 500mm×500mm 防滑地砖，工程量为 23.48m²，综合单价为 65.49 元/m²；地砖踢脚板，工程量为 2.63m²，综合单价为 63.99 元/m²。该工程符合环保要求，

但未达文明工地要求，所有材料均需检验方可施工，场地比较小，房屋挑檐底标高 18.00m，工程位于市区，由市二级企业施工，试计算该天棚工程的通用措施费用。

解 （1）分部分项工程费＝∑（分部分项工程量×综合单价）

$$＝23.22×83.79＋67.26×8.75＋23.48×65.49＋2.63×63.99$$
$$＝4240.13（元）$$

（2）通用措施项目费发生了安全文明施工、检验试验定位复测、临时设施、冬雨季施工、二次搬运费等。

通用措施项目费＝4240.13×2.60％＋4240.13×0.42％＋4240.13×0.80％
$$＋4240.13×0.76％＋4240.13×0.34％$$
$$＝208.61（元）$$

【5-28】 某工程（二层框架结构，高 7.95m）分部分项工程费用为 135 000.00 元，其中一般土建工程分部分项工程费用为 87 000.00 元，甲供材料价值 15 000.00 元，投标人按甲供材价值的 1％计取了保管费列为总包服务费，除表中所列的措施项目外其余的措施项目费为 35 000.00 元。该工程中垂直运输工程量为 69.35m²，独立基础垫层模板工程量为 2.05m³。该工程属于办公用房，虽然为二层楼但施工方案中采用塔吊施工方案。

投标人的报价策略为执行《陕西省定额》；材料、机械台班单价均同 2009 年《陕西省建筑装饰市政园林绿化工程价目表建筑装饰册》中的单价；人工单价按一般土建工程 55 元/工日，装饰装修工程 65 元/工日计取；管理费和利润的费率按 2009 年《陕西省建设工程工程量清单计价费率》中的费率下浮 10％。试完成该项目措施项目清单的投标报价工作。

解 （1）根据该工程用途及施工方案，垂直运输工程应套用陕定额子目 14-21，其中：

人工费＝0 元　　材料费＝0 元　　机械费＝2894.39×69.35/100＝2007.26（元）

风险＝0 元　　管理费＝2007.26×5.11％×（1－10％）＝92.31（元）

利润＝2007.26×3.11％×（1－10％）＝56.18（元）

垂直运输分部分项工程费＝0＋0＋2007.26＋92.31＋56.18＝2155.75（元）

（2）独立基础垫层模板工程套用陕定额子目 4-21，其中：

人工费＝55×0.54×2.05＝60.89（元）　　　材料费＝47.77×2.05＝97.93（元）

机械费＝2.95×2.05＝6.05（元）　　　风险＝0（元）

管理费＝（60.89＋97.93＋6.05）×5.11％×（1－10％）＝7.58（元）

利润＝（60.89＋97.93＋6.05）×3.11％×（1－10％）＝4.61（元）

独立基础垫层模板分部分项工程费＝60.89＋97.93＋6.05＋0＋7.58＋4.61＝177.06（元）

表 5-5　　　　　　　　　　　　　措施项目清单计价表

序号	项目名称	计量单位	工程数量	金额（元）	
				综合单价	合价
1	安全文明施工措施费	项	1	6554.35	6554.35
				（135 000.00＋35 000.00＋2155.75＋177.06 ＋15 000.00×1％）×3.8％＝6554.35	6554.35
2	垂直运输	项	1	2155.75	2155.75

续表

序号	项目名称	计量单位	工程数量	综合单价	合价
				2155.75	2155.75
3	独立基础垫层模板	项	1	177.06	177.06
				177.06	177.06
合计					8 887.16

【5-29】 某公司造价员使用2009年《陕西省建设工程工程量清单计价规则》、2004年《陕西省定额》、《陕西省建设工程消耗量定额（2004）补充定额》、2009年《陕西省建筑装饰工程价目表》及2009年《陕西省建设工程工程量清单计价费率》完成的措施项目清单计价工作如下：分部分项费用为80 000.00元，其中人工土方分部分项工程费为5000.00元（人工费为4000元），土建工程分部分项工程费为75 000.00元；其他项目费为10 000.00元，除表5-6项目以外的措施项目费用为20 000.00元。试计算该项目的措施费用。

解 该项目的措施费用计算见表5-6。

表5-6　　　措 施 费 用 表

序号	项目名称	计量单位	工程数量	计费基础	综合单价	合价
1	安全文明施工（含环境保护、文明施工、安全施工、临时设施）	项	1			4226.33
	安全文明施工（含环境保护、文明施工、安全施工、临时设施）	元	111 219.20	分部分项工程费+措施费(不含安全及文明施工)+其他项目费	(80 000+20 000+604.40+285.40+329.40+10 000)×3.80%=4226.33	4226.33
2	夜间施工，冬、雨季施工	项	1			604.40
	人工土方	元	4000	人工费	4000×0.86%=34.40	34.40
	土建工程	元	75 000	分部分项工程费	75 000×0.76%=570.00	570.00
3	二次搬运	项	1			285.40
	人工土方	元	4000	人工费	4000×0.76%=30.40	30.40
	土建工程	元	75 000	分部分项工程费	75 000×0.34%=255.00	255.00
4	测量放线、定位复测、检测试验	项	1			329.40
	人工土方	元	4000	人工费	4000×0.36%=14.40	14.40
	土建工程	元	75 000	分部分项工程费	75 000×0.42%=315.00	315.00
合计		元				5445.53

第 *6* 章

工程结算案例分析

 **学习要点**

本章主要介绍工程结算的概念、工程合同价款约定的内容、工程计量与价款支付、工程索赔及费用的计算方法、工程价款调整的相关规定及竣工结算的编制。通过本章的学习，要求了解工程结算及竣工结算的基本概念，熟悉其编制方法，熟悉工程索赔的内容及程序，熟悉工程价款调整的相关规定，掌握工程预付款及进度款的计算方法。通过案例分析，掌握不同情况下工程结算的计算方法。

6.1 工 程 结 算 概 述

6.1.1 工程结算基本概念

1. 工程结算的含义

工程结算（又称工程价款结算）是指施工企业按照合同的规定，向建设单位办理已完工程价款清算的一项日常性工作。根据工程建设的不同时期以及结算对象的不同，工程结算分为预付款结算、中间结算和竣工结算。

2. 工程结算的作用

（1）施工企业完成已完工程项目的总货币收入，补充生产过程中的资金消耗。

（2）统计施工企业完成生产计划和建设单位完成建设投资任务的依据。

（3）施工企业确定工程实际成本的重要依据，建设单位编制竣工决算的主要依据。

（4）竣工结算的完成，标志着甲乙双方所承担的合同义务和经济责任的结束。

6.1.2 工程结算方式

根据工程的规模、性质、进度及工期要求，并通过合同约定，工程结算有多种方式。我国现行的结算方式主要有按月结算、分段结算、竣工后一次结算及其他方式结算。

（1）按月结算。每月由施工企业提出已完成工程月报表及工程结算账单，由建设单位办理已完工程价款的结算方法。一般分月中预支和不预支两种情况，即实行每月末结算当月实际完成工程任务的总费用，月初支付，竣工后清算的结算方式；也可以是月初或月中预付，月终按时结算，竣工后清算的结算方式。

（2）分段结算。分段结算与支付，即当年开工、当年不能竣工的工程按照工程的形象进度，划分不同阶段支付工程进度款。具体划分方式在合同中明确。

（3）竣工后一次结算。竣工后一次结算是指建设项目或单项工程全部建筑安装工程建设期在 12 个月以内，或者工程承包合同价值在 100 万元以下的，可以实行开工前预付一定的预付款，工程价款每月预支或分阶段预支，竣工后一次结算工程价款的方式。实行竣工后一次结算和分段结算方式。当年结算的工程款应与分年度的工程量一致，年终不另清算。

（4）其他方式结算。承、发包双方可以根据工程性质，在合同中约定其他的方式办理结算，但前提是有利于工程质量、进度及造价控制。

6.1.3 习题精练

【6-1】 竣工结算是指施工单位在建设项目全部完工并经建设单位及有关部门验收清点后，由施工单位编制并经建设单位审核签认，最后一次向建设单位办理工程款结算的文件。

【6-2】 工程结算主要有按月结算、分段结算、竣工后一次结算、其他方式结算。

【6-3】 工程结算是统计施工企业完成生产计划和建设单位完成建设投资任务的依据。

【6-4】 工程结算是指施工企业按照合同的规定向建设单位办理已完工程价款清算的一项日常性工作。

【6-5】 工程结算由施工企业编制，竣工决算由建设单位编制。

【6-6】 工程完成后，发、承包双方应在合同约定时间内办理工程竣工结算。

6.2 工程合同价款约定

招标工程的合同价款应当在规定时间内，依据招标文件、中标人的投标文件，由发、承包人订立书面合同约定。非招标工程的合同价款依据审定的工程预（概）算书由发、承包人在合同中约定。为了减少施工过程中不必要的纠纷，工程合同内容应尽量完备，合同条款应明确、具体。《计价规范》中规定发、承包双方应在合同专用条款中对以下 9 项内容进行约定。

6.2.1 工程预付款

工程预付款是建设单位为了保证施工生产的顺利进行而预支给施工企业的一部分垫款。工程预付款的扣还是随工程价款的结算，以冲减工程价款的方法逐渐抵扣，待到工程竣工时，全部工程预付款抵扣完毕。签订合同时应明确预付款的额度、预付款支付时间及方式、预付款抵扣的违约责任等。

（1）预付款的额度。预付款的数额可以是绝对数，也可以是额度（即按合同金额的百分比或年度工程计划的百分比等约定）。

（2）预付款支付时间及方式。预付款支付时间可约定为合同签订后 1 个月支付、开工日前 7 天支付等；预付款支付次数可以是一次支付，也可以分次支付。支付方式可以是支票、汇票或其他。

（3）预付款的抵扣。抵扣的方式有一次扣还法、分次扣还法等。签订合同时，应依据工程的规模和工期选择采用。

（4）违约责任。发、承包双方可以在合同中约定，如发包人不支付预付款，承包人拥有减缓施工速度和停工的权利；发包人承担延期交付预付款的利息。

6.2.2 工程计量与支付工程进度款

（1）计量与支付周期。可按月、季计量，也可按工程形象部位，划分阶段计量。其相应的进度款支付有按月结算与支付、分段结算与支付、竣工后一次结算和双方约定的其他方式。

（2）进度款支付数额。可以约定按完成工程价款的一定额度支付，如财建〔2004〕369号文件《建设工程价款结算暂行办法》第十三条规定，"发包人应按不低于工程价款的60％，不高于工程价款的90％向承包人支付工程进度款"。

（3）支付时间及程序。应约定承包人申请进度款支付的时间、监理工程师出具相关证明材料的时间、支付时间等。

（4）违约责任。如未按约定支付进度款，发包人应支付延期支付的利息等。

6.2.3　工程价款的调整

1. 工程价款调整因素

（1）法律、法规、规章和政策变化引起的调整。

（2）工程量清单项目特征描述与施工图纸或设计变更不符引起的调整。

（3）工程量清单漏项引起的调整。

（4）非承包人原因的工程变更导致的调整。

（5）非承包人原因引起的工程量增减导致的调整。

（6）市场价格波动引起的调整。

（7）不可抗力原因引起的调整。

（8）提前竣工（赶工补偿），误期赔偿。

（9）发、承包双方约定的其他调整事项。

2. 工程价格调整方法

对物价波动引起的价格调整，通常有工程造价指数调整法、实际价格调整法、调价文件法、调值公式法等。

（1）工程造价指数调整法。这种方法是根据工程所在地造价管理部门所公布的该月度（或季度）工程造价指数，结合工程施工的合理工期，对原承包合同价予以调整的方法。调整时，重点调整由于实际人工费、材料费、机械使用费等上涨及工程变更等因素造成的价差，并对承包商给以调价补偿。

（2）实际价格调整法。这种方法是根据工程中主要材料的实际价格对原合同价进行调整，比造价指数法更具体、更实际，但这对业主或发包商节约投资或控制造价不是很有利，主要造价风险全部由发包方承担，一般只适合比较特殊的工程或市场价格变化较大时采用。同时，对市场价格也应控制最高结算上限价，要求承包商选择相对廉价的供货来源，以避免此种调价方式的不足，达到降低成本的目的。

（3）调价文件法。由于建筑市场材料的采购范围很广，造价指数法又比较综合，按实际价格计算时，上限价控制"价"与"质"的符合性及价格管理控制等都有一定难度。因此，很多地区造价管理部门定期颁发主要材料的价格信息，就可以依据工程施工的工期及完成工程量的相关阶段，对主要材料执行当地价格信息指导价，对工程实行动态调差，这也是目前常用的方法。

（4）调值公式法。这实际是一种主要费用价格指数法，即根据构成工程结算的主要费用，如人工费、材料费等的价格指数变化来综合代表工程价格变化，以便尽量与实际情况接近。这也是一种调价的国际惯例。一般业主及承包方双方在签订合同时就应明确调整公式、各部分构成成本的比重系数、允许调整的百分比及双方承担的比例。

　　建筑安装工程的调值公式一般包括固定部分、材料部分和人工部分，对于工程规模大的复杂工程，公式分项也可以多例，调值公式一般为

$$P = P_0(a_0 + a_1 A/A_0 + a_2 B/B_0 + a_3 C/C_0 + \cdots) \tag{6-1}$$

式中　　　　　P——调值后结算价；

　　　　　　　P_0——合同规定结算价；

　　　　　　　a_0——合同支付中不能调整的固定部分所占合同总价的比例，一般为
　　　　　　　　　　$0.15 \sim 0.35$；

a_1、a_2、a_3、$\cdots$——各项费用所占合同总价的比例，如人工费所占结算价的比例、材料费所
　　　　　　　　　　占结算价的比例等，$a_0 + a_1 + a_2 + \cdots = 1$；

　A、B、C、$\cdots$——工程结算时各项费用的现行价格指数或价格；

A_0、B_0、C_0、$\cdots$——签订合同时各项费用的基期价格指数或价格。

　　3. 工程价款调整程序

　　合同中应约定好工程价款调整的时间和程序。《建设工程价款结算暂行办法》中规定，承包人应当在合同规定的调整情况发生后 14 天内，将调整原因、金额以书面形式通知发包人，发包人确认调整金额后将其作为追加合同价款，与工程进度款同期支付。发包人收到承包人通知后 14 天内不予确认也不提出修改意见，视为已经同意该项调整。

　　4. 工程价款调整后的支付时间

　　按照《建设工程价款结算暂行办法》的有关规定，双方确认调整的工程价款通常作为追加（减）合同价款与工程进度款同期支付，也可以在合同中约定在工程竣工时一次结算。

6.2.4　索赔与现场签证

　　1. 索赔的处理程序

　　(1) 索赔事件发生后 28 天内，向工程师发出索赔意向通知。

　　(2) 发出索赔意向通知后 28 天内，向工程师提出延长工期和（或）补偿经济损失的索赔报告及有关资料。

　　(3) 工程师在收到承包人送交的索赔报告和有关资料后，于 28 天内给予答复，或要求承包人进一步补充索赔理由和证据。

　　(4) 工程师在收到承包人送交的索赔报告和有关资料后 28 天内未予答复或未对承包人作进一步要求，视为该项索赔已经认可。

　　(5) 当该索赔事件持续进行时，承包人应当阶段性地向工程师发出索赔意向，在索赔事件终了后 28 天内，向工程师送交索赔的有关资料和最终索赔报告。

　　承包人未能按合同约定履行自己的各项义务或发生错误，发包人可按以上索赔程序和时限向承包人提出索赔。

　　2. 现场签证的处理程序

　　应在合同中约定现场签证的提出方式，明确审批流程。现场签证处理程序分以下 3 种情况：

　　(1) 由设计部门提出。设计部门提出"设计变更单"，变更完成后，经总包项目部专业工程师、监理工程师、施工单位工程师现场共同确认后，在"设计变更确认单"上签字认可。

（2）由现场提出。由施工单位提出"增减工程现场签证单"，经总包项目部专业工程师、监理工程师、施工单位工程师现场共同确认后，在"增减工程现场签证单"上签字认可。

（3）总包单位或监理工程师提出。若施工单位在施工过程中出现违规现象或按有关规定要减少工程量或费用的，由总包单位专业工程师提出"扣款通知书"或"增减工程现场签证单"，总包项目部专业工程师、监理工程师、施工单位工程师共同确认后，签字认可。审批完毕后，形成补充预算资料，随当月进度款一起申请付款。

3. 索赔与现场签证金额的支付

经发、承包双方确认的索赔和现场签证费用原则上与工程进度款同期支付。

6.2.5　工程价款争议的处理方式

价款争议的解决方式包括协商、调解、争议评审、仲裁或诉讼等。发、承包双方在合同中约定其优先顺序、处理程序及时间。如果选择调解或争议评审，应在合同中约定调解人或争议评审人员组成；采用仲裁的，应约定仲裁机构；采用诉讼方式的，应约定有管辖权的法院等。

6.2.6　风险

《计价规范》规定，应由承包人完全承担技术风险和管理风险，有限度地承担市场风险，不承担法律、法规、规章和政策变化的风险。

应在合同中约定工程量变动幅度，即工程量偏差的大小，如超过约定范围才进行综合单价的调整。对材料价格的变化幅度也要约定，超过此幅度时，按约定的调整方式进行调整。对不可抗力、法律法规变化等给双方带来的风险，要约定各自承担的范围等。

6.2.7　工程竣工价款结算

1. 竣工结算各项工作时间约定

应在合同中约定办理竣工结算的时间；编制完成竣工结算书的时间；递交竣工结算书的时间；发包人审核的时间；接到发包人提出的核对意见后，确认或提出异议的时间；发包人向承包人支付工程竣工结算价款的时间。

2. 竣工结算工作流程

承包人应在提交竣工验收报告的同时，向发包人递交竣工结算报告及完整的结算资料，发包人应按规定的时限核对并提出审核意见。发包人收到承包人递交的竣工结算报告及完整的结算资料后，应按约定的期限进行核实，给予确认或提出修改意见。根据确认的竣工结算报告，承包人向发包人申请支付工程竣工结算款，发包人应在收到申请后及时支付结算款。

3. 竣工结算审核

在合同中约定审核的主体，同一工程竣工结算核对完成，发、承包双方签字确认后，禁止发包人要求承包人与另一个或者多个工程造价咨询人重复核对竣工结算。

6.2.8　工程质量保证（保修）金

1. 质量保证期

工程质量保证（保修）金分不同工程内容有不同的保证期，该期限的起止时间应约定清楚。一般保证期从工程通过竣工验收之日算起。由于发包人的原因导致工程无法按规定期限进行竣工验收的，在承包人提交竣工验收报告 90 天后进入质量保证期。

2. 工程质量保证（保修）金的预留和扣还

（1）工程质量保证（保修）金一般为合同价款的 3%～5%，具体金额经双方协商确定后在保证书中写明，若计取利息，也应注明银行利率。

（2）工程质量保证（保修）金的具体扣留方式一般有以下 2 种：

1）最后一次按比例扣留。对于工程造价不高、保修金总数额不大的工程，当预付款及进度款累计达到工程造价的一定比例（如 95%～97%）时，停止支付工程价款，预留剩下比例的价款为保修金。

2）分阶段按比例扣留。对于工程造价高、保修金数额较大的工程，业主可以选择每次从支付的工程进度价款中按扣留比例扣留，直到保留金总额达到双方规定的限额为止。

（3）约定保证期满时将保修金和利息返还承包商的程序及时间等。

3. 质量保证期内双方的责任

如在保证期内，由承包人原因造成的缺陷，承包人应负责维修，并承担鉴定及维修费用。如承包人不维修也不承担费用，发包人可按合同约定扣除保证金，并由承包人承担违约责任。承包人维修并承担相应费用后，不免除对工程的一般损失赔偿责任。由他人原因造成的缺陷，发包人负责组织维修，承包人不承担费用，且发包人不得从保证金中扣除费用。

6.2.9 其他事项

发、承包双方应根据实际经验，对在合同履行过程中可能发生的其他问题进行约定，如一些特殊情况发生时，费用（如非承包人原因造成的安全事故发生的费用、专利技术及特殊工艺涉及的费用、基础施工时偶遇地下文物及特殊地下障碍涉及的费用）如何处理，责任如何承担等。此外，还应对以下内容进行约定。

1. 安全文明施工费的预付、支付计划和使用要求

可以在合同内约定发包人应在工程开工后的 28 天内预付不低于当年安全文明施工费总额的 50%，其余部分与进度款同期支付；发包人没有按时支付安全文明施工费的，承包人可催告发包人支付；发包人在付款期满后的 7 天内仍未支付，若发生安全事故的，发包人应承担连带责任；承包人应对安全文明施工费专款专用，在财务账目中单独列项备查，不得挪作他用，否则发包人有权要求其限期改正；逾期未改正的，造成的损失和（或）延误的工期由承包人承担。

2. 提前竣工（赶工补偿）的确定及支付

约定若合同工程提前竣工，发包人应承担承包人由此增加的费用，并按照合同约定向承包人支付提前竣工（赶工补偿）费；发、承包双方应在合同中约定提前竣工每日历天应补偿的额度。除合同另有约定外，提前竣工补偿的最高限额为合同价款的 5%。此项费用列入竣工结算文件中，与结算款一并支付。

3. 误期赔偿的确定及支付

约定若合同工程发生误期，承包人应赔偿发包人由此造成的损失，并按照合同约定向发包人支付误期赔偿费。即使承包人支付误期赔偿费，也不能免除承包人按照合同约定应承担的任何责任和应履行的任何义务；发、承包双方应在合同中约定误期赔偿费，明确每日历天应赔额度。除合同另有约定外，误期赔偿费的最高限额为合同价款的 5%。误期赔偿费列入竣工结算文件中，在结算款中扣除；如果在工程竣工前，合同工程内的某单位工程已通过竣工验收，且该单位工程接收证书中表明的竣工日期并未延误，而是合同工程的其他部分产生了工期延误，则误期赔偿费应按照已颁发工程接收证书的单位工程造价占合同价款的比例幅度予以扣减。

6.2.10 典型案例分析

【案例 6 - 1】

1. 背景

某企业由于工期紧，采用边进图纸报审边招标的形式，拟将一栋写字楼改为商务酒店，某装修公司中标。该工程工期为 2009 年 12 月 20 日至 2010 年 4 月 20 日，必须保证"五一"黄金周前正式营业，否则，逾期一天罚款 3000 元。因该工程的资金紧张，该装修公司（乙方）于 2009 年 12 月 10 日与建设单位（甲方）签订了该工程项目的固定总价施工合同。

乙方进入施工现场后，由于甲方擅自更改了外立面设计，外门头超越红线，施工图纸未通过规划局审批，无法取得开工证。甲方口头要求乙方暂停施工 1 个月，预付工程款也未按合同约定日期拨付，乙方在会议中同意，但没有会议纪要等有效证据。2010 年 1 月 20 日，甲方手续办理完备。乙方为保证按期完工，在抢工过程中忽视了施工质量，部分项目被要求返工。工程直至 2010 年 6 月 5 日才竣工。

结算时乙方认为临时停工是甲方要求的，乙方为保证施工工期，加快施工进度才出现了质量问题，因此拖延工期的责任不在乙方。甲方则认为临时停工和不顺延工期是当时乙方答应的，乙方就应当履行承诺，应按合同约定偿付逾期违约金 13.5 万元。

2. 问题

(1) 该工程采用固定总价合同是否合适？

(2) 该施工合同的变更形式是否妥当？此合同争议依据合同法律规范应如何处理？

3. 参考答案

(1) 因为固定总价合同适用于工程量不大，能够较准确计算工程量、工期较短、技术不太复杂、风险不大的项目，所以，根据该装修工程的特点，采用固定总价合同是合适的。

(2) 根据《中华人民共和国合同法》和《建设工程施工合同（示范文本）》（以下简称《施工合同（示范文本）》）的有关规定，建设工程合同应当采取书面形式，合同变更亦应当采取书面形式。在应急情况下，可采取口头形式，但事后应以书面形式予以确认。本案例中甲方要求暂停施工，乙方亦在会议中同意，是甲、乙双方的口头协议，且事后并未以书面的形式确认，所以该合同变更形式不妥。竣工结算时双方发生了争议，对此只能以原书面合同规定为准。

施工期间因甲方原因造成乙方停工 1 个月，此时乙方拥有索赔权。乙方虽然未按规定程序及时提出索赔，丧失了索赔权，但根据《民法通则》的规定，在民事权利的诉讼时效期内，仍享有通过诉讼要求甲方承担违约责任的权利。甲方未能及时支付工程款，应对停工承担责任，故应当赔偿乙方停工 1 个月的实际经济损失，工期顺延 1 个月。工程因质量问题返工，造成逾期交付，责任在乙方，故乙方应当支付逾期完工 15 天的违约金 45 000 元。

6.3 工程计量与价款支付

6.3.1 工程预付款的支付与扣回

一、预付款数额的确定

确定工程备料款的数额的原则：应该能保证施工所需材料和构件的正常储备，保证施工的顺利进行。预收工程备料款数额过少，会造成备料不足，进而导致停工待料；预收款过多，会造成资金积压和浪费，不便于施工企业管理和资金核算。

1. 影响因素法

影响因素法主要是将影响工程备料款数额的各个因素作为参数，按以式（6-2）进行工程备料款数额的计算，即

$$M=\frac{PN}{T}t \qquad (6-2)$$

式中 M——预收备料款数额，元；

    P——年度建筑安装工作量，元；

    N——主要材料及构配件所占合同总价的比重，%，可根据施工图预算确定；

    T——年度施工日历天数；

    t——材料储备时间，天，可根据材料储备定额和当地材料供应情况确定。

2. 额度系数法

为了简化工程备料款的计算，将影响工程备料款数额的各因素进行综合考虑，确定为一个系数，即工程备料款额度。其含义是预收工程备料款数额占年度建筑安装工作量的百分比，按式（6-3）计算，即

$$M=Pq \qquad (6-3)$$

式中 q——工程备料款额度，%。

一般情况下，工程备料款额度由各地区按工程类别、施工期限、建筑材料和构件产供应情况统一测定。一般建筑工程通常取当年工作量的 20%～30%。对于装配化程度高的项目，需要的预制钢筋混凝土构件、铝合金和塑料配件等较多，工程备料款额度应适当增大。安装工程一般不应超过年度安装工作量的 10%，材料费比重大的安装工程，可按年度工作量的 15%拨付。

二、工程预付款的扣回

发包人支付给承包人的工程预付款，其性质是预支。随着工程进度的推进，拨付的工程进度款数额不断增加，工程所需主要材料、构件的用量逐渐减少，原已支付的预付款应以抵扣的方式予以扣回。工程预付款的扣回方式一般有分次扣回法和一次扣回法两种。

（一）分次扣回法

1. 确定预付款起扣点

工程预付款起扣点，可以用累计完成建筑安装工作量的数额表示，称为累计工作量起扣点；也可以用累计完成建筑安装工作量与年度建筑安装工作量百分比表示，称为工作量百分比起扣点。

（1）确定累计工作量起扣点。根据累计工作量起扣点的含义，即累计完成建筑安装工作量达到起扣点的数额时，开始扣回工程备料款。

确定起扣点的原则是：未完施工工程所需主要材料及构件的价值相当于工程预付款数额，即

$$(P-Q)N=M \qquad (6-4)$$

$$Q=P-\frac{M}{N} \qquad (6-5)$$

式中 Q——工作量起扣点，即预付款开始扣回时的累计完成工作量金额，元。

（2）确定工作量百分比起扣点。根据百分比起扣点的含义，即建筑安装工程累计完成的

建筑安装工作量占年度建筑安装工作量的百分比达到起扣点的百分比时，开始扣回工程备料款，则有

$$D=\frac{Q}{P}=1-\frac{M}{PN} \qquad (6-6)$$

式中 D——工作量百分比起扣点，元。

2. 确定应扣预付款的数额

按扣还工程备料款的原则，自起扣点开始，在每次工程结算时扣抵的备料款数额应该等于本次工程结算价款中的材料和构件费的数额，即工程价款数额和材料比例的乘积。但是，在一般情况下，工程备料款的起扣点与工程结算间隔点不一定重合。因此，第一次扣还工程备料款数额的计算式与其后各次工程备料款扣还数额计算式略有区别。

（1）第一次扣还工程预付款数额的计算公式为

$$A_1=(F-Q)N \qquad (6-7)$$

式中 A_1——第一次扣还工程预付款数额，元；

　　F——累计完成建筑安装工作量，元。

（2）第二次及其以后各次扣还工程备料款数额的计算式为

$$A_i=F_iN \qquad (6-8)$$

式中 A_i——第 i 次扣还工程预付款数额，元；

　　F_i——第 i 次扣还工程预付款时，当次结算完成的建筑安装工作量，元。

（二）一次扣还法

工程备料款的扣回还可以在未完工的建筑安装工作量等于预付款时，用其全部未完工程价款一次抵扣工程预付款，施工企业停止向建设单位收取工程价款。

1. 确定预付款起扣点

计算停止收取工程价款的起点，用 K 表示，即

$$K=P'(1-s)-M \qquad (6-9)$$

式中 P'——合同总价，元；

　　s——扣留工程价款比例，一般取 5%～10%，其目的是为了加快收尾工程的进度，扣留的工程价款在竣工结算时结清。

2. 确定扣除的数额（即工程预付款）

这种扣还工程备料款的方法计算简单，停止收取工程价款的起点在分次扣还法的工程备料款起扣点的后面。从实际上看，在停止收取工程价款起点以后的未完工程价款，已经以工程备料款的形式转入施工单位的账户中，建设单位对未完工程已经失去经济控制权，若没有其他合同条款规定和措施保证，则一般不宜采用一次扣还工程备料款的方法。

6.3.2 工程计量与进度款支付

工程进度款结算程序如图 6-1 所示。

图 6-1 工程进度款结算程序

1. 工程计量

（1）承包人应当按照合同约定的方法和时间，向发包人提交已完工程量和进度款报告。发包人接到报告后 14 天内核实已完工程量，并在核实前 1 天通知承包人，承包人应提供条件并派人参加核实，承包人收到通知后不参加核实，以发包人核实的工程量作为工程价款支付的依据。发包人不按约定时间通知承包人，致使承包人未能参加核实，核实结果无效。

（2）发包人收到承包人报告后 14 天内未核实完工程量，从第 15 天起，承包人报告的工程量即视为被确认，作为工程价款支付的依据，双方合同另有约定的，按合同执行。

（3）对承包人超出设计图纸（含设计变更）范围和因承包人原因造成返工的工程量，发包人不予计量。

2. 工程进度款计算

工程进度款可按下列公式计算：

（1）未达到起扣工程预付款的情况下工程进度款的结算

$$应收取的工程进度款 = \sum(本期已完工程量 \times 工料单价) + 管理费 + 利润$$
$$+ 措施项目费 + 规费及税金 \qquad (6-10)$$

或

$$应收取的工程进度款 = \sum(本期已完工程量 \times 综合单价) + 措施项目费$$
$$+ 规费及税金 \qquad (6-11)$$

（2）已达到起扣工程预付款的情况下工程进度款的结算

$$应收取的工程进度款 = [\sum(本期已完工程量 \times 工料单价) + 管理费 + 利润$$
$$+ 措施项目费 + 规费及税金]$$
$$\times (1 - 主要材料及构配件所占合同总价的比重) \qquad (6-12)$$

或

$$应收取的工程进度款 = [\sum(本期已完工程量 \times 综合单价) + 措施项目费 + 规费及税金]$$
$$\times (1 - 主要材料及构配件所占合同总价的比重) \qquad (6-13)$$

3. 工程进度款支付

（1）根据确定的工程计量结果，承包人向发包人提出支付工程进度款申请，14 天内，发包人应按不低于工程价款的 60%，不高于工程价款的 90%向承包人支付工程进度款。

（2）发包人超过约定的支付时间不支付工程进度款，承包人应及时向发包人发出要求付款的通知，发包人收到承包人通知后仍不能按要求付款，可与承包人协商签订延期付款协议，经承包人同意后可延期支付，协议应明确延期支付的时间和从工程计量结果确认后第 15 天起计算应付款的利息。

（3）发包人不按合同约定支付工程进度款，双方又未达成延期付款协议，导致施工无法进行，承包人可停止施工，由发包人承担违约责任。

6.3.3 典型案例分析

【案例 6-2】

1. 背景

某工程承包合同价为 660 万元，预付备料款额度为 20%，主要材料及构配件费用占工程造价的 60%，每月实际完成的工作量见表 6-1，根据合同规定对材料和设备价差进行调整（按有关规定上半年材料和设备价差上调 10%，在 6 月一次调整）。

月　份	2	3	4	5	6
完成工作量(万元)	55	110	165	220	110

表 6-1　　　　　　　　　　每月实际完成的工作量

2. 问题

该工程的预付备料款、2~5 月结算工程款及竣工结算工程款各为多少?

3. 参考答案

(1) 预付备料款 = 660×20% = 132 (万元)。

(2) 预付备料款起扣点 = $660 - \dfrac{132}{0.6} = 440$ (万元)。

即当累计结算工程款为 440 万元时,开始扣备料款。

(3) 2 月应结工程款 55 万元,累计拨款额 55 万元。

(4) 3 月应完成工作量 110 万元,结算 110 万元,累计拨款额 165 万元。

(5) 4 月完成工作量 165 万元,结算 165 万元,累计拨款额 330 万元。

(6) 5 月完成工作量 220 万元,累计拨款额 550 万元,已达到预付备料款起扣点 440 万元,应结工程款 = 220 - (220+330-440)×60% = 154 (万元),累计拨款额 484 万元。

(7) 工程结算总造价 = 660 + 660×0.6×10% = 699.6 (万元)。

【案例 6-3】

1. 背景

某施工单位承包某房地产工程项目的施工任务,工期为 10 个月。双方按照《施工合同(示范文本)》签订合同,合同中约定:

(1) 建筑安装工程造价 1200 万元。

(2) 工程预付款为建筑安装工程造价的 25%。

(3) 从工程款(含预付款)支付至合同价款的 65% 后,开始从当月的工程款中扣回预付款,预付款分 3 个月扣回。预付款扣回比例为:开始扣回的第一个月扣回预付款的 30%,第二个月扣回预付款的 40%,第三个月扣回预付款的 30%。

(4) 工程质量保证金(保修金)为工程结算价款总额的 4%,最后一个月一次扣除。

(5) 工程款支付方式为按月结算。

工程各月完成的建安工作量见表 6-2。

月　份	2~4	5	6	7	8	9	10	11
实际完成建安工作量(万元)	320	130	130	140	140	130	110	100

表 6-2　　　　　　　　　工程各月完成的建安工作量

2. 问题

(1) 计算工程预付款、工程预付款起扣点、工程质量保证金。

(2) 计算该工程各月应拨付的工程款。

3. 参考答案

(1) 工程预付款 = 1200×25% = 300 (万元)。

工程预付款起扣点 = 1200×65% = 780 (万元)。

工程质量保证金＝$1200 \times 4\% = 48$（万元）。

（2）各月应拨付的工程款：

1）2～4月：应拨付的工程款为320万元，累计工程款为320万元。

2）5月：应拨付的工程款为130万元，累计工程款为$320+130=450$（万元）。

3）6月：由于累计工程款与预付款之和$450+130+300=880$（万元），大于起扣点780万元，因此从6月开始扣回工程款。第一个月扣回预付款的30%，即$300 \times 30\% = 90$（万元）；6月应拨付的工程款＝$130-90=40$（万元）；累计工程款＝$450+40=490$（万元）。

4）7月应拨付的工程款＝$140-300 \times 40\% = 20$（万元），累计工程款＝$490+20=510$（万元）。

5）8月应拨付的工程款＝$140-300 \times 30\% = 50$（万元），累计工程款＝$510+50=560$（万元）。

6）9月应拨付的工程款＝130（万元），累计工程款＝$560+130=690$（万元）。

7）10月应拨付的工程款＝110（万元），累计工程款＝$690+110=800$（万元）。

8）11月应拨付的工程款＝$100-48=52$（万元），累计工程款＝$800+52=852$（万元）。

【案例6-4】

1. 背景

某写字楼部分房间拟重新铺设地砖。2009年3月，业主与某装修公司签订了工程施工承包合同。合同中的估算工程量为6500m²，单价为230元/m²（其中主材由业主供应，单价为150元/m²）。合同工期为6个月。合同约定：

（1）开工前承包商向业主提供估算合同总价10%的履约保函，业主向承包商支付估算合同总价10%的工程预付款。

（2）工程预付款从累计工程进度款超过估算合同价的50%后的下一个月起，至第五个月均匀扣回。

（3）业主自第一个月起，每月从承包商的工程款中按3%的比例扣留工程质量保证金。

（4）当累计实际完成工程量超过（或低于）估算工程量的10%时，可进行调价，调价系数为0.9（或1.1）。

（5）由业主直接供应的装修主材应在发生当月的工程款中扣除，且每月签发付款最低金额为80 000元。

承包商每月实际完成并经签证确认的工程量见表6-3。

表6-3　　　　　承包商每月实际完成并经签证确认的工程量

月　份	3	4	5	6	7	8
完成工程量(m²)	1000	1000	1500	1500	1500	800
累计完成工程量(m²)	1000	2000	3500	5000	6500	7300
业主直供主材价值(万元)	15	15	22.5	22.5	22.5	9

2. 问题

（1）估算合同总价为多少？

（2）工程预付款为多少？工程预付款从哪个月起扣？每月应扣的工程预付款为多少？

（3）每月工程量价款为多少？应签证的工程款为多少？应签发的付款凭证金额为多少？

3. 参考答案

(1) 估算合同总价＝230×6500＝149.5（万元）。

(2) 工程预付款金额＝149.5×10％＝14.95（万元）。

工程预付款应从第四个月起扣，即从 6 月开始扣留，因为前 3 个月累计工程款＝230×3500＝80.5（万元），高于 149.5×50％＝74.75（万元）。

每月应扣工程预付款＝14.95÷2＝7.475（万元）。

(3) 第一个月工程量价款＝230×1000＝23.00（万元）。

应签证的工程款＝23.00×（1−3％）＝22.31（万元）。

应签发的付款凭证金额＝22.31−15.00＝7.31 万元，低于 8 万元，第一个月不予签发付款凭证。

第二个月工程量价款＝230×1000＝23.00（万元）。

应签证的工程款＝23.00×（1−3％）＝22.31（万元）。

应签发的付款凭证金额＝22.31−15.00＋7.31＝14.62（万元）。

第三个月工程量价款＝230×1500＝34.50（万元）。

应签证的工程款＝34.50×（1−3％）＝33.465（万元）。

应签发的付款凭证金额＝33.465−22.5＝10.965（万元）。

第四个月工程量价款＝230×1500＝34.50（万元）。

应签证的工程款＝34.50×（1−3％）＝33.465（万元）。

应扣工程预付款为 7.475 万元。

应签发的付款凭证金额＝33.465−22.5−7.475＝3.49（万元），低于 8 万元，第四个月不予签发付款凭证。

第五个月累计完成工程量为 6500m²，恰好等于估算工程量，所以仍按原单价结算。

第五个月工程量价款＝230×1500＝34.50（万元）。

应签证的工程款＝34.50×（1−3％）＝33.465（万元）。

应扣工程预付款为 7.475 万元。

应签发的付款凭证金额＝33.465−22.5−7.475＋3.49＝6.98（万元），低于 8 万元，第五个月不予签发付款凭证。

第六个月累计完成工程量为 7300m²，超出原估算工程量 800m²，已超出估算工程量的 10％，对超出的部分应调整单价。

应调整单价的工程量＝7300−6500×（1＋10％）＝150（m²）。

第六个月工程量价款＝150×230×0.9＋（800−150）×230＝18.055（万元）。

应签证的工程款＝18.055×（1−3％）＝17.513（万元）。

应签发的付款凭证金额＝17.513−9＋6.98＝15.493（万元）。

【案例 6−5】

1. 背景

事件一：施工进行中，建设单位要求对合同中约定的由施工单位采购供应的具有出厂合格证明的水泥强度进行检验，施工单位不同意建设单位的要求，提出如果试验，试验费应由建设单位支付。建设单位认为，此试验费已包含在措施费中的检验试验费内，不应另行支付。

事件二：施工进行中，发包人要求承包人更改原施工方案中双排钢管外脚手架为单排脚手架施工方案，导致措施项目费用减少 0.5 万元，结算时建设单位要求承包单位按实调整措施项目费用（即扣减 0.5 万元）。

2. 问题

(1) 事件一你认为应如何处理？为什么？

(2) 事件二中建设单位的做法是否正确？为什么？

3. 参考答案

(1) 试验费用应由建设单位支付。检验试验费是指对建筑材料、构件和建筑安装物进行一般鉴定、检所发生的费用，包括自设实验室进行试验所耗用的材料和化学药品等费用，不包括新结构、新材料的试验费和建设单位对具有出厂合格证明的材料进行检验，对构件做破坏性试验、地基基础承载力试验及其他特殊要求检验试验的费用。

(2) 不正确。根据《陕西省建设工程工程量清单计价规划（2009）》4.74 条，发包人更改原施工方案中的脚手架方案，引起措施项目费用增加时予以增加，减少时不予减少，因此建设单位不应扣减 0.5 万元措施项目费。

6.4 工程索赔及费用计算

6.4.1 索赔概述

1. 索赔的概念

工程索赔是工程承包合同履行过程中，合同一方由于非自身因素或对方不履行或未能正确履行合同规定的义务，或者由于对方的行为使权利人受到损失时，向对方提出赔偿要求的权利。

2. 索赔产生的原因

(1) 当事人违约。

(2) 不可抗力事件发生。

(3) 合同缺陷。

(4) 合同变更。

(5) 工程师指令。

(6) 其他第三方原因。

3. 索赔的分类

(1) 按索赔当事人分：①承包商与业主间的索赔；②承包商与分包商间的索赔；③承包商与供货商间的索赔；④承包商与保险公司间的索赔。

(2) 按索赔目标分：①工期索赔；②费用索赔。工期索赔是由于非承包人责任的原因而导致施工进程延误，要求批准顺延合同工期的索赔。费用索赔的目的是要求经济补偿。施工的客观条件改变导致承包人增加开支，要求对超出计划成本的附加开支给予补偿，以挽回不应由承包人承担的经济损失。费用索赔的费用内容一般包括人工费、设备费、材料费、保函手续费、贷款利息费、保险费、管理费及利润等。在不同的索赔事件中可以索赔的费用不同。

(3) 按索赔事件的性质分：①工程变更索赔；②工程延误索赔；③工程终止索赔；④工

程加速索赔；⑤意外风险和不可预见因素索赔；⑥其他索赔。

（4）按索赔的对象分：①索赔；②反索赔。

（5）按索赔的处理方式分：①单项索赔；②综合索赔。

4. 索赔的依据

（1）招标文件、施工合同文本及附件、补充协议，施工现场各类签认记录，经认可的工程施工进度计划、工程图纸及技术规范等。

（2）双方的往来信件及各种会议、会谈纪要。

（3）施工进度计划和实际施工进度记录、施工现场的有关文件（施工记录、备忘录、施工月报、施工日志等）及工程照片。

（4）气象资料、工程检查验收报告和各种技术鉴定报告，工程中送停电、送停水、道路开通和封闭的记录和证明。

（5）国家有关法律、法令、政策文件等。

5. 索赔的处理原则

（1）索赔必须以合同为依据。

（2）及时、合理地处理索赔。

（3）加强主动控制，减少或增加施工索赔。

6.4.2 索赔的计算

1. 工期索赔计算方法

（1）网络分析法。网络分析法通过分析延误前后的施工网络计划，比较两种工期计算结果，计算出工程应顺延的工程工期。

1）如果延误的工作为关键工作，则延误的时间为索赔的工期。

2）如果延误的工作为非关键工作，当该工作由于延误超过时差限制成为关键工作时，可以将延误时间与时差的差值作为索赔的工期。

3）如果该工作延误后仍为非关键工作，则不能进行工期索赔。

（2）比例分析法。比例分析法通过分析增加或减少的单项工程量（工程造价）与合同总量（合同总造价）的比值，推断出增加或减少的工程工期。

工期索赔＝增加（减少）的工程量（工程造价）/原合同总量（原合同总造价）×原合同总工期

(6-14)

（3）其他方法。工程现场施工中，可以按照索赔事件实际增加的天数确定索赔的工期，通过发包方与承包方协议确定索赔的工期。

2. 费用索赔计算方法

（1）总费用法。总费用法又称总成本法，通过计算出某单项工程的总费用，减去单项工程的合同费用，剩余费用为索赔的费用。这种方法对业主不利，因为实际发生的总费用中有可能有承包人的施工组织不合理因素，承包人在报价时为竞争中标而压低报价，中标后通过索赔可以得到补偿。

（2）修正总费用法。在总费用计算的原则上，去掉一些不合理的因素，使其更合理。

（3）分项法。按照工程造价的确定方法，逐项进行工程费用的索赔。站在承包人的角度可以分为人工费、机械费、管理费、利润等分别计算索赔费用。

1）人工费：包括完成发包人要求的合同之外的额外工作而发生的人工费；非承包人责

任的工效降低所增加的人工费；非承包人责任造成工期延误而增加的人工费；超过法定时间加班劳动所发生的费用；政策规定的人工费增长等。

2）材料费：包括索赔事项材料实际用量超过计划用量而增加的材料费；材料价格大幅上涨而增加的材料费；非承包人责任工程延期导致的材料价格上涨和材料超期存储费用。

3）机械费：包括完成发包人要求的合同外工作而发生的机械费；非承包人原因造成的工效降低或工期延误而增加的费用；由于发包人或监理工程师原因导致机械停工的窝工费；政策规定的机械费调增等。

4）管理费：包括现场管理费和企业管理费。其中，现场管理费包括管理人员工资，办公、通信、交通等费用。

5）利润：承包人对索赔事项可以按一定比率，如报价时的利润率计取利润。

关于停工损失费的索赔：承包人按照双方约定进入施工现场后，因发包人原因造成连续停工超过24h，且不存在转移施工机械和人员的必要条件发生的停工损失，由发包人承担，并应按索赔程序办理。停工损失费的索赔应按发、承包双方约定计算，无约定或约定不明确的可参照下式计算

施工人员停工损失费＝施工现场所有工作人员停工总工日数

$$×基期综合日工资单价 \qquad (6-15)$$
$$周转性材料停工损失费＝停工天数×周转性材料租赁单价/天 \qquad (6-16)$$
$$施工机械停工损失费＝停工天数×施工机械台班价目表单价×0.4 \qquad (6-17)$$

上述周转性材料是指模板及支架、脚手架钢管、扣件等。

6.4.3 典型案例分析

【案例6-6】

1. 背景

某建设单位和施工单位按照《陕西省建设工程施工合同》签订了施工合同，施工过程中发生如下事件：某工程混凝土柱面抹灰，招标人提供的工程量清单中未描述抹灰层厚度（图纸表示水泥砂浆抹灰20mm），投标人按水泥砂浆抹灰15mm厚度，实际施工中，承包人未按图纸要求厚度施工，发包人要求返工，承包人认为清单中未作厚度的明确规定，他们的报价即按实际施工厚度所报，拒绝建设单位的要求。

2. 问题

你作为第三方认为该如何处理？

3. 参考答案

（1）涉及材料品种规格厚度要求的抹灰厚度是项目特征必须描述的内容，建设方没有进行描述，有一定的责任。

（2）虽然抹灰厚度没有进行描述，但在施工中，施工单位应该严格按照图纸进行施工，即按抹灰厚度20mm进行施工，所以施工方也有一定责任。

（3）建议处理方式：施工方按图纸设计要求返工，建设方按照抹灰厚度20mm补付施工方5mm的材料费用，其他费用由施工方承担。

【案例6-7】

1. 背景

某建设单位投资兴建办公楼工程，与某施工单位签订了土建施工合同。施工单位开槽后

发现一输气管道影响施工。建设单位代表查看现场后，认为施工单位放线有误，提出重新复查定位线。施工单位配合复查，没有查出问题。1 天后，建设单位代表认为前一天复查时仪器有问题，要求更换测量仪器再次复测。施工单位只好停工配合复测，最后证明测量无错误。为此，施工单位就两次检查的配合费用向建设单位提出了索赔要求。

2. 问题

（1）建设单位代表在任何情况下要求重新检验，施工单位是否必须执行？

（2）施工单位索赔是否有充分的理由？

（3）若再次检验不合格，施工单位应承担什么责任？

3. 参考答案

（1）建设单位代表在任何情况下要求施工单位重新检验，施工单位必须执行，这是施工单位的义务。

（2）施工单位索赔有充分的理由。因为该分项工程已检验合格，建设单位代表要求复验，复验结果若合格，建设单位应承担由此发生的一切费用。

（3）若再次检验不合格，施工单位应承担由此发生的一切费用。

【案例 6 - 8】

1. 背景

某建设单位就酒店装修改造工程与某一施工单位按照《施工合同（示范文本）》签订了装修施工合同。合同价款为 3000 万元，合同工期为 180 天。合同中约定工期每提前或推后 1 天，按合同价的万分之二进行奖励或扣罚。该工程施工进行到 90 天时，经材料复试发现，甲方所供应的地面瓷砖质量不合格，造成乙方停工待料 20 天，此后在工程施工进行到 120 天时，由于甲方设计变更又造成部分工程停工 16 天。工程最终工期为 200 天。

2. 问题

（1）施工单位在第一次停工后 12 天，向建设单位提出了索赔要求，索赔停工损失人工费和机械闲置费等共 7.6 万元；第二次停工后 15 天施工单位向建设单位提出停工损失索赔 6 万元。在两次索赔中，施工单位均提交了有关文件作为证据，情况属实。此项索赔是否成立？

（2）在工程竣工结算时，施工单位提出工期索赔 36 天。同时，施工单位认为工期实际提前了 16 天，要求建设单位奖励 9.6 万元。建设单位认为，施工单位当时未要求工期索赔，仅进行费用索赔，说明施工单位已默认停工不会引起工期延长。因此，实际工期延长 20 天，应扣罚施工单位 12 万元。此项索赔是否成立？

3. 参考答案

（1）此项索赔成立。因为施工单位在合同规定的 28 天时限内提出索赔，并提供了有关证据，因此索赔成立。

（2）此项索赔不成立。因为施工单位提出工期索赔时间已超过合同约定的 28 天；建设单位罚款理由充分，罚款金额计算符合合同规定，故应从工程结算中扣减工程应付款 12 万元。

【案例 6 - 9】

1. 背景

某建设单位与某施工单位按照《施工合同（示范文本）》签订了某饭店的装饰装修施工

合同。合同价款为 1680 万元，合同工期为 120 天。合同中约定工期每提前或推后 1 天，按合同价款的万分之二进行奖罚。木地板由业主提供，其他材料由承包方采购。施工进行到 30 天时，由于设计变更，造成工程停工 8 天，施工方 10 天内提出了索赔意向通知；施工进行到 46 天时，因业主挑选确定木地板，使部分工程停工累计达 15 天（均位于关键线路上），施工方 9 天内提出了索赔意向通知；施工进行到 68 天时，该地遭受罕见暴风雨袭击，施工无法进行，延误工期 4 天，施工方 8 天内提出了索赔意向通知；施工进行到 120 天时，施工方因人员调配原因，延误工期 3 天；最后，工程在 140 天后竣工。工程结算时，施工方向业主要求索赔，提交了索赔报告并附索赔有关的材料和证据。

2. 问题

（1）以上哪些索赔要求能够成立？哪些不能成立？

（2）上述工期延误索赔中，哪些应由业主方承担？哪些应由施工方承担？

（3）施工方应获得的工期补偿和工期奖励各是多少？

（4）不可抗力发生风险承担的原则是什么？

3. 参考答案

（1）能够成立的索赔有：①因设计变更造成工程停工的索赔；②因业主方挑选确定木地板造成工程停工的索赔；③因遭受罕见暴风雨袭击造成工程停工的索赔。

因施工方人员调配造成工程停工的索赔不能成立。

（2）应由业主方承担的有：①因设计变更造成工程停工，按合同补偿，工期顺延；②因业主方挑选确定木地板造成工程停工，按合同补偿，工期顺延；③因遭受罕见暴风雨袭击造成工程停工，承担工程损坏损失，工期顺延。应由施工方承担的有：①因遭受罕见暴风雨袭击造成的施工方损失；②因施工方人员调配造成的停工，自行承担施工方损失，工期不予顺延。

（3）施工方应获得的工期补偿＝8＋15＋4＝27（天），工期奖励＝[(120＋27)－140]×1680×0.02％＝2.35（万元）。

（4）不可抗力发生风险承担的原则是：①工程本身的损害由业主方承担；②人员伤亡由其所在方负责，并承担相应费用；③施工方的机械设备损坏及停工损失，由施工方承担；④工程所需清理修复费用，由业主方承担；⑤延误的工期顺延。

【案例 6－10】

1. 背景

某宾馆大楼施工项目，发、承包双方按照《施工合同（示范文本）》签订施工合同，承包商在进行基础开挖时，遇到了业主的勘测资料并未指明的流沙和风化岩层，为此，业主以书面形式通知施工单位停工 9 天，并同意合同工期顺延 9 天。为确保继续施工，要求工人、施工机械等不要撤离施工现场，但在通知中未涉及由此造成施工单位停工损失如何处理。施工单位认为对其损失过大，意欲索赔。

2. 问题

（1）施工单位的索赔能否成立？索赔证据是什么？

（2）由此引起的损失费用项目有哪些？

（3）如果提出索赔要求，应向业主提供哪些索赔文件？

3. 参考答案

（1）索赔成立，这是因业主的原因造成的施工临时中断，从而导致承包商工期的拖延和费用支出的增加，因而承包商可提出索赔。索赔证据为业主以书面形式提出的要求停工通知书。

（2）此事项造成承包商的工人、施工机械等在施工现场窝工9天，因此承包商的损失费用项目主要有：9天的人工窝工费；9天的机械台班窝工费；由于9天的停工而增加的现场管理费。

（3）索赔文件是承包商向业主索赔的正式书面材料，一般由三部分组成：

1）索赔意向通知书。主要是说明索赔事项，列举索赔理由，提出索赔要求。

2）索赔报告。其主要内容是事实与理由，即叙述客观事实，合理引用合同条款，建立事实与损失之间的因果关系，说明索赔的合理合法性，从而最后提出要求补偿的金额及工期。

3）附件。包括索赔证据和详细计算书，其作用是为所列举的事实、理由以及所要求的补偿提供证明材料。

【案例 6-11】

1. 背景

某外资贷款项目，业主与承包商按照 FIDIC《土木工程施工合同条件》签订了施工合同。合同规定：钢材由业主供货到现场仓库，其他材料由承包商自行采购。工程进行过程中出现了以下事件：①因业主提供的钢筋未到货，使第五层柱钢筋绑扎作业8月3～17日停工（该项作业的总时差为零）；②8月7～9日因现场停水、停电使第三层砌砖停工（总时差为4天）；③8月14～17日因砂浆搅拌机发生故障使第一层抹灰开工推迟（总时差为4天）。承包商针对以上事件于8月20日向工程师提交了一份索赔意向书，并于8月25日提交了一份工期、费用索赔计算书和索赔依据的详细资料。其计算书如下：

（1）工期索赔：

1）框架柱绑扎：15天（8月3～17日）；

2）砌砖：3天（8月7～9日）；

3）抹灰：4天（8月14～17日）。

工期索赔共计22天。

（2）费用索赔：

1）窝工人工费用：

a. 钢筋绑扎：40人×25元/工日×15天=15 000（元）；

b. 砌砖：36人×25元/工日×3天=2700（元）；

c. 抹灰：40人×25元/工日×4天=4000（元）。

2）窝工机械费用：

a. 塔式起重机1台：700元/天×15天=10 500（元）；

b. 混凝土搅拌机1台：80元/天×15天=1200（元）；

c. 砂浆搅拌机1台：40元/天×（3+4）天=280（元）。

3）保函费延期补偿：（2000万元×10%×6‰/365天）×22天=723.29（元）。

4）增加管理费：（15 000+2700+4000+10 500+1200+280+723.29）×15%=5160.49（元）。

5）增加利润：（15 000＋2700＋4000＋10 500＋1200＋280＋723.29＋5160.49）×7 ％＝2769.46（元）。

费用索赔总计：15 000＋2700＋4000＋10 500＋1200＋280＋723.29＋5160.49＋2769.46＝42 333.24（元）。

2. 问题

（1）承包商提出的工期索赔是否正确？应予批准的工期索赔为多少天？

（2）假定双方协商一致，窝工机械设备费用索赔按台班单价的65％计取；考虑对窝工工人应该合理安排从事其他作业后的降效损失，窝工人工费用索赔按12元/工日计取，保函费用计算方式合理；管理费用和利润不补偿。试计算费用索赔额。

3. 参考答案

（1）对于承包商提出的工期索赔第一条正确，第二、三条不正确。因为：

1）框架柱绑扎停工的计算日期为8月3～17日，共计15天。因为是业主提供的钢筋没有到货造成的停工，而且该项作业的总时差为零，因此应该给予15天的工期补偿。

2）砌砖停工的计算日期为8月7～9日，共计3天。虽然此项作业是由于业主的原因造成的，但该项作业的总时差为4天，停工3天并没有超出总时差，因此不应该给予工期补偿。

3）抹灰停工的计算日期为8月14～17日，共计4天。因为是承包商自身原因造成的停工，因此不应该给予工期补偿。

综上可知，应该批准的工期索赔为15天。

（2）费用索赔额：

1）窝工人工费用：

a. 钢筋绑扎：此事件是由于业主原因造成的，但窝工工人已安排从事其他作业，所以只考虑降效损失，题目已经给出人工索赔按12元/工日计取。

$$40×12×15＝7200（元）$$

b. 砌砖：此事件是由于业主原因造成的，但窝工工人已安排从事其他作业，所以只考虑降效损失，题目已经给出人工索赔按12元/工日计取。

$$36×12×3＝1296（元）$$

c. 抹灰：此事件是承包商自身原因造成的，所以不给予任何补偿。

2）机械费用：按照惯例，闲置机械只计取折旧费用。

a. 塔式起重机1台：700×15×65％＝6825（元）；

b. 混凝土搅拌机1台：80×15×65％＝780（元）；

c. 砂浆搅拌机1台：40×（3＋4）×65％＝182（元）。

3）保函费延期补偿：（2000×10％×6‰/365）×15＝493.15（元）。

4）管理费与利润不计取。

费用索赔总计：7200＋1296＋6825＋780＋182＋493.15＝16 776.15（元）。

【案例6-12】

1. 背景

某工程建设项目，建设单位与施工单位签订了施工合同，合同中规定如因建设单位原因造成窝工，则人工窝工费和机械的停工费可按工日费和台班费的60％结算支付。同时，建设单位与监理单位的监理合同中规定监理工程师可直接签证、批准 6 天以内的工期延期和 6000 元人民币以内的单项费用索赔。工程网络计划中关键线路为 A—E—H—I—J。在计划实施过程中，发生的事件及延误的时间见表 6-4（同一工作由不同原因引起的停工时间都不同时发生，并且非关键线路上的工作工期延误不影响总工期）。

表 6-4 各工序延误时间表

施工中发生的事件	关键线路工作延误时间					非关键线路工作延误时间	
	A	E	H	I	J	F	G
建设单位不能及时供应材料		3	3				2
机械发生故障检修		2					2
建设单位要求设计变更						3	
公网停电				1			1

上述事件发生后，施工单位及时向监理工程师提交了一份索赔申请报告，并附有有关资料、证据。其计算书如下：

（1）工期索赔＝3＋2＋3＋1＋3＋1＋2＋2＝17（天），即要求工期顺延 17 天。

（2）费用索赔＝机械设备窝工费和人工窝工费计算见表 6-5。

表 6-5 机械设备窝工费和人工窝工费计算表

费用索赔	关键线路工作费用索赔(元)					非关键线路工作费用索赔(元)		合计(元)
	A	E	H	I	J	F	G	
机械设备窝工费		起重机(3+2)台班×260元/台班=1300	搅拌机 3 台班×80元/台班=240			搅拌机(3+1)台班×80元/台班=320	小型机械(2+2)台班×60元/台班=240	2100
人工窝工费		(3+2)天×30人×30元/工日=4500	3 天×40人×30元/工日=3600	1 天×20人×30元/工日=600		(3+1)天×35人×30元/工日=4200	(2+2)天×15人×30元/工日=1800	14700

间接费增加＝(2100＋14 700)×16％＝2688(元)

利润损失＝(2100＋14 700＋2688)×5％＝974.4(元)

总计费用索赔额＝2100＋14 700＋2688＋974.4＝20 462.4(元)

2．问题

（1）施工单位索赔申请书提出的工序顺延时间、停工人数、机械台班数和单价的数据等，经审查后均属实。监理工程师对所附各项工期索赔、费用索赔的要求如何确定认可？为什么？

（2）监理工程师对认可的工期索赔和费用索赔如何处理？为什么？

（3）索赔事件发生后，施工单位应如何向建设单位进行索赔？

3．参考答案

（1）关于工期索赔和费用索赔：

1）工期索赔：

a. 因建设单位原因：E 工作补偿 3 天，H 工作补偿 3 天，G 工作补偿 2 天。

b. 因建设单位要求变更设计：F 工作补偿 3 天。

c. 因公网停电：I 工作补偿 1 天，F 工作补偿 1 天。

工期索赔：非施工单位原因造成的，并位于关键线路上的工序工期延误，应给予补偿。所以，应补偿的工期＝3＋3＋1＝7 天（E、H、I 工作补偿），监理工程师认可顺延工期 7 天。

2）费用索赔：非施工单位原因造成的费用损失，应给予补偿。

a. 机械闲置费＝[3×260＋3×80＋2×60＋(3＋1)×80]×60％＝876(元)（E、H、G、F 工作补偿）。

b. 人工窝工费＝[3×30＋3×40＋2×15＋(3＋1)×35＋1×20]×30×60％＝7200(元)（E、H、G、F、I 工作补偿）。

c. 管理费与利润不计取。

费用索赔合计＝876＋7200＝8076（元）。

（2）因经济补偿金额超过监理工程师 6000 元的批准权限，以及工期顺延天数超过监理工程师 6 天的批准权限，故监理工程师审核签证经济索赔金额及工期顺延证书均应报建设单位审查批准。

（3）施工单位应按下列程序进行索赔：

1）索赔事件发生后 28 天内，向工程师发出索赔意向通知。

2）发出索赔意向通知后的 28 天内，向工程师提出补偿经济损失和（或）延长工期的索赔报告及有关资料。

3）工程师在收到承包人送交的索赔报告和有关资料后，于 28 天内给予答复，或要求承包人进一步补充索赔理由和证据。

4）工程师在收到承包人送交的索赔报告和有关资料后 28 天内未给予答复或未对承包人作进一步要求，视为该项索赔已经认可。

5）当该索赔实践持续进行时，承包人应当阶段性地向工程师发出索赔意向，在索赔事件终了后 28 天内，向工程师提供索赔的有关资料和最终索赔报告。

【案例 6－13】

1. 背景

某建设单位和施工单位按照《陕西省建设工程施工合同》文本签订了施工合同，施工过程中发生如下事件：

（1）建设单位提供了工程量清单，但施工单位在投标报价时，对清单中的一项工程量清单未填报综合单价和计取合价，并且最终中标。该中标的施工单位在结算时，要求建设单位追加漏报的清单综合单价与合价，建设单位拒绝了施工单位的要求。

（2）招标人提供的某工程外墙面砖的工程量清单，其工程数量为 4398.63m²，结算时施工单位发现招标人的工程量清单的数量计算存在偏差，正确的数据应该是 4959.67m²。

2. 问题

（1）事件 1 中，你作为第三方将如何评价？

（2）事件 2 中，投标单位应如何处理？为什么？

3. 参考答案

（1）建设单位应该拒绝施工单位的要求。2009 年《陕西省建设工程工程量清单计价规则》中 5.2.5 条明确规定：工程量清单与计价表中列明的所有需要填写的单价和合价，投标人均应填写，未填写的单价和合价，视为此项费用已包含在工程量清单的其他单价和合价中。

（2）投标单位应要求建设单位在结算时按照新核准的工程量 4959.67m² 重新计价。2009 年《陕西省建设工程工程量清单计价规则》中 4.5.3 条明确规定：工程计量时，若发现工程量清单中出现漏项、工程量计算偏差，以及工程变更引起的工程量的增减，应按承包人在履行合同义务过程中实际完成的工程量计算。

【案例 6 - 14】

1. 背景

某工程通过招标确定某投标人为该工程的中标人，投标文件中的工期为 550 天，双方按建筑工程施工合同示范文本签订了施工合同，合同中有以下约定：①工程工期为 470 天；②按施工进度支付工程款。在施工过程中，发包人未在合同约定时间内支付工程进度款，承包人自发包人应付款之日的次日起停工，停工达 20 日，并要求 4 万元的违约赔偿金。

2. 问题

（1）双方在合同中的上述约定是否适当？

（2）承包人停工并提出违约赔偿金是否合适？如不合适，按现行规定应如何处理？

3. 参考答案

（1）合同中约定合同工期为 470 天不正确。2009 年《陕西省建设工程工程量清单计价规则》中 4.4.2 条明确规定：实行招标的工程，合同约定不得违背招、投标文件中关于工期、造价、质量等方面的实质性内容。招标文件与中标人投标文件不一致的地方，以投标文件为准。

（2）承包人的行为不合适。发包人未在合同约定时间内支付工程进度款，承包人应及时向发包人发出要求付款的通知。若发包人仍不按要求付款，双方可协商签订延期付款协议，经承包人同意后可延期支付。协商应明确延期支付的时间和从计量结果确认后第 15 天起计算应付款的贷款利息。若双方未达成延期付款协议，导致施工无法进行，承包人可停止施工，由发包人承担违约责任。

6.5 工程价款调整

6.5.1 工程价款调整相关规定

1. 基准日

招标工程以投标截止日前 28 天，非招标工程以合同签订前 28 天为基准日，其后国家的法律、法规、规章和政策发生变化影响工程造价的，应按省建设主管部门或其授权的省工程造价管理机构发布的规定调整合同价款。

2. 分部分项工程费用的调整

（1）工程量按实计算，若施工中出现施工图纸与工程量清单项目特征描述不符的，由承包人按新的项目特征提出综合单价，发包人确认。

（2）因分部分项工程量清单漏项或非承包人原因的工程变更，造成增加新的工程量清单项目，其对应的综合单价按下列方法确定：

1）合同中已有适用的综合单价，按合同中已有的综合单价确定。

2）合同中有类似的综合单价，参照类似的综合单价确定。

3）合同中没有适用或类似的综合单价，由承包人提出综合单价，发包人确认。

（3）因非承包人原因引起的工程量增减，发、承包双方应在合同中约定调整综合单价的工程量增减幅度。在合同约定幅度以内的，应执行原有的综合单价；在合同约定幅度以外的，其增加部分的工程量或减少后剩余部分的工程量的综合单价由承包人提出，发包人确认。

3．措施项目费用的调整

投标人中标的措施项目费应为合同价款的组成部分，一般不作调整，但出现下列情况时可作调整：

（1）发包人更改已审定的施工方案（修正错误除外），引起措施项目费用增加时予以增加，减少时不予减少。

（2）由于工程量变化引起措施项目费用增加时予以增加，减少时予以减少。

上述两类情况发生时，承包人原中标价以综合单价计算的措施项目，合同中已有适用的综合单价，按合同中已有的综合单价确定；合同中有类似的综合单价，参照类似的综合单价确定；合同中没有适用或类似的综合单价，由承包人提出综合单价，发包人确认。承包人原中标价以系数计算的措施项目，按原中标系数计算。

也就是说，措施项目费用一般不作调整，不能把招投标的竞争成果给以否定；非承包人的原因只增加不减少；调整方法为中标综合单价、中标系数计算。

承包人中标的措施项目费为合同价款的组成部分，一般不作调整。

4．其他项目费的调整

暂估价的调整（结算时）：专业工程暂估价应按中标价或发包人、承包人与专业分包人依据有关计价规定最终确认的价格计算；材料、设备暂估价同样按招标时给定的暂估价和实际确认价格计算差额，数量按工程量清单给定的工程量（若未发生变化）或实际工程量计算，按合同约定计取安全文明施工费、规费和税金。暂估价部分费用的调整，通常会引起总承包服务费的计算基础发生改变，如合同约定计算发生改变时可以调整总承包服务费的应进行调整。

5．规费和税金的调整

分部分项工程项目的数量发生变化，导致分部分项工程项目费和措施项目费发生变化，从而引起规费和税金项目计算基础发生变化。因此，在签订合同时约定规费和税金应作相应调整。

6．材料价格变化的调整（主要指施工中、结算时）

施工期内材料、设备市场价格波动超出合同约定幅度时，其超出部分应按差价调整工程价款；合同没有约定或约定不明确的，其合同约定价与实际价格之间的全部差价由发包人承担。

7．关于调整工程价款的规定

（1）因不可抗力事件导致的费用，发、承包双方应按以下原则分别承担并调整工程价款：

1）工程本身的损害、因工程损害导致第三方人员伤亡和财产损失，以及运至施工场地用于施工的材料和待安装的设备的损害，由发包人承担。

2）发包人、承包人人员伤亡由其所在单位负责，并承担相应费用。

3）承包人的施工机械设备损坏及停工损失，由承包人承担。

4）停工期间，承包人应发包人的要求留在施工场地的必要的管理人员及保卫人员的费用，由发包人承担。

5）工程所需清理、修复费用，由发包人承担。

（2）工程价款调整报告应由受益方在合同约定时间内向合同的另一方提出，经对方确认后调整合同价款。受益方未在合同约定时间内提出工程价款调整报告的，视为不涉及合同价款的调整。收到工程价款调整报告的一方应在合同约定时间内确认或提出协商意见，否则视为工程价款调整报告已经确认。

（3）经发、承包双方确定调整的工程价款，作为追加（减）合同价款与工程进度款同期支付。

6.5.2 典型案例分析

【案例 6-15】

1. 背景

某地建筑公司承建一教学楼，工程合同价款为 600 万元，2003 年 3 月签订合同并开工，2004 年 11 月竣工完成。已知该地区 2003 年 3 月的造价指数为 100.02，2004 年 11 月的造价指数为 100.14。

2. 问题

运用工程造价指数调整法求该工程调整价差。

3. 参考答案

完工时调整价＝600×100.14/100.02＝600.72（万元）

工程调整价差＝600.72－600＝0.72（万元）

【案例 6-16】

1. 背景

某地一建筑工程，合同价为 200 万元，2000 年 1 月签订合同并开工，工程于 2001 年 12 月完成。合同规定各分部占成本比重为：不调部分 20％、人工费 25％、钢材 15％、水泥 15％、标准砖 10％、砂 5％、石子 5％、木材 5％；2000 年 1 月的造价指数为：人工费 100.1、钢材 100.6、水泥 101.8、标准砖 100.2、砂 96.8、石子 94.5、木材 98.8；2001 年 12 月的造价指数为：人工费 107.2、钢材 99.2、水泥 104.1、标准砖 101.1、砂 95.2、石子 93.8、木材 105.8。

2. 问题

试用调值公式法计算工程实际结算价款。

3. 参考答案

实际结算价款＝200×（20％＋25％×107.2/100.1＋15％×99.2/100.6＋15％
　　　　　　　×104.1/101.8＋10％×101.1/100.2＋5％×95.2/96.8＋5％
　　　　　　　×93.8/94.5＋5％×105.8/98.8）＝204.46（万元）

【案例 6 - 17】

1. 背景

某建设单位和施工单位按照《陕西省建设工程施工合同》签订了施工合同，施工过程中发生如下事件：某工程人工挖土方，工程量共 1500m³。由于造价员输入错误，招标人在工程量一栏将工程量写成 15 000m³。

2. 问题

此时投标单位如何报价？理由是什么？

3. 参考答案

投标单位应按工程量清单中的 15 000m³ 报价，根据 2009 年《陕西省建设工程量清单计价规则》规定：“因非承包人原因引起的工程量增减，发、承包双方应在合同中约定调整综合单价的工程量增减幅度。在合同约定幅度以内的，应执行原有的综合单价；在合同约定幅度以外的，其综合单价由承包人提出、发包人确认。”题中的情况显然会超过合同约定范围，因此，对于工程量计算错误的分项工程，应按建设方提供的工程量进行报价，结算时再重新调整综合单价。此时，投标单位可以采用不平衡报价法，将报价合理报低，同时将工程量清单中列出的其他项，特别是清单量可能比实际工程量小的项报价合理提高，这样有利于中标和后期结算。

【案例 6 - 18】

1. 背景

某施工单位于 2009 年 5 月参加某办公楼工程的投标，中标后于 2009 年 6 月开始施工。该工程采用以工程量清单为基础的固定单价合同。合同约定了工程价款的调整因素和调整方法：

（1）分部分项工程量清单：设计变更、施工洽商部分据实调整。由于工程量清单的工程数量与施工图纸之间存在差异，幅度在±3% 以内的，不予调整；超出±3% 的部分，据实调整。

（2）措施项目清单：投标报价中的措施费，包干使用，不得调整。

（3）综合单价的调整：出现新增、错项、漏项的项目或原有清单工程量变化超过±10% 的，调整综合单价。综合单价的调整方法为：

1）由于工程量清单错项、漏项或设计变更、施工洽商引起新的工程量清单项目，其相应综合单价由承包人根据当期市场价格水平提出，经发包人确认后作为结算的依据。

2）由于工程量清单的工程数量有误或设计变更、施工洽商引起工程量增减，幅度在 10% 以内的，执行原有综合单价；幅度在 10% 以外的，其增加部分的工程量或减少后剩余部分的工程量的综合单价由承包人根据当期市场价格水平提出，经发包人确认后，作为结算的依据。

施工过程中发生了以下事件：

① 工程量清单给出的基础垫层工程量为 160m³，而根据施工图纸计算的垫层工程量为 163m³。

② 工程量清单给出的挖基础土方工程量为 9500m³，而根据施工图纸计算的挖基础土方工程量为 1 万 m³。挖基础土方的综合单价为 42 元/m³。

③ 合同中约定的施工排水、降水费用为 12 万元，施工过程中考虑到该年份雨水较多，施工排水、降水费用增加到 13 万元。

④ 合同中约定的脚手架使用费为 24 万元，施工过程中由于脚手架的租赁费增加，实际

脚手架使用费为 26 万元。

⑤ 由施工单位负责采购的铝合金门窗，运达施工单位工地仓库，并经入库验收。施工过程中，进行质量检验时，发现有 6 个铝合金门窗框有较大变形，甲方代表即下令施工单位拆除，经检查原因属于使用材料不符合要求。由此发生误工损失及材料损失 9000 元，工期延长 2 天。

⑥ 施工过程中，由于预拌混凝土出现质量问题，导致部分板的承载能力不足，经设计和业主同意，对板进行了加固，设计单位进行了计算并提出加固方案。由于此项设计变更，造成费用增加 6000 元。

⑦ 施工单位应业主要求加快施工进度，擅自改变施工方案，造成部分地面瓷砖空鼓，由于返工增加费用 1 万元。施工单位提出该质量问题是由于业主要求加快进度造成的，要求业主调整该分项工程费用。

⑧ 因业主改变部分房间用途，提出设计变更，防静电活动地面由原来的 500m² 增加到 600m²，合同确定的综合单价为 430 元/m²，施工时市场价格水平发生变化，施工单位根据当时市场价格水平，确定综合单价为 440 元/m²，经业主和监理工程师审核并批准。

⑨ 施工单位为加快施工进度，擅自将原设计的部分灰土垫层改为 C15 素混凝土，增加费用 3300 元。

⑩ 施工期间因台风迫使工程停工 6 天，并造成施工现场存放的工程材料损失 1 万元；台风造成施工单位的施工机械损坏，修复费用 3000 元。

2. 问题

(1) 该工程采用的是固定单价合同，合同中又约定了综合单价的调整方法，该约定是否妥当？为什么？

(2) 该项目施工过程中所发生的以上事件是否可以进行相应合同价款的调整？如可以调整，应如何调整？

3. 参考答案

(1) 该约定妥当。固定价格合同是指双方在约定的风险范围内合同价款不再调整，风险范围以外的合同价款调整方法在专用条款内约定。本案例综合单价在风险范围内不再调整，专用条款约定的调整范围，是指风险范围以外的合同价款调整。

(2) 该项目中所发生的事件，应按如下方法处理：

1) 事件①不可调整。工程量清单的基础垫层工程量与按施工图纸计算工程量的差异幅度为 (163−160)÷160＝1.88%＜3%。根据合同条款，工程量清单的工程数量与施工图纸之间存在差异，幅度在 ±3% 以内的不予调整。因此不予调整。

2) 事件②可调整。工程量清单的挖基础土方工程量与按施工图纸计算工程量的差异幅度为 (10 000−9500)÷9500＝5.26%＞3%。该工程量差异幅度已经超过 3%，依据合同条款，可以对超出 3% 的部分进行调整，即可以调整的挖基础土方工程量为 10 000−9500×(1+3%)＝215(m³)。由于工程量差异幅度为 5.26%，未超过合同约定的 10%，因此按合同约定执行原有综合单价，应调整的价款为 42×215＝9030(元)。

3) 事件③④不可调整。施工排水、降水，脚手架使用费属于措施费，按合同约定不可调整。

4) 事件⑤⑥⑦不可调整。施工单位负责采购的铝合金门窗出现质量问题、预拌混凝土出现质量问题、地面瓷砖出现施工质量问题都属于承包商的问题。施工单位应对自己购买的材料质量和相应的施工质量负责；因承包人自身原因导致的工程变更，承包人无权要求追加合同价款。

5) 事件⑧可调整。因为该事件是由于设计变更引起的工程量增加。合同约定由于设计变更、施工洽商部分引起工程量增减据实调整。工程量增加的幅度为（600－500）÷500＝20％。增加幅度已超过10％，按合同可以进行综合单价调整。根据合同约定，幅度在10％以外的，增加部分的工程量的综合单价由承包人根据市场价格水平提出，并经发包人确认。应结算的价款为

可以调整的工程量＝600－500×（1＋3％）＝85（m²）

按原综合单价计算的工程量＝500×（1＋10％）＝550（m²）

按新的综合单价计算的工程量＝500＋85－550＝35（m²）

调整后的价款＝430×550＋440×35＝251 900（元）

6) 事件⑨不可调整。施工单位不可擅自进行工程变更，由此造成的费用应由施工单位承担。

7) 事件⑩是由于不可抗力导致的费用，施工的材料损失，应由发包人承担；施工单位机械设备损坏的损失，应由施工单位承担。

【案例 6－19】

1. 背景

某工程位于西安市区，采用招标方式，经对各投标人投标文件评审，确定某建筑公司为中标人，并与发包人在法定时间内签订了工程施工合同，合同部分条款如下：

（1）合同形式：合同采用可调单价合同。调整方法：①当承包人在履行合同义务工程中实际完成的工程量与清单工程量相比较，增减幅度在10％（含10％）时，执行原合同单价；②当承包人在履行合同义务过程中实际完成的工程量与清单工程量相比较，增加幅度在10％以上时，其增加超过10％以上的部分综合单价按原合同单价的1.05倍执行；③当承包人在履行合同义务过程中实际完成的工程量与清单工程量比较，减少幅度大于10％时，其减少超过10％以上的部分综合单价按原合同单价的0.95倍执行。

（2）工程价款调整：①合同约定一定范围内风险为市场价格波动引起的材料计价的浮动，其范围包括钢材、水泥、商混，幅度为5％；②措施项目费包干使用，不予调整（安全文明施工费除外）。

2. 问题

（1）承包人分部分项工程量清单计价表（部分）见表6－6，经监理工程师与承包人计量并确认，挖基础土方工程量为12 800m³，满堂基础工程量为600m³，是分别确定各项目的分部分项工程费。

表 6－6   **某分部分项工程量清单计价表**

序号	项目编码	项目名称	计量单位	工程数量	综合单价（元）	合价（元）
1	010101003001	挖基础土方：Ⅰ、Ⅱ类土；筏板基础；垫层面积1500m²；挖深6.5m；运距15km	m³	9800.00	42.00	411 600
2	010401003001	满堂基础：有梁式筏板，梁高600mm；C25商品混凝土	m³	750.00	450.00	337 500

（2）建筑公司投标文件中关于价格的情况如下：分部分项工程费 500.00 万元，措施项目费 75.00 万元（不包含安全文明施工措施费），其他项目费 50.00 万元，其中暂列金额 20.00 万元，专业工程暂估价 27.00 万元，总承包管理费 1.00 万元，计日工 2.00 万元，管理费费率 4%，利润率 3%。现工程已竣工，试确定该工程竣工结算总造价。条件如下：

1）施工过程中因工程量变动引起的分部分项工程费增加 25.00 万元，模板费用增加 5.00 万元，计日工实际签证 4.00 万元。

2）材料价格及双方确认数量情况见表 6-7。

表 6-7　　　　　　　　　　　　材料价格及双方确认数量情况

序号	名称	规格	单位	数量	单价（元）			备注
					报价	基期信息价	结算期信息价	
1	钢材	混型	t	150	3500	3800	4200	
2	商混	C25	m³	300	380	350	310	
3	水泥	32.5 号	t	100	320	310	315	
4	地砖	300mm×300mm	m²	120	35	40	45	

3）专业工程价款由总承包人按投标时价款支付给专业公司，养老保险实行统筹。

3. 参考答案

（1）挖基础土方项目工程费＝（9800＋9800×10%）×42＋（12 800－9800－9800×10%）

$$×42×1.05＝541\ 842.00（元）$$

满堂基础项目工程费＝750×450－750×10%×450－［（750－600）－750×10%］

$$×450×0.95＝271\ 687.50（元）$$

或

满堂基础项目工程费＝（750－750×10%）×450－［（750－600）－750×10%］

$$×450×0.95＝271\ 687.50（元）$$

（2）市场价格波动引起钢材升价的浮动范围＝（4200－3800）/3800＝10.53%＞5%，所以钢材差价＝150×3500×（10.53%－5%）＝2.90（万元）

市场价格波动引起商混降价的范围＝（350－310）/350＝11.43%＞5%，所以

$$商混差价＝300×380×（5%－11.43%）＝－0.73（万元）$$

市场价格波动引起水泥升价的范围＝（315－310）/310＝1.61%＜5%，所以水泥差价不计算。

市场价格波动引起水泥升价的范围＝（45－40）/40＝12.5%＞5%，所以

水泥差价＝120×35×（12.5%－5%）＝0.03（万元）

分部分项工程费＝500＋25＋2.90－0.73＋0.03＝527.20（万元）

措施项目费（不含安全文明施工措施费）＝75（万元）

其他项目费＝50－20＋4－2＝32（万元）

安全文明施工措施费＝（527.20＋75＋32）×3.8%＝24.10（万元）

规费＝（527.20＋75＋32＋24.10）×4.67%＝30.74（万元）

含税工程造价＝（527.20＋75＋32＋24.10＋30.74）×（1＋3.41%）＝712.54（万元）

扣除劳保基金后含税造价＝712.54－（527.20＋75＋32＋24.10）×3.55%＝689.17（万元）

因此，该工程竣工结算总造价为 689.17 万元。

【案例 6-20】

1. 背景

某工程承包合同价款为 2000 万元，合同价调整额为 100 万元，主要材料及构配件费用占工程造价的 50%，合同约定的预付备料款额度为 20%。

2. 问题

该工程合同约定预付备料款为多少？预付备料款起扣点为多少？

3. 参考答案

$$预付备料款＝2000×20\%＝400（万元）$$
$$预付备料款起扣点＝2000-400/50\%＝1200（万元）$$

6.6 竣 工 结 算

6.6.1 竣工结算的编制

一、竣工结算编制依据

(1) 建设工程工程量清单计价规范。

(2) 施工合同。

(3) 工程竣工图纸及资料。

(4) 双方确认的工程量。

(5) 双方确认追加（减）的工程价款。

(6) 双方确认的索赔、现场签证事项及价款。

(7) 投标文件。

(8) 招标文件。

(9) 其他依据。

二、竣工结算编制内容

1. 分部分项工程费用

分部分项工程费用应依据双方确认的工程量、合同约定的综合单价和按规定应计列的差价计算，如综合单价发生调整的，以发、承包双方确认调整的综合单价计算。发包人提供了暂估单价的材料、设备，若依法必须招标的，由发包人和承包人共同通过招标确定其单价；若不属于依法必须招标的，由发包人和承包人协商确定其单价。发包人和承包人通过招标或协商确定的材料、设备单价与暂估单价的差额以差价方式调整总价，即

分部分项工程费用＝∑双方确认的工程量×合同约定的综合单价

（或确认调整的综合单价）＋按规定应计列的差价   (6-18)

其中，按规定应计列的差价为

材料差价＝[双方确认的材料单价－合同材料单价×（1＋约定的幅度）]

×材料的数量（工程量×定额消耗量）   (6-19)

如合同无约定的幅度时，约定的幅度不计算。

暂估价材料差价＝（招标或双方协商确认的材料单价－暂估材料单价）

×材料的数量（工程量×定额消耗量）   (6-20)

人工费差价＝应调差价的人工费/合同约定的人工单价×政策性规定的人工单价　　(6-21)

2. 措施项目费用

措施项目费用应依据合同约定的项目和金额计算；如发生调整的，以发、承包双方确认调整的金额计算，其中安全文明施工费为不可竞争费用。调整方法：中标综合单价、中标系数（费率）计算。增加的差价不参与调整措施项目费用（因为《陕西省计价费率》中，措施费计算基础为"分部分项工程费减按规定应计列的差价"）。

3. 其他项目费用

（1）计日工应按发包人实际签证确认的事项和金额计算。

（2）暂估价中的材料单价应按发、承包双方最终确认价在综合单价中调整；发包人提供暂估价的专业工程结算，按发包人、承包人与专业分包人依据有关计价规定最终确认的价格计算。

（3）总承包服务费应依据合同约定金额计算，如发生调整的，以发、承包双方确认调整的金额计算。

（4）索赔费用应依据发、承包双方确认的索赔事项和金额计算。

（5）现场签证费用应依据发、承包双方签证资料确认的金额计算。

（6）暂列金额应减去工程价款调整与索赔、现场签证金额计算，如有余额，归发包人。

4. 规费和税金

规费和税金为不可竞争费，应按国家、省政府和省级有关主管部门的规定计算。

三、竣工结算的基本程序

竣工结算的基本程序如图6-2所示。

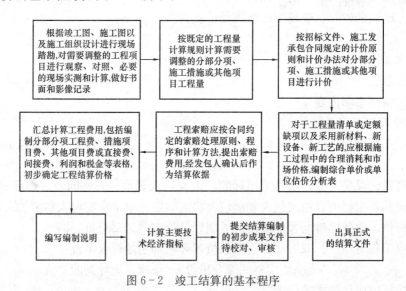

图6-2　竣工结算的基本程序

四、竣工结算的核定与价款支付

（1）发包人或受其委托的工程造价咨询人收到承包人递交的竣工结算书后，在合同约定时间内，不核对竣工结算或未提出核对意见的，视为承包人递交的竣工结算书已经认可，发包人应向承包人支付工程结算价款。承包人在接到发包人提出的核对意见后，在合同约定时间内，不确认也未提出异议的，视为发包人提出的核对意见已经认可，竣工结算办理完毕。

（2）发包人应对承包人递交的竣工结算书予以签收，拒不签收的，承包人可以不交付竣工工程。承包人未在合同约定时间内递交竣工结算书的，发包人要求交付竣工工程，承包人应当交付。

（3）竣工结算办理完毕，发包人应将竣工结算书报送工程所在地工程造价管理机构备案。经备案的竣工结算书作为工程竣工验收备案的必备文件。

（4）竣工结算办理完毕，发包人应根据确认的竣工结算书在合同约定时间内向承包人支付工程竣工结算价款。

（5）发包人支付工程竣工结算价款，应按合同约定预留质量保证（保修）金，并应在质量保证期结束后向承包人返还剩余的金额，不得超出合同约定的数额预留质量保证（保修）金，不得超出合同约定的时间扣留剩余的金额。

（6）发包人未在合同约定时间内向承包人支付工程结算价款的，承包人可催告发包人支付结算价款。如达成延期支付协议的，发包人应按约定支付拖欠工程价款的利息。如未达成延期支付协议，承包人可以与发包人协商将该工程折价，或申请人民法院将该工程依法拍卖，承包人享有就该工程折价或者拍卖的价款优先受偿的权利。

五、结算造价计算程序

分部分项工程费用＝∑双方确认的工程量×合同约定的综合单价（或确认调整的综合单价）

$$＋按规定应计列的差价 \qquad (6-22)$$

措施项目费用＝安全文明施工措施费＋其他措施项目费用

$$＋按规定应计列的差价 \qquad (6-23)$$

其他项目费用＝业主给定的费用＋计日工费用＋总包服务费

$$＋按规定应计列的差价 \qquad (6-24)$$

规费＝（分部分项工程费用＋措施项目费用＋其他项目费用）×费率（合计费率）(6-25)

税金＝（分部分项工程费用＋措施项目费用＋其他项目费用＋规费）×税率 $\qquad$ (6-26)

结算造价＝五个清单费用之和 $\qquad$ (6-27)

6.6.2　典型案例分析

【案例 6-21】

1. 背景

某建设单位（甲方）与某施工单位（乙方）签订了合同价款为 1000 万元的建设工程施工合同，合同工期为 7 个月，2009 年 4 月开始施工。工程结算数据见表 6-8。

表6-8	工 程 结 算 数 据 表		万元
月份	4～8	9	10
实际完成建安工作量	700	165	150
施工单位索赔价款			15

合同规定：

（1）建设单位在不迟于开工前 7 天向施工单位支付合同总价 15％的工程预付款。

（2）当工程款（含预付款）付至合同价款 35％的下一个月起，至 8 月均匀扣回。

（3）当工程款（含预付款）支付至合同总价的 80％时暂停支付，余款竣工时进行结算。

（4）工程质量保证金为工程结算总价款的 3％，竣工结算时一次扣留。

（5）工程款支付方式为按月结算。

截至 8 月，累计支付工程款 700 万元，工程预付款已经全部扣回。9 月业主提出并经设计单位同意，进行了一项设计变更，使合同价款增加了 15 万元，实际完成建安工作量因此增加到 165 万元，但不影响工期。10 月由于业主原因造成施工单位费用增加，施工单位提出索赔要求，经业主签认的给予施工单位的补偿价款为 15 万元，该项索赔不影响工期。

2. 问题

（1）按照《建设工程价款结算暂行办法》，工程价款的结算方式有哪些？

（2）工程竣工结算方式分为哪几种？

（3）计算 9 月业主应支付的工程款、累计支付的工程款。

（4）该工程 10 月底竣工并验收合格，竣工合格后即办理了工程竣工结算。计算该工程的竣工结算工程造价、工程质量保证金数额、竣工结算时业主应付的工程款。

3. 参考答案

（1）工程价款的结算方式有：按月结算与支付、分段结算与支付、竣工后一次结算、其他方式支付。

（2）工程竣工结算分为单位工程竣工结算、单项工程竣工结算和建设项目竣工总结算。

（3）9 月业主应支付的工程款：截至 8 月累计支付工程款 700 万元，本月实际完成建安工作量 165 万元。累计工程款（含预付款）达到 700＋165＝865（万元），已经超过 800 万元〔合同约定，当工程款支付至合同总价的 80％时暂停支付，即支付至 1000×80％＝800（万元）时暂停支付〕。因此，本月实际应支付工程款为 100 万元，累计支付的工程款＝700＋100＝800（万元）。

（4）竣工结算工程造价＝1000＋15＋15＝1030（万元）

工程质量保证金＝1030×3‰＝30.9（万元）

10 月完成建安工作量为 150 万元，索赔金额 15 万元

上月尚未支付的工程款＝865－800＝65（万元）

竣工结算时业主应付工程款＝150＋15＋65－30.9＝199.1（万元）

【案例 6－22】

1. 背景

某发包人与某承包人签订了一份合同价款为 1000 万元的建设工程施工合同，合同工期 7 个月，2009 年 4 月开始施工。6 月，发包人提出并经设计单位同意的设计变更使合同价款增加了 15 万元，但不影响总工期。8 月，发包人要求承包人完成合同外零星项目，费用为 3 万元，不影响总工期，承包人根据口头通知完成了此项施工，未提出书面施工签证，发包人亦未进行书面签证。9 月，由于当事人更换，发包人以无书面签证理由不予确认。

2. 问题

该工程结算总造价为多少？为什么？

3. 参考答案

竣工结算工程总造价＝1000＋15＝1015（万元）

发包人要求承包人完成合同外零星项目，承包人应在约定的时间内就用工数量和单价、机械台班数量和单价、使用材料和金额等向发包人提出施工签证，发包人签证后施工，如发包人未签证，承包人施工后发生争议的，责任由承包人自负。所以，承包人提出的 3 万元索

赔不成立。

【案例 6 - 23】

1. 背景

某房地产开发公司拟开发某一办公楼，设计工作已完成，经过招标，某施工单位中标。双方于 2009 年 5 月 12 日签订了成本加酬金施工合同，6 月 1 日开工，合同工期 14 个月。合同中对于预付款、进度款的支付，工程变更，工程计量，合同价款的调整等都作了规定。

2. 问题

(1) 该工程项目采用成本加酬金施工合同是否妥当？为什么？

(2) 按《施工合同（示范文本）》规定，工程预付款的预付时间应不迟于约定的开工日期前（　　）天。

A. 7　　　　　　　　B. 10　　　　　　　　C. 14　　　　　　　　D. 28

3. 参考答案

(1) 该工程项目采用成本加酬金施工合同不妥当。因为成本加酬金合同，是指业主向承包单位支付建设工程的实际成本，并按事先约定的方式支付酬金的合同类型。它主要适用于需要立即开展工作的项目、新型的工程项目，或对项目工程内容及技术经济指标未确定的、风险很大的项目。此外，业主需承担项目实际发生的一切费用，即承担项目全部风险。

该工程中，设计工作已完成，承包单位可以据此准确地计算工程量，因此，业主不宜采用成本加酬金合同，可采用固定总价合同。

(2) 答案 A。

【案例 6 - 24】

1. 背景

某建设单位与某施工单位签订了建筑安装工程施工合同，2010 年 6 月 1 日开始施工，合同采用固定单价的方式，其中甲、乙两个分项工程清单工程量分别为 2600m³ 和 3600m³。投标文件中甲分项工程的综合单价为 330 元/m³，乙分项工程的综合单价为 300 元/m³，现场管理费率为 8%，企业管理费率为 6%，利润率为 4%。合同约定：若累计实际工程量比计划工程量增加超过 10%，超出部分不计企业管理费和利润；若累计实际工程量比计划工程量减少超过 10%，其综合单价调整系数为 1.1；其余分项工程按中标价结算。该承包商各月完成的且经监理工程师确认的各分项工程工程量见表 6 - 9。

表 6 - 9　　　　　　　　甲、乙分项工程工程量表　　　　　　　　m³

月份	6	7	8	9
甲分项工程	600	800	900	500
乙分项工程	900	800	700	700

2. 问题

(1) 该施工单位报价中的综合费率为多少？

(2) 甲、乙分项工程结算工程款分别为多少？

3. 参考答案

(1) 该施工单位报价中的综合费率为

现场管理费率＝8%

企业管理费率＝(1＋8％)×6％＝6.48％

利润率＝(1＋8％＋6.48％)×4％＝4.58％

综合费率＝8％＋6.48％＋4.58％＝19.06％

（2）甲分项工程结算工程款为

甲分项工程实际完成工程量合计＝600＋800＋900＋700＝3000（m²）

(3000－2600)/2600＝15.38％＞10％，甲分项工程实际完成工程量超过计划完成量的10％，所以，根据施工合同规定，应调整甲分项超出部分工程综合单价。

甲分项工程需调整单价的工程量＝3000－2600×(1＋10％)＝140（m²）

甲分项工程超出部分工程综合单价调整系数＝1/(1.06×1.04)＝0.907

甲分项工程实际结算工程款＝2600×(1＋10％)×330＋140×330×0.907＝985 703.4（元）

乙分项工程结算工程款为

乙分项工程实际完成工程量合计＝900＋800＋700＋600＝3000（m²）

(3600－3000)/3600＝16.67％＞10％，乙分项工程实际完成工程量小于计划完成量的90％［3600×90％＝3240（m³）］，所以，应调整乙分项工程综合单价。

乙分项工程结算工程款＝3000×300×1.1＝990 000（元）

【案例 6-25】

1. 背景

某开发商通过公开招标与某施工单位签订了施工总承包合同，承包范围为土建工程和安装工程，合同总价为1450万元，工期为8个月。承包合同规定：

（1）主要材料及构件金额占工程价款的60％。

（2）预付备料款占工程价款的20％，工程预付款应从未施工工程尚需的主要材料及构配件的价值相当于预付备料款时起扣，每月以抵充工程款的方式陆续扣回。

（3）工程进度款逐月结算。

（4）工程保证金为承包合同总价的3％，在最后一个月扣除。在保证期满后，将保证金扣除已支出费用后的剩余部分退还给承包商。

（5）业主供料价款在发生当月的工程款中扣回。

（6）工程师签发月度付款最低金额为50万元。

由业主的工程师代表签认的承包商各月计划和实际完成的建安工程量，以及业主提供的材料、设备价值见表6-10。

表 6-10 　　　　　　　　　　　工 程 结 算 数 据 表　　　　　　　　　　　万元

月份	1～4	5	6	7	8
计划完成的建安工程量	600	240	260	200	150
实际完成的建安工程量	580	250	280	190	150
业主供料价款	30	20	25	30	—

2. 问题

（1）工程预付款起扣点为多少？

（2）工程师应签发的各月付款凭证金额为多少？累计支付工程款为多少？

（3）该工程在保证期间发生质量问题，甲方多次催促乙方修理，乙方一再拖延，随后甲方另请其他施工单位修理，修理费 3.3 万元，该项费用如何处理？

3. 参考答案

（1）预付备料款＝1450×20％＝290（万元）

预付备料款起扣点＝1450－290/60％或(1－20％/60％)×1450＝966.67(万元)

5 月累计完成 580＋250＝830（万元），6 月累计完成 580＋250＋280＝1110（万元）＞966.67(万元)，因此，应从 6 月开始扣回工程预付款。

（2）1～4 月工程师应签发付款凭证金额＝580－30＝550（万元），支付工程款 550 万元。

5 月工程师应签发付款凭证金额＝250－20＝230（万元），累计支付工程款为 780 万元。

6 月工程师应签发付款凭证金额＝280－(1110－966.667)×60％－25＝169（万元），累计支付工程款为 949 万元。

7 月工程师应签证的工程款＝190×(1－60％)－30＝46（万元），因本月应支付金额小于 50 万元，所以本月工程师不予签发付款凭证。

8 月工程师应签证的工程款＝150×(1－60％)－1450×3％＝16.5（万元），本月应签发付款凭证金额＝46＋16.5＝62.5（万元） ［其中 1450×3％＝43.5（万元）为工程质量保证金］。

（3）维修费用是由于乙方的施工质量原因造成的，因此应由乙方承担。3.3 万元维修费应从乙方（承包方）的保证金中扣除。

【案例 6－26】

1. 背景

某酒店大楼，通过公开招标，业主与承包商按《施工合同（示范文本）》签订了工程施工合同。工程 2009 年 4 月 1 日开工，工期为 10 个月。合同价为 1200 万元。合同中规定：

（1）主要材料及构配件金额占合同总额的 65％。

（2）开工前业主向施工单位支付合同价 15％的预付款。预付款在最后两个月平均扣除。

（3）工程质量保证金为承包合同总价的 5％，业主从每月承包商实际完成的工程款中按 5％的比例扣留。在保证期满后，保证金及保证金利息扣除已支出费用后的剩余部分退还给施工单位。

（4）若施工单位每月实际完成产值不足计划产值的 85％，业主可按实际完成产值的 10％的比例扣留工程进度款，在工程竣工结算时将扣留的工程进度款退还施工单位。

（5）材料价差调整按规定进行（材料价差上调 8％，在 1 月一次调增）。

（6）监理工程师签发的月度付款最低金额为 60 万元。

由业主的工程师代表签认的承包商各月计划和实际完成的建安工程量见表 6－11。

表 6－11　　　　　　　　　　　　工程结算数据表　　　　　　　　　　　　万元

月　　份	4～9	10	11	12	1
计划完成的建安工程量	500	200	220	180	100
实际完成的建安工程量	520	160	220	200	100

2. 问题

（1）工程预付款为多少？应扣留的工程质量保证金为多少？

（2）4～12 月工程师各月签证的工程款为多少？应签发的付款凭证金额为多少？

（3）该工程结算总造价为多少？建设单位应付工程结算尾款为多少？

3. 参考答案

（1）预付备料款 $1200×15\%=180$（万元），工程质量保证金 $=1200×5\%=60$（万元）。

（2）3～9 月应签证的工程款为：实际完成的建安工程量 520 万元，应签发付款凭证金额 $=520×(1-5\%)=494$（万元）。

10 月应签证的工程款为 160 万元。建安工程量实际值未达到计划值的 85%，应扣 10% 的工程款，应签发付款凭证金额 $=160×(1-5\%)-160×10\%=136$（万元）。

11 月应签证的工程款为 220 万元，应签发付款凭证金额 $=220×(1-5\%)=209$（万元）。

12 月应签证的工程款为 200 万元，本月应扣预付备料款 $=180/2=90$（万元），所以应签发付款凭证金额 $=200×(1-5\%)-90=100$（万元）。

（3）工程结算总造价 $=1200+1200×65\%×8\%=1262.4$（万元）。

1 月建设单位应付工程结算款 $=100×(1-5\%)-180/2+160×10\%+1200×65\%×8\% =83.4$（万元）。

【案例 6－27】

1. 背景

某年 4 月 A 单位拟建办公楼一栋，工程地址位于已建成的 X 小区附近。A 单位就勘察任务与 B 单位签订了工程合同，合同规定勘察费为 15 万元。该工程经过勘察、设计等阶段于 10 月 20 日开始施工，施工承包商为 D 建筑公司。

2. 问题

（1）该工程签订勘察合同几天后，委托方 A 单位通过其他渠道获得 X 小区业主 C 单位提供的 X 小区的勘察报告。A 单位认为可以借用该勘察报告，A 单位即通知 B 单位不再履行合同。上述事件中，哪些单位的做法是错误的？为什么？A 单位是否有权要求返还勘察定金？

（2）若 A 单位和 B 单位双方都按照勘察合同，并按 B 单位提供的勘察报告进行设计与施工。但在进行基础施工阶段，发现其中有部分地段地质情况与勘察报告不符，出现软弱地基，而在原报告中并未指出。此时 B 单位应承担什么责任？

（3）问题（2）中，施工单位 D 由于进行地基处理，施工费用增加 20 万元，工期延误20 天，对于这种情况，D 单位应怎样处理？A 单位应承担哪些责任？

3. 参考答案

（1）A 单位做法错误。A 单位已就勘察任务与 B 单位签订了工程合同，现 A 单位未经 B 单位同意单独解除合同，违反了合同法对"合同履行的原则"，即当事人一方不得擅自变更合同的原则的规定。A 单位不履行合同义务，应承担违约责任，无权要求退回定金。

（2）B 单位应承担违约责任，继续完善勘察，并视造成的损失、浪费的大小，减收或减免勘察费，或就造成的损失给予经济补偿。

（3）D 单位可向 A 单位提出索赔。A 单位由于向 D 单位提供的施工场地工程地质资料不准确，应承担造成的追加合同价款，赔偿 D 单位有关损失，工期相应顺延等违约责任。

第7章

二层砖混结构工程实例详解

7.1 项 目 基 础 资 料

1. 项目编制说明

(1) 项目简况。建设地点在西安市市区，抗震设防烈度为8度。室内外高差为600mm。就近可堆放土，堆土地点距施工现场200m。承包方式为包工包料。

(2) 水文地质。地面以下8m以内为湿陷性黄土（二类土），最高水位距地面3m。

(3) 编制依据。《陕西省建筑工程工程量清单计价规则（2009）》，《陕西省建筑、装饰工程消耗量定额（2004）》，《陕西省建筑、装饰工程消耗量定额补充定额（2009）》，《陕西省建筑、装饰工程价目表（2009）》，《陕西省建设工程量清单计价费率（2009）》，《关于调整房屋建筑和市政基础设施工程工程量清单计价综合人工单价的通知》(陕建发〔2011〕277号)，《关于调整房屋建筑和市政基础设施工程税率的通知》（陕建发〔2012〕232号）及本设计文件。

(4) 编制内容和要求：

1) 按给定设计文件和依据，计算清单工程量，编制招标工程量清单。

2) 按《陕西省建筑、装饰工程价目表（2009）》及陕建发〔2011〕277号文件计算人工费及机械台班单价，材料费考虑5%的风险。

2. 建筑说明

(1) 内墙面做法：14mm厚1：3石灰砂浆，2mm厚纸筋石灰浆罩面，乳胶漆3遍。

(2) 外墙面做法：外墙贴面砖，面砖规格100mm×100mm；4mm厚聚合物水泥砂浆结合层；6mm厚1：2水泥砂浆找平；12mm厚1：3水泥砂浆打底扫毛。

(3) 天棚做法：素水泥浆一道，7mm厚1：0.3：3水泥石灰砂浆，3mm厚纸筋石灰浆。

(4) 地面：60mm厚C15混凝土垫层，20mm厚1：2.5水泥砂浆。楼面：20mm厚1：2.5水泥砂浆。

(5) 台阶：60mm厚C15混凝土垫层（厚度不包括踏步部分）台阶面向外坡1‰，20mm厚1：2.5水泥砂浆。

(6) 散水：60mm厚C15混凝土撒1：1水泥砂子压实赶光，150mm厚3：7灰土垫层（宽出面层300mm）。

(7) 屋面：坡度，$i=0.02$；屋面做法，20mm厚水泥砂浆找平，现浇1：6水泥焦渣找坡（最薄处 60mm），60mm 厚水泥蛭石板保温层，20mm 厚水泥砂浆找平，4mm 厚（热熔法）APP 防水卷材。

（8）楼梯：20mm 厚 1：2.5 水泥砂浆，塑料扶手，型钢栏杆。阳台栏杆竖向为型钢金属栏杆，上部横管用 φ50 的钢管，钢管弯头。

（9）木材面油漆：油漆底油一遍，刮腻子，调和漆两遍。

（10）木门、窗：市场购买成品，成品门单价均包含制作、运输、安装、油漆的费用。镶板木门单价为 1500 元/樘，夹板装饰门单价为 1800 元/樘，胶合板门单价为 1000 元/樘，窗单价为 1200 元/樘。门窗均立于墙中。给定门窗工程量，见表 7 - 1。

表 7 - 1　　　　　　　　　　　　　门窗工程量表

名称	数量（樘）	洞口尺寸(mm×mm)	类别
M - 1	4	1000×2400	镶板木门
M - 2	16	900×2400	夹板装饰门
MC - 3	2	M：900×2400；C：1200×1500	连窗门
M - 4	4	700×2400	胶合板门
C - 1	10	1500×1500	一玻一纱
C - 2	5	1200×1500	一玻一纱
C - 3	4	600×1200	一玻一纱

3. 结构说明

（1）砌体：机制红砖，M5 水泥砂浆砌筑（凡一层平面图中显示的砌体均考虑砖基础；D 轴线上③～⑤轴之间的门洞基础圈梁两端各延伸 1m）。除阳台隔墙为 120mm 外，其余未注明的墙厚均为 240mm。

（2）混凝土：现场搅拌，除说明外混凝土均为 C25 砾石混凝土（32.5 水泥，1～3cm 砾石）。

（3）预应力多孔板：混凝土数量及体积见表 7 - 2，C30 混凝土，运距 5km，不考虑钢筋，板厚 120mm。

表 7 - 2　　　　　　　　　　预应力多孔板混凝土数量及体积

型号	数量（块）	混凝土体积（m³/块）
YKB3361	32	0.143
YKB3351	24	0.118
YKB3661	20	0.156
YKB3651	12	0.131

型号	数量（块）	混凝土体积（m³/块）
YKB2461	22	0.104
YKB2451	15	0.081
YKB2161	4	0.091

（4）钢筋理论质量：直径 6mm，0.222kg/m；直径 8mm，0.395kg/m；直径 10mm，0.617kg/m；直径 12mm，0.888kg/m；直径 14mm，1.209kg/m；直径 18mm，1.999kg/m。

（5）Φ表示 HPB300 级钢筋，Φ 表示 HRB400 级钢筋，其锚固长度除说明外，分别为 39d、38d（d 为钢筋直径）；搭接长度均为 41d。

（6）混凝土保护层厚度：梁、柱，25mm；板，20mm。

（7）构造柱生根于灰土垫层顶，柱墩尺寸为 400mm×400mm×250mm。

（8）现浇混凝土楼板板厚 100mm；现浇混凝土阳台板挑出宽度 1200mm，板厚 80mm；挑檐板挑出宽度 600mm，板厚 100mm，翻起高度 300mm，厚度 80mm；雨篷板挑出宽度 900mm，板厚 100mm，翻起高度 300mm，厚度 80mm。

4. 施工图（如图 7-1~图 7-18 所示）

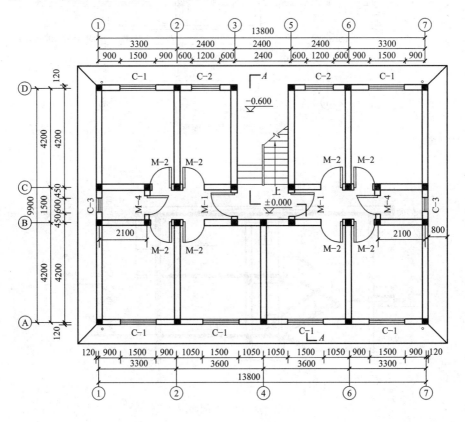

图 7-1 一层平面图

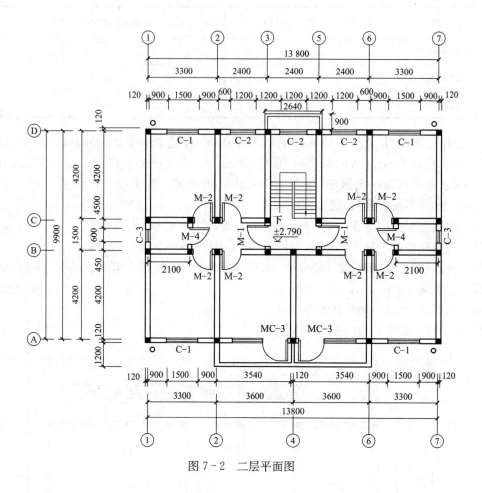

图 7 - 2 二层平面图

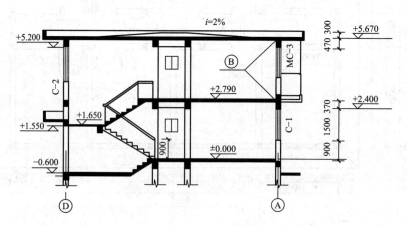

图 7 - 3 A - A 剖面图

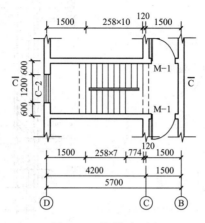

图7-4 楼梯平面图

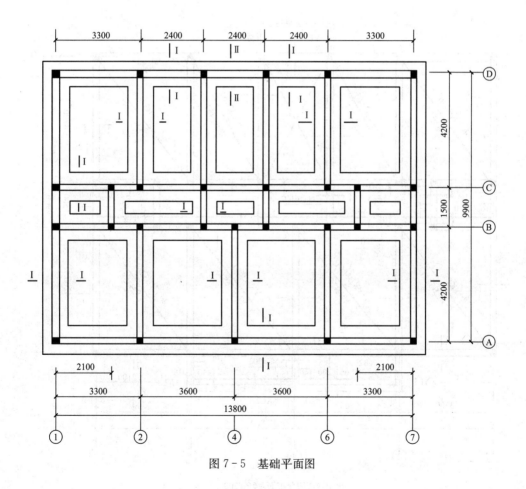

图7-5 基础平面图

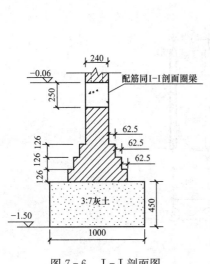

图 7-6　Ⅰ-Ⅰ剖面图

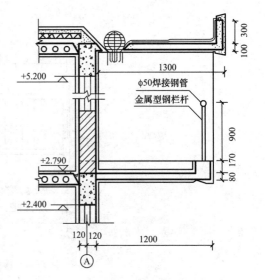

图 7-7　Ⓑ详图

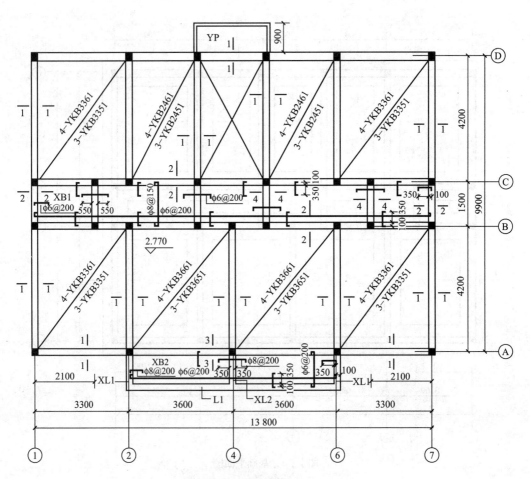

板中未注明分布筋为φ6@200

图 7-8　二层结构图（标高：2.770m）

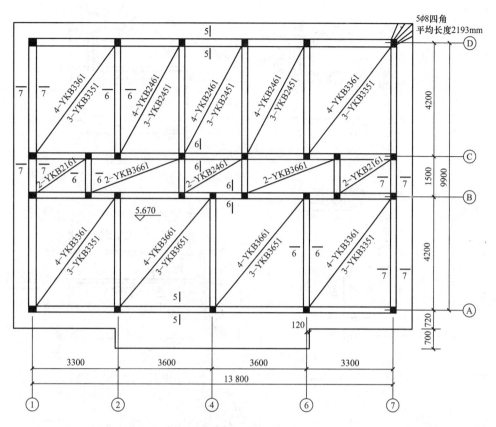

板中未注明分布筋为φ6@200

图 7-9 屋面结构图（标高：5.670m）

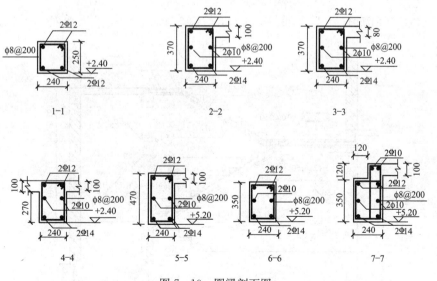

图 7-10 圈梁剖面图

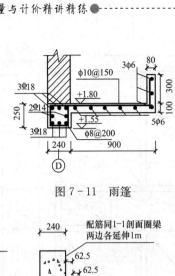

图 7-11 雨篷

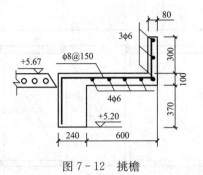

图 7-12 挑檐

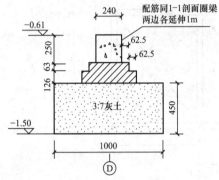

图 7-13 Ⅱ-Ⅱ剖面（仅③～⑤轴间）

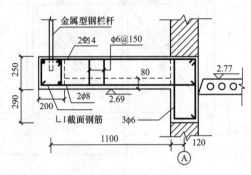

图 7-14 XL1、XL2

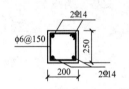

图 7-15 L1 剖面图

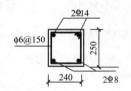

图 7-16 XL1、XL2 剖面图

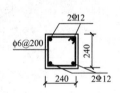

图 7-17 构造柱

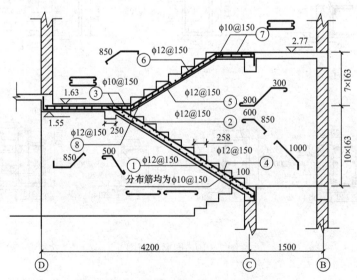

图 7-18 楼梯配筋（C—C 剖面）图

7.2 工程量清单的编制

1. 清单工程量

(1) 建筑面积的计算。多层建筑物的建筑面积，按各层建筑面积之和计算。首层按其外墙勒脚以上结构外围水平面积计算，二层及以上楼层应按其外墙结构外围水平面积计算。阳台不论其设置形式如何、是否封闭，均应按其水平投影面积的 1/2 计算，即

$$S = (13.8 + 0.24) \times (9.9 + 0.24) \times 2 + (3.6 \times 2 + 0.24) \times 1.2 \times 1/2$$
$$= 289.20 \ (\text{m}^2)$$

(2) 其他工程量计算，见表 7-3 和表 7-10、表 7-11。

表 7-3 清单工程量计算表

序号	项目名称	单位	工程量计算式	数量
1	外墙中心线长 $L_{中}$	m	$(13.8 + 9.9) \times 2$	47.40
2	外墙外边线长 $L_{外}$	m	$47.40 + 4 \times 0.24$	48.36
3	±0.00 以下内墙净长 $L_{内1}$	m	$(13.8 - 0.24) \times 2 + (4.2 - 0.24) \times 7 + (1.5 - 0.24) \times 4$	59.88
4	±0.00 以上内墙净长 $L_{内2}$	m	$(13.8 - 0.24) \times 2 + (4.2 - 0.24) \times 7 + (1.5 - 0.24) \times 4 - (2.4 - 0.24)$	57.72
5	底层建筑面积 $S_{底}$	m²	$(13.8 + 0.24) \times (9.9 + 0.24)$	142.37
6	底层室内净面积 $S_{净}$	m²	$142.37 - 47.40 \times 0.24 - 57.72 \times 0.24$	117.14
7	外墙门窗洞口面积 $S_{外门窗洞口}$	m²	$1.5 \times 1.5 \times 10 + 1.2 \times 1.5 \times 5 + 0.6 \times 1.2 \times 4 + 0.9 \times 2.4 \times 2 + 1.2 \times 1.5 \times 2 + 1.55 \times 2.16$	45.65
8	内墙门窗洞口面积 $S_{内门窗洞口}$	m²	$1.0 \times 2.4 \times 4 + 0.9 \times 2.4 \times 16 + 0.7 \times 2.4 \times 4$	50.88

序号	项目编码	项目名称	单位	工程量计算式	数量
				土石方工程	
1	010101001001	平整场地	m²	$S_{底}$	142.37
2	010101003001	挖基础土方	m³	$[L_{中} + L_{内1} - 丁头数 \times (垫层底宽 - 墙厚)/2] \times 垫层底宽 \times 挖土深度 = [47.40 + 59.88 - 26 \times (1.0 - 0.24)/2] \times 1.0 \times (1.5 - 0.6)$	87.66
3	010103001001	土(石)方回填(基础回填)	m³	挖基础土方 - 灰土垫层体积 - 室外地坪下砖基础及构造柱体积 - 地圈梁体积 = $87.66 - 43.83 - (19.73 + 0.18) - 0.4 \times 0.4 \times 0.25 \times 28 - 0.24 \times 0.24 \times (1.5 - 0.6 - 0.45 - 0.25) \times 28 - 0.24 \times 0.25 \times (2.16 + 1.0 \times 2)$	22.27
4	010103001002	土(石)方回填(室内回填)	m³	$(S_{净} - 楼梯处面积) \times (室内外高差 - 面层及垫层厚度) = [117.14 - 2.16 \times (4.2 - 0.24)] \times [0.6 - (0.06 + 0.02)]$	56.46
5	010103001003	土(石)方回填(灰土垫层)	m³	挖基础土方/挖土深度 × 灰土垫层厚度 = $87.66/(1.5 - 0.6) \times 0.45$	43.83

序号	项目编码	项目名称	单位	工程量计算式	数量
				砌 筑 工 程	
6	010301001001	砖基础（Ⅰ—Ⅰ剖面）	m³	室外地坪上砖基础＝（$L_中$－D轴上③～⑤间基础Ⅱ—Ⅱ＋$L_{内1}$）×砖基础截面积－构造柱所占体积＝[47.40－（2.4－0.24）＋59.88]×（0.6－0.25）×0.24－0.24×0.24×（0.6－0.25）×28＝8.27 室外地坪下砖基础＝（$L_中$－D轴上③～⑤间基础Ⅱ—Ⅱ＋$L_{内1}$）×砖基础截面积－构造柱所占体积－Ⅱ—Ⅱ剖面圈梁伸入Ⅰ—Ⅰ剖面圈梁中的部分＝[47.40－（2.4－0.24）＋59.88]×（1.5－0.45－0.6＋0.394）×0.24－[0.24×0.24×（1.5－0.6－0.25）＋0.4×0.4×0.25]×28－0.24×0.25×1.0×2＝19.73 砖基础总体积＝8.27＋19.73	28.00
7	010301001002	砖基础（Ⅱ—Ⅱ剖面）	m³	D轴处Ⅱ—Ⅱ剖面基础＝（2.4－0.24）×（1.5－0.45－0.61－0.25＋0.164）×0.24	0.18
8	010302001001	实心砖墙（一砖内墙）	m³	（$L_{内2}$×5.67－$S_{内门窗洞口}$）×墙厚－内墙上圈梁体积－构造柱体积＝（57.72×5.67－50.88）×0.24－{0.24×0.25×（4.2－0.24）×7＋0.24×0.37×[（13.8－0.24＋13.8－0.24－2.16）－0.24×13]＋0.24×0.37×（1.5－0.24）×4＋0.24×0.35×（57.72－0.24×13）}－0.24×0.24×5.67×13	53.45
9	010302001002	实心砖墙（1/2砖阳台隔墙）	m³	阳台挑出宽度×阳台XL2顶至挑檐底板的高×墙厚＝1.2×[5.67－0.1－（2.77＋0.17）]×0.115	0.36
10	010302001003	实心砖墙（一砖外墙）	m³	（$L_中$×5.67－$S_{外门窗洞口}$）×墙厚－外墙上圈梁体积－雨篷梁体积－构造柱体积－板体积＝（47.40×5.67－45.65）×0.24－{0.24×0.25×[（13.8－0.24×5）＋（4.2－0.24）×4＋（3.3－0.24）×2]＋0.24×0.37×（1.5－0.24）×2＋0.24×0.37×（3.6－0.24）×2＋0.24×0.47×[（13.8－0.24×5）＋（13.8－0.24×4）]＋（0.24×0.35＋0.12×0.12）×（9.9－0.24×3）×2}－0.13－0.24×0.24×5.67×15－0.24×[（13.8＋9.9）×2－15×0.24]×0.12×2	38.88
				混凝土及钢筋混凝土工程	
11	010402001001	矩形柱（构造柱）	m³	构造柱截面积×高度×根数＝0.24×0.24×[（1.5－0.45－0.25）＋5.67]×28	10.43
12	010401002001	独立基础	m³	柱墩体积＝0.4×0.4×0.25×28	1.12
13	010403005001	过梁（YPL）	m³	雨篷梁截面积×雨篷梁长度＝0.24×0.25×（2.4－0.24）	0.13
14	010403004001	圈梁（地圈梁）	m³	地圈梁截面积×地圈梁长度－构造柱所占体积＝0.24×0.25×（47.40＋1.0×2＋59.88）－0.24×0.24×0.25×28	6.15
15	010403004002	圈梁（QL1－1剖面）	m³	圈梁截面积×圈梁长度－构造柱所占体积＝0.24×0.25×[47.40＋59.88－（13.8－0.24）×2－（1.5－0.24）×6－（3.6×2－0.24）]－0.24×0.24×0.25×14	3.74

序号	项目编码	项目名称	单位	工程量计算式	数量
				混凝土及钢筋混凝土工程	
16	010403004003	圈梁（QL2－2剖面）	m³	圈梁截面积×圈梁长度－构造柱所占体积＝0.24×0.37×[(13.8－0.24)×2＋(1.5－0.24)×2]－0.24×0.24×0.37×13	2.35
17	010403004004	圈梁（QL3－3剖面）	m³	圈梁截面积×圈梁长度－构造柱所占体积＝0.24×0.37×(3.6×2－0.24)－0.24×0.24×0.37	0.60
18	010403004005	圈梁（QL4－4剖面）	m³	圈梁截面积×圈梁长度＝0.24×0.37×(1.5－0.24)×4	0.45
19	010403004006	圈梁（QL5－5剖面）	m³	圈梁截面积×圈梁长度－构造柱所占体积＝0.24×0.47×(13.8＋0.24)×2－0.24×0.24×0.47×11	2.87
20	010403004007	圈梁（QL6－6剖面）	m³	圈梁截面积×圈梁长度－构造柱所占体积＝0.24×0.35×[(13.8－0.24)×2＋(1.5－0.24)×4＋7×(4.2－0.24)]－0.24×0.24×0.35×13	4.77
21	010403004008	圈梁（QL7－7剖面）	m³	圈梁截面积×圈梁长度－构造柱所占体积＝(0.24×0.35＋0.12×0.12)×(9.90－0.24)×2－(0.24×0.24×0.35＋0.24×0.12×0.12)×4	1.88
22	010405003001	平板	m³	(1.5－0.24)×(13.80－0.24)×0.1－(1.5－0.24)×0.24×0.1×4	1.59
23	010405007001	挑檐板	m³	($L_{外}$＋4×挑檐宽)×挑檐宽×挑檐厚＋[$L_{外}$＋8×(挑檐宽－翻起厚÷2)]×$S_{翻起}$＋阳台上方凸出的挑檐＝(48.36＋4×0.6)×0.6×0.1＋[48.36＋8×(0.6－0.08÷2)]×0.3×0.08＋(7.2＋0.24)×0.7×0.1＋0.7×2×0.3×0.08	4.87
24	010405008001	雨篷（YP）	m³	雨篷长度×挑出宽度×厚度＋翻起长度×翻起高度×翻起厚度＝(2.4＋0.24)×0.9×0.1＋(0.9×2＋2.4＋0.24－0.08×2)×0.3×0.08	0.34
25	010405008002	阳台板	m³	阳台底板体积＋L1、XL1、XL2体积＝(3.6×2－0.24×2)×(1.2－0.2)×0.08＋0.2×0.25×(3.6×2＋0.24)＋0.24×0.25×(1.2－0.2)×3	1.09
26	010406001001	直形楼梯	m²	2.16×4.2	9.07
27	010407002001	散水	m²	($L_{外}$＋4×散水宽)×散水宽＝(48.36＋4×0.8)×0.8	41.25
28	010412002001	空心板（小于4m）C30	m³	32×0.143＋24×0.118＋20×0.156＋12×0.131＋22×0.104＋15×0.081＋4×0.091	15.97
29	010416001001	现浇混凝土钢筋	t	具体计算过程如表7－10、表7－11所示	1.680
30	010416001002	现浇混凝土钢筋	t	具体计算过程如表7－10、表7－11所示	2.484

序号	项目编码	项目名称	单位	工程量计算式	数量
				混凝土及钢筋混凝土工程	
31	010416 001003	现浇混凝土钢筋	t	具体计算过程如表7-10、表7-11所示	0.123
				屋面及防水工程	
32	010702 001001	屋面卷材防水	m²	$S=S_底+(L_外+4×挑檐宽)×挑檐宽+S_弯起+$阳台上方凸出的挑檐防水$=142.37+(48.36+0.6×4)×0.6+0.3×(48.36+8×0.6-8×0.08)+[(7.2+0.24)×0.7+0.7×0.3×2]$	194.21
33	010702 004001	屋面排水管	m	(屋面高度+室内外高差)×排水管根数$=(5.67+0.6)×4$	25.08
				隔热保温工程	
34	010803 001001	保温隔热屋面	m²	$S_底$其中,平均厚度$=(9.9+0.24)/2×2‰/2+0.06=111mm$	142.37
				楼地面工程	
35	020101 001001	水泥砂浆地面	m²	$117.14-0.258×4×2.16÷2$	116.03
36	020101 001002	水泥砂浆楼面	m²	$S_净-$楼梯间净面积$=117.14-2.16×4.2$	108.07
37	020106 003001	水泥砂浆楼梯面	m²	楼梯间净面积$=2.16×4.2$	9.07
38	020108 003001	水泥砂浆台阶面	m²	$0.258×4×2.16÷2$	1.11
39	020107 001001	金属扶手带栏杆、栏板(阳台扶手、栏杆)	m	阳台轴线长+挑出宽$×2=7.2+1.2×2$	9.60
40	020107 003001	塑料扶手带栏杆、栏板(楼梯扶手、栏杆)	m	$\sqrt{1.65^2+(10×0.258)^2}+\sqrt{(2.79-1.65)^2+(7×0.258)^2}+3×0.258+2.16÷2+0.2+0.1$	7.35
				墙柱面工程	
41	020201 001001	墙面一般抹灰(内墙抹灰)	m²	[$L_{内2}$×(屋顶板顶标高-板厚)$-S_{内门窗洞口}$]×2+$L_中$×(屋顶板顶标高-板厚)$-S_{外门窗洞口}$-接头所占面积+100板厚处少计算的内墙抹灰面积+楼梯处0.6m室内外高差处抹灰面积+1/2砖墙抹灰$=[57.72×(5.67-0.12×2)-50.88]×2+47.40×(5.67-0.12×2)-45.65-0.24×28×(5.67-0.12×2)+(1.5-0.24)×0.02×10+(13.8-0.24×5+13.8-0.24×5-2.16)×0.02+0.6×4.2×2+1.2×[5.67-0.1-(2.77+0.17)]×2$	712.37
42	020204 003001	块料墙面(外砖墙块料面层)	m²	$L_外$×(屋面板底标高+室内外高差)$-S_{外门窗洞口}-S_{首层楼梯洞口}+$门窗侧壁贴块砖$=48.36×(5.67-0.10+0.6)-45.65-2.16×0.6+0.1×(1.5+1.5)×2×10+0.1×(1.2+1.5)×2×5+0.1×(0.6+1.2)×2×4+0.1×(1.2+1.5×1.5+0.9+2.4×2-1.5)×2$	263.20

序号	项目编码	项目名称	单位	工程量计算式	数量
			墙柱面工程		
43	020206003001	块料零星项目（挑檐、雨篷外立面）	m²	$(L_{外}+8×挑檐宽)×(挑檐翻起高度+挑檐板厚)+阳台上方凸出的挑檐贴块料面积+(雨篷长+雨篷挑出宽×2)×(雨篷翻起高度+雨篷底板厚)=(48.36+8×0.6)×(0.3+0.1)+0.7×(0.3+0.1)×2+(2.4+0.24+0.9×2)×(0.3+0.1)$	23.60
			天棚工程		
44	020301001001	天棚抹灰（现浇天棚抹灰）	m²	$楼梯底面抹灰+C轴上 QL2-2、QL6-6 底面及侧面抹灰+挑檐底板抹灰+雨篷底板抹灰+现浇板 XB1 底面抹灰,=[\sqrt{1.65^2+(10×0.258)^2}+\sqrt{(2.79-1.65)^2+(7×0.258)^2}+0.774]×(2.4-0.24)/2+2.16×(4.2-0.24-0.258×10)+2.16×0.24×2+2.16×(0.37-0.1)×2+2.16×0.35×2+[(48.36+4×0.6)×0.6+(7.2+0.24)×0.7]+(2.4+0.24)×0.9+(13.8-5×0.24)×(1.5-0.24)$	67.06
45	020301001002	天棚抹灰（预制天棚抹灰）	m²	$S_{净}×2-楼梯投影面积-C轴上 QL2-2、QL6-6 底面面积-现浇板 XB1 底面抹灰=117.14×2-9.07-2.16×0.24×2-(13.8-5×0.24)×(1.5-0.24)$	208.30
			门窗工程		
46	020401001001	镶板木门 M-1	樘		4
47	020401005001	夹板装饰门 M-2	樘		16
48	020401004001	胶合板门 M-4	樘		4
49	020401008001	连窗门 MC-3	樘		2
50	020405001001	木质平开窗 C-1	樘		10
51	020405001002	木质平开窗 C-2	樘		5
52	020405001003	木质平开窗 C-3	樘		4
			油漆、涂料、裱糊工程		
53	020506001001	抹灰面油漆	m²	$712.37+67.06+208.30$	987.73

2. 工程量清单

（1）分部分项工程量清单，见表 7-4。

表 7-4 　　　　　　　　　　　　　　分部分项工程量清单

工程名称：多层砖混结构住宅楼　　　　　　　专业：土建工程

序号	项目编号	项目名称(含项目特征)	计量单位	工程量
		1.1　土方工程		
1	010101001001	平整场地：二类土；±30cm 以内就地找平	m²	142.37
2	010101003001	挖基础土方：条形砖基础；垫层底宽 1 m；底面积 97.40m²；挖土深 0.9m；运距 200 m 以内	m³	87.66
3	010103001001	土(石)方回填：基础回填；素土夯实，有密实度要求	m³	22.27
4	010103001002	土(石)方回填：室内回填；素土夯实，有密实度要求	m³	56.46
5	010103001003	土(石)方回填：基础 3∶7 灰土垫层；450mm 厚；有密实度要求	m³	43.83
		1.3　砌筑工程		
6	010301001001	砖基础(Ⅰ-Ⅰ剖面)：机制红砖；三层等高式条形砖基础；基础深 1.05m；M5 水泥砂浆砌筑	m³	28.00
7	010301001002	砖基础(Ⅱ-Ⅱ剖面)：机制红砖；二层不等高式条形砖基础；基础深 1.05m；M5 水泥砂浆砌筑	m³	0.18
8	010302001001	实心砖墙(一砖内墙)：一砖内墙；机制红砖；M5 水泥砂浆砌筑	m³	53.45
9	010302001002	实心砖墙(1/2 砖阳台隔墙)：1/2 砖阳台隔墙；机制红砖；M5 水泥砂浆砌筑	m³	0.36
10	010302001003	实心砖墙(一砖外墙)：一砖外墙；机制红砖；M5 水泥砂浆砌筑	m³	38.88
		1.4　混凝土及钢筋混凝土工程		
11	010402001001	矩形柱(构造柱)：构造柱，柱顶标高＋5.67m；截面 240mm×240mm；C25 砾石混凝土	m³	10.43
12	010401002001	独立基础：截面 400mm×400mm×250mm；C25 砾石混凝土	m³	1.12
13	010403005001	过梁(YPL)：梁底标高＋1.55m；截面 240mm×250mm；C25 砾石混凝土	m³	0.13
14	010403004001	圈梁(地圈梁)：梁底标高－0.31m(－0.86m)；截面 240mm×250mm；C25 砾石混凝土	m³	6.15
15	010403004002	圈梁(QL1-1 剖面)：梁底标高＋2.40m；截面 240mm×250mm；C25 砾石混凝土	m³	3.74
16	010403004003	圈梁(QL2-2 剖面)：梁底标高＋2.40m；截面 240mm×370mm；C25 砾石混凝土	m³	2.35
17	010403004004	圈梁(QL3-3 剖面)：梁底标高＋2.40m；截面 240mm×370mm；C25 砾石混凝土	m³	0.60
18	010403004005	圈梁(QL4-4 剖面)：梁底标高＋2.40m；截面 240mm×370mm；C25 砾石混凝土	m³	0.45
19	010403004006	圈梁(QL5-5 剖面)：梁底标高＋5.20m；截面 240mm×470mm；C25 砾石混凝土	m³	2.87
20	010403004007	圈梁(QL6-6 剖面)：梁底标高＋5.20m；截面 240mm×350mm；C25 砾石混凝土	m³	4.77

续表

序号	项目编号	项目名称(含项目特征)	计量单位	工程量
		1.4　混凝土及钢筋混凝土工程		
21	010403004008	圈梁(QL7-7剖面);梁底标高+5.20m;C25砾石混凝土	m³	1.88
22	010405003001	平板;板底标高+2.67m;板厚100mm;C25砾石混凝土	m³	1.59
23	01Q405007001	挑檐板;C25砾石混凝土	m³	4.87
24	010405008001	雨篷(YP);C25砾石混凝土	m³	0.34
25	010405008002	阳台板;C25砾石混凝土	m³	1.09
26	010406001001	直形楼梯;C25砾石混凝土	m²	9.07
27	010407002001	散水;60mm厚C15混凝土撒1:1水泥砂子压实赶光;150mm厚3:7灰土垫层,宽出面层300mm	m²	41.25
28	010412002001	空心板(小于4m)C30;YKB3361、YKB3351、YKB3661、YKB3651、YKB2461、YKB2451;YKB2161;C30混凝土,板厚120mm	m³	15.97
29	010416001001	现浇混凝土钢筋;Φ10mm以内HPB300级钢筋	t	1.680
30	010416001002	现浇混凝土钢筋;Φ10mm以上HRB400级钢筋	t	2.484
31	010416001003	现浇混凝土钢筋;Φ10mm以上HPB300级钢筋	t	0.123
		1.7　屋面及防水工程		
32	010702001001	屋面卷材防水;20mm厚水泥砂浆找平;4mm厚(热熔法)APP防水卷材	m²	194.21
33	010702004001	屋面排水管;塑料排水管,落水口	m	25.08
		1.8　隔热保温工程		
34	010803001001	保温隔热屋面;20mm厚水泥砂浆找平;现浇1:6水泥焦渣找坡(最薄处60mm),平均厚度111mm;60mm厚水泥蛭石板保温层	m²	142.37
		2.1　楼地面工程		
35	020101001001	水泥砂浆楼地面;60mm厚C15混凝土垫层;20mm厚1:2.5水泥砂浆	m²	116.03
36	020101001002	水泥砂浆楼地面;20mm厚1:2.5水泥砂浆	m²	108.07
37	020106003001	水泥砂浆楼梯面;20mm厚1:2.5水泥砂浆	m²	9.07
38	020108003001	水泥砂浆台阶面;60mm厚C15混凝土垫层(厚度不包括踏步部分)台阶面向外坡1%;20mm厚1:2.5水泥砂浆	m²	1.11
39	020107001001	金属扶手带栏杆、栏板(阳台扶手、栏杆);型钢金属栏杆,钢管扶手,钢管弯头	m	9.60
40	020107003001	塑料扶手带栏杆、栏板(楼梯扶手、栏杆);型钢栏杆,塑料扶手	m	7.35
		2.2　墙柱面工程		
41	020201001001	墙面一般抹灰(内墙抹灰);一砖内墙;14mm厚1:3石灰砂浆;2mm厚纸筋石灰浆罩面	m²	712.37
42	020204003001	块料墙面(外砖墙块料面层);外墙贴面砖;面砖规格100mm×100mm;4mm厚聚合物水泥砂浆结合层;6mm厚1:2水泥砂浆找平;12mm厚1:3水泥砂浆打底扫毛	m²	263.20
43	020206003001	块料零星项目(挑檐、雨篷外立面);100mm×100mm面砖;4mm厚聚合物水泥砂浆结合层;6mm厚1:2水泥砂浆找平;12mm厚1:3水泥砂浆打底扫毛	m²	23.60

续表

序号	项目编号	项目名称(含项目特征)	计量单位	工程量
		2.3 天棚工程		
44	020301001001	天棚抹灰(现浇天棚抹灰):素水泥浆一道;7mm厚水泥石灰砂浆1:0.3:3;3mm厚纸筋石灰浆	m²	67.06
45	020301001002	天棚抹灰(预制天棚抹灰):素水泥浆一道;7mm厚水泥石灰砂浆1:0.3:3;3mm厚纸筋石灰浆	m²	208.30
		2.4 门窗工程		
46	020401001001	镶板木门 M-1:1000mm×2400mm;有亮;底油一遍,刮腻子,调和漆两遍	樘	4
47	020401005001	夹板装饰门 M-2:900mm×2400mm;有亮;底油一遍,刮腻子,调和漆两遍	樘	16
48	020401004001	胶合板门 M-4:700mm×2400mm;双面胶合板门带百叶;底油一遍,刮腻子,调和漆两遍	樘	4
49	020401008001	连窗门 MC-3:门 900mm×2400mm,窗 1200mm×1500mm;底油一遍,刮腻子,调和漆两遍	樘	2
50	020405001001	木质平开窗 C-1:1500mm×1500mm;有纱;底油一遍,刮腻子,调和漆两遍	樘	10
51	020405001002	木质平开窗 C-2:1200mm×1500mm;有纱;底油一遍,刮腻子,调和漆两遍	樘	5
52	020405001003	木质平开窗 C-3:600mm×1200mm;有纱;底油一遍,刮腻子,调和漆两遍	樘	4
		2.5 油漆、涂料、裱糊工程		
53	020506001001	抹灰面油漆:内墙,天棚抹灰面乳胶漆,乳胶漆三遍	m²	987.73

(2) 措施项目清单,见表7-5和表7-6。

表 7-5　　　　　　　　　　**通用措施项目清单**

工程名称:多层砖混结构住宅楼　　　　专业:土建工程

序号	项目名称	计量单位	工程数量
1	安全文明施工费(含环境保护、文明施工、安全施工、临时设施)	项	1
2	夜间施工	项	1
3	二次搬运	项	1
4	测量放线、定位复测、检验试验	项	1
5	冬、雨季施工	项	1
6	大型机械设备进出场及安拆	项	1
7	施工排水	项	1
8	施工降水	项	1
9	施工影响场地周边地上、地下设施及建筑物安全的临时保护设施	项	1

表7-6   **专业措施项目清单**

工程名称：多层砖混结构住宅楼   专业：土建工程

序号	项目名称	计量单位	工程数量
	一般土建		
1	混凝土、钢筋混凝土模板及支架	项	1
2	脚手架	项	1
3	垂直运输机械	项	1

（3）其他项目清单，见表7-7。

表7-7   **其他项目清单**

工程名称：多层砖混结构住宅楼   专业：土建工程

序号	项目名称	计量单位	工程数量
1	暂列金额	元	1000.00
2	暂估价	元	
2.1	材料暂估价		—
2.2	专业工程暂估价		
3	计日工	项	1
4	总承包服务费	项	1
4.1	发包人发包专业工程管理服务费		
4.2	发包人供应材料、设备保管费		

（4）规费、税金项目清单，见表7-8。

表7-8   **规费、税金项目清单**

工程名称：多层砖混结构住宅楼   专业：土建工程

序号	项目名称	计量单位	工程数量	计算基础	费率(%)
1	规费				
1.1	社会保障费				
1.1.1	养老保险费				
1.1.2	失业保险费				
1.1.3	医疗保险费				
1.1.4	工伤保险				
1.1.5	残疾人就业保险				

续表

序号	项目名称	计量单位	工程数量	计算基础	费率（%）
1.1.6	女工生育保险				
1.2	住房公积金				
1.3	危险作业意外伤害保险				
2	税金				
2.1	营业税				
2.2	城市维护建设税				
2.3	教育费附加				

（5）计日工表，见表 7-9。

表 7-9　　　　　　　　　　　　计 日 工 表

工程名称：多层砖混结构住宅楼　　　　　　　专业：土建工程

序号	项目名称	单位	暂定工程量
1	人工		
1.1	综合工日	工日	12
2	材料		
2.1	标准砖	千块	0.5
2.2	净砂	m³	10
2.3	水泥 32.5	kg	200
2.4	2～4mm 砾石	m³	15

钢筋工程量计算，见表 7-10。
钢筋分类汇总，见表 7-11。

7.3　工程量清单计价的编制

1. 分部分项工程量清单计价
分部分项工程量清单综合单价分析，见表 7-12。
分部分项工程量清单计价表，见表 7-13。
2. 措施项目清单计价
措施项目清单计价，见表 7-14～表 7-17。

表7-10

工程名称：多层砖混结构住宅楼

钢筋工程量计算表

专业：土建工程

构件	编号	规格(mm)	数量(根)	计算长度(m)	总长度(m)
XB1	①	Φ6@200	(1.5-0.24)÷0.2+1=7.3,取8	13.8+0.24-2×0.020+12.5×0.006=14.075	14.075×8=112.600
	②	Φ8@150	(13.8-0.24)÷0.15+1=91.4,取92	1.5+0.24-2×0.020+12.5×0.008=1.800	1.800×92=165.600
	③	Φ6@200	(1.5-0.24)÷0.2+1=7.3,取8×2=16 (13.8-0.24)÷0.2+1=68.8,取69×2=138	0.35+0.1+(0.1-2×0.020)×2=0.570	0.570×154=87.780
	④	Φ6@200	(1.5-0.24)÷0.2+1=7.3,取8×4=32	0.35×2+0.24+(0.1-2×0.020)×2=1.060	1.060×32=33.920
	未注明分布筋	Φ6@200	0.35÷0.2+1=2.75,取3×10=30 0.35÷0.2+1=2.75,取3×2=6	1.5+0.24-2×0.020+12.5×0.006=1.775 13.8+0.24-2×0.020+12.5×0.006=14.075	1.775×30+14.075×6=137.700
XB2	①	Φ6@200	(1.2-0.2)÷0.2+1=6,取6	7.2+0.24-2×0.020+12.5×0.006=7.475	7.475×6=44.850
	②	Φ6@200	(7.2-0.24)÷0.2+1=35.8,取36	1.2+0.24-2×0.020+12.5×0.006=1.475	1.475×36=53.100
	③	Φ8@200	(1.2-0.2)÷0.2+1=6, (7.2-0.24)÷0.2+1=35.8, 取6×2+36×2=84	0.35+0.1+(0.1-2×0.020)×2=0.570	0.570×84=47.880
	④	Φ8@200	(1.2-0.2)÷0.2+1=6	0.35×2+0.24+(0.1-2×0.020)×2=1.060	1.060×6=6.360
	未注明分布筋	Φ6@200	0.35÷0.2+1=2.75,取3×4=12 0.35÷0.2+1=2.75,取3×2=6	1.2+0.24-2×0.020+12.5×0.006=1.475 7.2+0.24-2×0.020+12.5×0.006=7.475	1.475×12+7.475×6=62.550
L1	①	Φ6@150	(7.2-0.24)÷0.15+1=47.4,取48	(0.20+0.25)×2-8×0.025+20×0.006=0.820	0.820×48=39.360
	②	Φ14	4	7.2+0.24-2×0.025+13×0.014×2=7.754	7.754×4=31.016
XL1、XL2	①	Φ6@150	(1.2-0.2)÷0.15+1=7.67,取8×3=24	(0.24+0.25)×2-8×0.025+20×0.006=0.900	0.900×24=21.600
	②	Φ8	2×3=6	1.2+0.24-2×0.025+13×0.008×2=1.598	1.598×6=9.588
	③	Φ14	2×3=6	0.25+(1.2+0.24)+(0.25+0.29)-6×0.025=2.080	2.080×6=12.480
	④	Φ6	3×3=9	(0.25+0.29+0.24)×2-8×0.025=1.360	1.360×9=12.240

续表

构件	编号	规格(mm)	数量(根)	计算长度(m)	总长度(m)
楼梯	①	Φ12	2.16÷2÷0.15+1=8.2,取9	$\sqrt{(1.63+0.25)^2+(0.24+0.25+10\times0.258)^2}$ +0.5+12.5×0.012=4.250	4.250×9=38.250
	②	Φ12	2.16÷2÷0.15+1=8.2,取9	0.6+0.85+6.25×0.012+(0.1-2×0.020)=1.585	1.585×9=14.265
	③	Φ10	2.16÷2÷0.15+1=15.4,取16×2=32	4.2-9×0.258-0.020×2+12.5×0.010=1.963	1.963×32=62.816
	④	Φ12	2.16÷2÷0.15+1=8.2,取9	1.00+(0.1-2×0.020)+15×0.012=1.240	1.240×9=11.160
	⑤	Φ12	2.16÷2÷0.15+1=8.2,取9	$\sqrt{(2.77-1.55)^2+(7\times0.258)^2}$ +0.3+0.8+12.5×0.012=3.430	3.430×9=30.870
	⑥	Φ12	2.16÷2÷0.15+1=8.2,取9	3×0.258+0.85+(0.1-2×0.020)+15×0.012=1.864	1.864×9=16.776
	⑦	Φ10	2.16÷2÷0.15+1=8.2,取9×2=18	3×0.258+12.5×0.010=0.899	0.899×18=16.182
	⑧	Φ12	2.16÷2÷0.15+1=8.2,取9	4.2-9×0.258+0.85+(0.1-2×0.020)+15×0.012=2.968	2.968×9=26.712
	⑨	分布筋 Φ10@150	$\sqrt{(1.63+0.25)^2+(0.24+0.25+10\times0.258)^2}$ ÷0.15+(0.85÷0.15+1)+(1.0÷0.15+1)+$\sqrt{(2.77-1.55)^2+(7\times0.258)^2}$ ÷0.15+1)+[(3×0.258)÷0.15+1]×2+(0.85÷0.15+1)=24+7+8+15+7+7+2+7=82;③号筋:(4.2-9×0.258)÷0.15+1=13.52,取14×2=28	2.16÷2-0.020×2+12.5×0.01=1.165;2.16-0.020×2+12.5×0.010=2.245;③号筋:2.16-0.020×2+12.5×0.010=2.245	82×1.165+28×2.245=158.39
地圈梁	①	Φ8@200	I-I剖面:($L_内$-2.16+$L_{中1}$)÷0.2+16=(47.40-2.16+59.88)÷0.2+16=541.6,取542;II-II剖面:(2.4-0.24+1.0×2)÷0.2+1=21.8,取22	(0.24+0.25)×2-8×0.025+20×0.008=0.940	0.940×542=509.480
	②	Φ12	4	I-I剖面:47.40-2.16+59.88+41×0.012×5+26×38×0.012=119.436;II-II剖面:2.4-0.24+1.0×2-2×0.025=4.110	119.436×4+4.110×4=494.184

续表

构件	编号	规格(mm)	数量(根)	计算长度(m)	总长度(m)
二层圈梁	①	Φ8@200	1-1剖面:[59.88+47.40-(13.8-0.24)×2-(1.5-0.24)×6-(3.6×2-0.24)]÷0.2+7=335.2,取336 2-2剖面:(13.8-0.24)÷0.2+1=68.8 (1.5-0.24)÷0.2+1=7.3,取69×2+8×2=154 3-3剖面:(7.2-0.24)÷0.2+1=35.8,取36 4-4剖面:(1.5-0.24)÷0.2+1=7.3,取8×4=32	1-1剖面:(0.24+0.25)×2-8×0.025+20×0.008=0.940 2-2,3-3,4-4剖面:(0.37+0.25)×2-8×0.025+20×0.008=1.200	1-1剖面:0.940×336=315.840 2-2,3-3,4-4剖面:1.200×(154+36+32)=266.40
	②	Φ10	2	2-2,3-3,4-4剖面:(13.8-0.24)×2+(1.5-0.24)×6+(3.6×2-0.24)×2+41×0.010×2+38×0.010×14=47.78	47.78×2=95.560
	③	Φ12	1-1剖面:4 2-2,3-3,4-4剖面:2	1-1剖面:47.40+59.88-(13.8-0.24)×2-(3.6×2-0.24)×6+41×0.012+38×0.012×28=78.90 2-2,3-3,4-4剖面:(13.8-0.24)×2+(1.5-0.24)×6+(3.6×2-0.24)×2+41×0.012+38×0.012×14=49.008	1-1剖面:78.90×4=315.600 2-2,3-3,4-4剖面:49.008×2=98.016
	④	Φ14	2	2-2,3-3,4-4剖面:(13.8-0.24)×2+(1.5-0.24)×6+(3.6×2-0.24)×2+41×0.014×2+38×0.014×14=50.236	50.236×2=100.472
屋面层圈梁	①	Φ8@200	5-5剖面:(13.8-0.24)÷0.2+1=68.8,取69×2=138 6-6剖面:(13.8-0.24)÷0.2+1=68.8 (4.2-0.24)÷0.2+1=20.8 (1.5-0.24)÷0.2+1=7.3 7-7剖面:(9.9-0.24)÷0.2+1=49.3 6-6,7-7剖面:取69×2+21×7+8×4+50×2=417 7-7剖面:取50×2=100	5-5剖面:(0.24+0.47)×2-8×0.025+20×0.008=1.380 6-6,7-7剖面:(0.24+0.35)×2-8×0.025+20×0.008=1.140 7-7剖面:0.35+0.12×3-5×0.025=0.585	5-5剖面:1.380×138=190.440 6-6,7-7剖面:1.140×417=475.380 7-7剖面:0.585×100=58.500

续表

构件	编号	规格(mm)	数量(根)	计算长度(m)	总长度(m)
屋面层圈梁	②	Φ10	2	5-5剖面: (13.8-0.24)×2+41×0.010×2+38×0.010×4=29.460 6-6,7-7剖面: 47.40+59.88-(13.8-0.24)×2+41×0.010×4+38×0.010×26=82.180 7-7剖面: (9.9-0.24)×2+41×0.010×2+38×0.010×4=21.660	5-5剖面:29.460×2=58.920 6-6,7-7剖面:82.180×2=164.360 7-7剖面:21.660×2=43.320
	③	Φ12	2	5-5剖面: (13.8-0.24)×2+41×0.012×2+38×0.012×4=29.928 6-6,7-7剖面: 47.40+59.88-(13.8-0.24)×2+41×0.012×4+38×0.012×26=93.984	5-5剖面:29.928×2=59.856 6-6,7-7剖面:93.984×2=187.968
	④	Φ14	2	5-5,6-6,7-7剖面: 47.40+59.88+41×0.014×6+38×0.014×26=124.556	124.556×2=249.112
构造柱	①	Φ6@200	(1.5-0.45-0.25+5.67)÷0.2+1=33.35,取34×28=952	(0.24+0.24)×2-8×0.025+20×0.006=0.880	0.880×952=837.760
	②	Φ12	4×28=112	1.5-0.45+5.67-2×0.025+2×2×0.1=7.270	112×7.270=814.240
挑檐	①	Φ6	3	48.36+(0.6-0.08+0.025)×8+0.7×2-16×0.020+13×0.006×2×8=55.048	55.048×3=165.144
	②	Φ6	4	48.36+(0.6-0.08)/2×8+7.44-10×0.020+13×0.006×2×8=58.928	58.928×4=235.712
	③	Φ8@150	(9.9+0.24)÷0.15+1=68.6,(13.8+0.24)÷0.15+1=94.6,取69×2+95×2=328 7.44÷0.15+1=50.6,取51 0.7÷0.15+1=5.667,取6×2=12	0.4+0.6+0.24+0.47-0.020×3-0.030×3+13×0.008×2+8×0.008=1.832 0.4+0.08-0.020×3+41×0.008+13×0.008×2+8×0.008=1.020	1.832×328+0.700×51+1.020×12=648.836
	④	5Φ8放射筋	5×4=20	2.193	2.193×20=43.860

216

续表

构件	编号	规格(mm)	数量(根)	计算长度(m)	总长度(m)
雨篷	①	Φ6	3	(2.4+0.24-2×0.020+13×0.006×2)+(0.9-0.020+41×0.006+13×0.006×2)×2=5.320	5.320×3=15.960
	②	Φ6	5	2.4+0.24-2×0.020+13×0.006×2=2.756	2.756×5=13.780
	③	Φ10@150	(2.4+0.24)÷0.15+1=18.6,取19 0.9÷0.15=6,取 6×2=12	0.4+0.9-0.020×3+41×0.010+13×0.010×2+8×0.010=1.990 0.4+0.08-0.020×3+35×0.010+13×0.010×2+8×0.010=1.110	1.990×19+1.110×12=51.13
	④	Φ8@200	(2.4-0.24)÷0.2+1=11.8,取12	(0.24+0.25)×2-8×0.025+20×0.008=0.940	0.940×12=11.280
	⑤	Φ14	2	2.16+0.24-2×0.025=2.590	2.590×2=5.180
	⑥	Φ18	3×2=6	2.16+0.24-2×0.025=2.590	2.590×6=15.540

钢筋分类汇总

表7-11

工程名称:多层砖混结构住宅楼

专业:土建工程

分类	直径(mm)	长度(m)	质量(kg)
Φ10以下圆钢筋	Φ6	112.600+87.780+33.920+137.700+44.850+53.100+62.550+39.360+21.600+12.240+837.760+165.144+235.712+15.960+13.780=1874.056	1874.056×0.222÷1000=0.416
	Φ8	165.600+47.880+6.360+9.588+509.480+266.400+315.840+190.440+475.380+58.500+648.836+43.860+11.280=2749.444	2749.444×0.395÷1000=1.086
	Φ10	62.816+16.182+158.39+51.130=288.518	288.518×0.617÷1000=0.178
	小计		0.416+1.086+0.178=1.680
Φ10以上圆钢筋	Φ12	38.250+14.265+11.160+30.870+16.776+26.712=138.033	138.033×0.888÷1000=0.123
	小计		0.123
Φ10以上螺纹钢	Φ10	95.560+58.920+164.360+43.320=362.160	362.160×0.617÷1000=0.223
	Φ12	494.184+315.600+98.016+59.856+187.968+814.24=1969.864	1969.864×0.888÷1000=1.749
	Φ14	31.016+12.480+100.472+249.112+5.180=398.260	398.260×1.209÷1000=0.481
	Φ18	15.540	15.540×1.999÷1000=0.031
	小计		0.223+1.749+0.481+0.031=2.484

分部分项工程量清单综合单价分析

表 7-12
工程名称：多层砖混结构住宅楼　　　　专业：土建工程

综合单价(元)

序号	项目编码	项目名称	单位	工程量	人工费	材料费	机械费	风险费	管理费	利润	综合单价
1	010101001001	平整场地	m²	142.37	267.54×2.551/142.37=4.79	0.00	0.00	0.00	9.58×2.551/142.37=0.17	7.71×2.551/142.37=0.14	4.79+0.17+0.14=5.10
	1-19	平整场地	100m²	2.551	267.54	0.00	0.00	0.00	267.54×3.58%=9.58	267.54×2.88%=7.71	(267.54+9.58+7.71)×2.551/142.37=5.10
2	010101003001	挖基础土方	m³	87.66	(1695.96×0.877+110.88×1.754)/87.66=19.19	0.00	0.00	0.00	(60.72×0.877+3.97×1.754)/87.66=0.69	(48.84×0.877+3.19×1.754)/87.66=0.55	19.19+0.69+0.55=20.43
	1-5	人工挖沟槽，深2m以内	100m³	0.877	1695.96	0.00	0.00	0.00	1695.96×3.58%=60.72	1695.96×2.88%=48.84	(1695.96+60.72+48.84)×0.877/87.66=18.06
	(1-33)×2	单(双)轮车运土·每增50m	100m³	1.754	110.88	0.00	107.72×0.223/22.27=1.08	1.38×0.223/22.27=0.01	110.88×3.58%=3.97	110.88×2.88%=3.19	(110.88+3.97+3.19)×1.754/87.66=2.36
3	010103001001	土(石)方回填(基础回填)	m³	22.27	(1690.50×0.223+690.48×0.272+110.88×0.816)/22.27=29.42	27.64×0.223/22.27=0.28	0.223/22.27=0.01		(60.52×0.223+24.72×0.272+3.97×0.816)/22.27=1.05	(48.69×0.223+19.89×0.272+3.19×0.816)/22.27=0.85	29.42+0.28+0.01+1.05+0.85=32.69

续表

序号	项目编码	项目名称	单位	工程量	综合单价（元）						
					人工费	材料费	机械费	风险费	管理费	利润	综合单价
3	1-26	回填夯实素土	100m³	0.223	1690.50	27.64	107.72	27.64×0.05＝1.38	1690.50×3.58%＝60.52	1690.50×2.88%＝48.69	(1690.50＋27.64＋107.72＋1.38＋60.52＋48.69)×0.223/22.27＝19.39
	1-32	单(双)轮车运土50m	100m³	0.272	690.48	0.00	0.00	0.00	24.72	19.89	8.98
	(1-33)×3	单(双)轮车运土每增50m	100m³	0.816	110.88	0.00	0.00	0.00	3.97	3.19	4.33
4	010103001002	土(石)方回填（室内回填）	m³	56.20	29.39	27.64×0.562/56.20＝0.28	1.08	0.01	(60.52×0.562＋24.72×0.686＋3.97×2.057)/56.20＝1.05	(48.69×0.562＋19.89×0.686＋3.19×2.057)/56.20＝0.85	29.39＋0.28＋1.08＋0.01＋1.05＋0.85＝32.66
	1-26	回填夯实素土	100m³	0.562	1690.50	27.64	107.72	1.38	1690.50×3.58%＝60.52	1690.50×2.88%＝48.69	(1690.50＋27.64＋107.72＋1.38＋60.52＋48.69)×0.562/56.2＝19.38
	1-32	单(双)轮车运土50m	100m³	0.686	690.48	0.00	0.00	0.00	24.72	19.89	8.93
	(1-33)×3	单(双)轮车运土每增50m	100m³	2.057	110.88	0.00	0.00	0.00	3.97	3.19	4.30

续表

序号	项目编码	项目名称	单位	工程量	综合单价(元)						综合单价
					人工费	材料费	机械费	风险费	管理费	利润	
5	010103 001003	土(石)方回填	m³	43.83	38.21	4512.16×0.438/43.83=45.09	1.08	2.25	1.37	1.10	89.10
	1-28	回填夯实 3:7灰土	100m³	0.438	2950.08	4512.16	107.72	225.61	105.61	84.96	79.81
	1-32	单(双)轮车运土 50m	100m³	0.374	690.48	0.00	0.00	0.00	24.72	19.89	6.27
	(1-33)×3	单(双)轮车运土每增50m	100m³	1.122	110.88	0.00	0.00	0.00	3.97	3.19	3.02
6	010301 001001	砖基础 (Ⅰ-Ⅰ剖面)	m³	28.00	49.52	1464.37×2.800/28.00=146.44	2.79	7.32	10.53	6.74	223.34
	3-1(换)	砖基础, M5水泥砂浆	10m³	2.800	495.18	1464.37	27.86	1464.37×0.05=73.22	105.30	67.36	223.33
7	010301 001001	砖基础 (Ⅱ-Ⅱ剖面)	m³	0.18	49.52	1464.37×0.018/0.18=146.44	2.79	7.32	10.53	6.74	223.34
	3-1(换)	砖基础, M5水泥砂浆	10m³	0.018	495.18	1464.37	27.86	73.22	105.30	67.36	223.34
8	010302 001001	实心砖墙(一砖内墙)	m³	53.45	65.34	157.37	2.57	7.87	11.91	7.62	252.68
	3-4	混水砖墙一砖	10m³	5.171	675.36	1626.65	26.58	81.33	123.15	78.78	252.68

续表

序号	项目编码	项目名称	单位	工程量	综合单价（元）							综合单价
					人工费	材料费	机械费	风险费	管理费	利润		
9	010302 001002	实心砖墙 (1/2砖阳台隔墙)	m³	0.36	84.59	151.40	2.30	7.57	12.56	8.04		266.46
	3-2	混水砖墙1/2砖	10m³	0.036	845.88	1514.01	23.04	75.70	125.64	80.37		266.46
10	010302 001003	实心砖墙 (一砖外墙)	m³	38.88	84.39	173.21	2.83	8.66	13.75	8.80		291.64
	3-12	单面清水墙一砖	10m³	4.140	792.54	1626.65	26.58	81.33	129.13	82.61		291.64
11	010402 001001	矩形柱(构造柱)	m³	10.43	76.44	182.48	17.73	9.12	14.60	9.34		309.71
	4-1(换)	C25砾石混凝土	m³	10.43	76.44	182.48	17.73	9.12	14.60	9.34		309.71
12	010401 002001	独立基础	m³	1.12	76.44	182.48	17.73	9.12	14.60	9.34		309.71
	4-1(换)	C25砾石混凝土	m³	1.12	76.44	182.48	17.73	9.12	14.60	9.34		309.71
13	010403 005001	过梁(YPL)	m³	0.13	76.44	182.48	17.73	9.12	14.60	9.34		309.71
	4-1(换)	C25砾石混凝土	m³	0.13	76.44	182.48	17.73	9.12	14.60	9.34		309.71
14	010403 004001	圈梁 (地圈梁)	m³	6.15	76.44	182.48	17.73	9.12	14.60	9.34		309.71
	4-1(换)	C25砾石混凝土	m³	6.15	76.44	182.48	17.73	9.12	14.60	9.34		309.71
15	010403 004002	圈梁1 (QL1-1剖面)	m³	3.74	76.44	182.48	17.73	9.12	14.60	9.34		309.71
	4-1(换)	C25砾石混凝土	m³	3.74	76.44	182.48	17.73	9.12	14.60	9.34		309.71
16	010403 004003	圈梁2 (QL2-2剖面)	m³	2.35	76.44	182.48	17.73	9.12	14.60	9.34		309.71
	4-1(换)	C25砾石混凝土	m³	2.35	76.44	182.48	17.73	9.12	14.60	9.34		309.71

续表

序号	项目编码	项目名称	单位	工程量	人工费	材料费	机械费	风险费	管理费	利润	综合单价
17	010403 004004	圈梁3 (QL3-3剖面)	m³	0.60	76.44	182.48	17.73	9.12	14.60	9.34	309.71
	4-1(换)	C25砾石混凝土	m³	0.60	76.44	182.48	17.73	9.12	14.60	9.34	309.71
18	010403 004005	圈梁4 (QL4-4剖面)	m³	0.45	76.44	182.48	17.73	9.12	14.60	9.34	309.71
	4-1(换)	C25砾石混凝土	m³	0.45	76.44	182.48	17.73	9.12	14.60	9.34	309.71
19	010403 004006	圈梁5 (QL5-5剖面)	m³	2.87	76.44	182.48	17.73	9.12	14.60	9.34	309.71
	4-1(换)	C25砾石混凝土	m³	2.87	76.44	182.48	17.73	9.12	14.60	9.34	309.71
20	010403 004007	圈梁6 (QL6-6剖面)	m³	4.77	76.44	182.48	17.73	9.12	14.60	9.34	309.71
	4-1(换)	C25砾石混凝土	m³	4.77	76.44	182.48	17.73	9.12	14.60	9.34	309.71
21	010403 004008	圈梁7 (QL7-7剖面)	m³	1.88	76.44	182.48	17.73	9.12	14.60	9.34	309.71
	4-1(换)	C25砾石混凝土	m³	1.88	76.44	182.48	17.73	9.12	14.60	9.34	309.71
22	010405 003001	平板	m³	1.59	76.44	182.48	17.73	9.12	14.60	9.34	309.71
	4-1(换)	C25砾石混凝土	m³	1.59	76.44	182.48	17.73	9.12	14.60	9.34	309.71
23	010405 007001	挑檐板	m³	4.87	76.44	182.48	17.73	9.12	14.60	9.34	309.71
	4-1(换)	C25砾石混凝土	m³	4.87	76.44	182.48	17.73	9.12	14.60	9.34	309.71
24	010405 008001	雨篷 (YP)	m³	0.34	76.44	182.48	17.73	9.12	14.60	9.34	309.71
	4-1(换)	C25砾石混凝土	m³	0.34	76.44	182.48	17.73	9.12	14.60	9.34	309.71

综合单价(元)

续表

序号	项目编码	项目名称	单位	工程量	综合单价(元)						综合单价
					人工费	材料费	机械费	风险费	管理费	利润	
25	010405008002	阳台板	m³	1.09	76.44	182.48	17.73	9.12	14.60	9.34	309.71
	4-1(换)	C25砾石混凝土	m³	1.09	76.44	182.48	17.73	9.12	14.60	9.34	309.71
26	010406001001	直形楼梯	m²	9.07	20.56	49.09	4.77	2.45	3.93	2.51	83.31
	4-1(换)	C25砾石混凝土	m³	2.44	76.44	182.48	17.73	9.12	14.60	9.34	83.31
	010407002001	散水	m²	41.25	17.93	23.21	1.05	1.16	1.60	1.06	46.01
27	8-27	混凝土散水面层一次抹光	100m²	0.412	1171.80	1370.60	82.09	68.53	137.61	88.03	29.15
	1-28	3:7灰土垫层	100m³	0.087	2950.08	4512.16	107.72	225.61	105.61	84.96	16.84
	010412002001	空心板(小于4m)C30	m³	15.97	146.92	282.00	178.96	14.10	31.79	20.33	674.10
	4-3	C30砾石预应力混凝土	m³	16.210	61.74	217.53	23.06	10.88	16.01	10.24	344.56
28	4-160	120mm厚空心板坐浆灌缝	10m³	1.597	292.74	389.67	18.33	19.48	36.80	23.54	78.06
	6-2	预制钢筋混凝土一类构件5km内运输	10m³	1.618	178.08	21.75	981.33	1.09	60.41	38.65	129.82
	6-86	空心板安装	10m³	1.605	367.50	199.31	540.25	9.97	57.08	36.51	121.67

续表

序号	项目编码	项目名称	单位	工程量	综合单价（元）						
					人工费	材料费	机械费	风险费	管理费	利润	综合单价
29	010416001001	现浇混凝土钢筋	t	1.680	728.28	3667.82	42.19	183.39	236.17	151.08	5008.93
	4-6	圆钢Φ10以内	t	1.680	728.28	3667.82	42.19	183.39	236.17	151.08	5008.93
30	010416001002	现浇混凝土钢筋	t	2.484	329.28	3942.38	114.32	197.12	234.20	149.82	4967.12
	4-8	螺纹钢Φ10以上(含Φ10)	t	2.484	329.28	3942.38	114.32	197.12	234.20	149.82	4967.12
31	010416001003	现浇混凝土钢筋	t	0.123	423.36	3761.99	94.50	188.10	228.31	146.05	4842.31
	4-7	圆钢Φ10以上	t	0.123	423.36	3761.99	94.50	188.10	228.31	146.05	4842.31
32	010702001001	屋面卷材防水	m²	194.21	5.34	26.26	0.24	1.31	1.69	1.08	35.92
	9-27	改性沥青卷材热熔法	100m²	1.942	191.52	2202.49	0.00	110.12	127.96	81.86	27.14
	8-20	水泥砂浆找平在硬基层上	100m²	1.942	342.30	423.98	24.10	21.20	41.47	26.53	8.80
33	010702004001	屋面排水管	m	25.08	4.56	22.42	0.00	1.12	1.44	0.92	30.46
	9-68	水落管	10m	2.508	26.88	220.94	0.00	11.05	13.23	8.46	28.06
	9-69	水落斗	10个	0.400	117.60	20.28	0.00	1.01	7.10	4.54	2.40
34	010803001001	保温隔热屋面	m²	142.37	7.52	25.27	0.24	1.26	1.75	1.12	37.16
	9-47	水泥膨胀蛭石板	10m³	0.854	125.58	1352.00	0.00	67.60	78.96	50.51	10.05
	9-56	水泥冲渣找坡层1:6	10m³	1.576	301.98	1167.00	0.00	58.35	78.05	49.93	18.32
	8-20	水泥砂浆找平在硬基层上	100m²	1.424	342.30	423.98	24.10	21.20	41.47	26.53	8.80

续表

序号	项目编码	项目名称	单位	工程量	综合单价（元）						综合单价
					人工费	材料费	机械费	风险费	管理费	利润	
35	020101 001001	水泥砂浆楼地面	m²	116.03	9.96	14.92	1.30	0.75	1.23	0.91	29.07
	10-1	楼地面（一层）	100m²	1.160	537.00	527.01	24.10	26.35	42.68	39.00	11.96
	4-1(换)	C15砾石混凝土	m³	6.962	76.44	160.77	17.73	8.04	13.44	8.60	17.10
36	020101 001002	水泥砂浆楼地面	m²	108.07	5.37	5.27	0.24	0.26	0.43	0.39	11.96
	10-1	楼地面（二层）	100m²	1.081	537.00	527.01	24.10	26.35	42.68	39.00	11.96
37	020106 003001	水泥砂浆楼梯面	m²	9.07	22.28	7.24	0.33	0.36	1.16	1.06	32.43
	10-3	水泥砂浆楼梯面	100m²	0.091	2221.00	722.05	32.61	36.10	115.35	105.38	32.43
38	020108 003001	水泥砂浆台阶面	m²	1.11	27.14	34.09	3.26	1.70	3.09	2.22	71.50
	10-2	水泥砂浆台阶	100m²	0.011	1473.50	780.42	35.45	39.02	89.18	81.47	24.77
	4-1(换)	C15砾石混凝土	m³	0.182	76.44	160.77	17.73	8.04	13.44	8.60	46.73
39	020107 001001	金属扶手带栏板（阳台扶手、栏杆）	m	9.60	27.60	68.32	5.60	3.42	4.02	3.67	112.63
	10-201	型钢金属栏杆	100m	0.096	2030.00	4360.80	0.00	218.04	253.12	231.25	70.93
	10-211	钢管扶手 Φ50圆管	100m	0.096	520.00	1920.67	185.19	96.03	104.25	95.24	29.21
	10-220	钢管弯头	个	2.000	10.08	26.44	17.98	1.32	2.14	1.95	12.48
40	020107 003001	塑料扶手带栏杆（楼梯板、栏杆扶手、栏杆）	m	7.35	24.97	60.59	0.00	3.03	3.39	3.10	95.08
	10-201	型钢金属栏杆	100m	0.074	2030.00	4360.80	0.00	218.04	253.12	231.25	71.41
	10-215	塑料扶手	100m	0.074	450.00	1657.14	0.00	82.86	83.88	76.63	23.66

续表

| 序号 | 项目编码 | 项目名称 | 单位 | 工程量 | 综合单价(元) | | | | | | 综合单价 |
					人工费	材料费	机械费	风险费	管理费	利润	
41	020201001001	墙面一般抹灰(内墙抹灰)	m²	712.37	6.45	5.83	0.21	0.29	0.49	0.45	13.72
	10-229	内墙面普通石灰砂浆两遍16mm砖墙	100m²	7.124	645.00	582.57	21.27	29.13	48.95	44.72	13.72
42	020204003001	块料墙面(外砖料块墙面层)	m²	263.20	29.90	27.98	0.72	1.40	2.30	2.10	64.40
	10-417	外墙釉面砖砂浆粘贴墙面,周长500mm以内	100m²	2.632	2990.05	2797.75	72.17	139.89	229.79	209.94	64.40
43	020206003001	块料零星项目(挑檐、雨蓬外立面)	m²	23.60	42.47	29.26	0.80	1.46	2.83	2.59	79.41
	10-438	釉面砖零星,砂浆(水泥)周长500mm以内	100m²	0.236	4246.65	2925.96	80.14	146.30	283.38	258.90	79.41
44	020301001001	天棚抹灰(现浇天棚抹灰)	m²	67.06	6.95	5.43	0.16	0.27	0.49	0.45	13.75
	10-653	天棚面抹灰	100m²	0.671	695.50	543.47	15.60	27.17	49.09	44.85	13.75
45	020301001002	天棚抹灰(预制天棚抹灰)	m²	208.30	8.17	5.60	0.16	0.28	0.54	0.50	15.25
	10-654	天棚面抹灰	100m²	2.083	817.00	560.02	15.60	28.00	54.41	49.71	15.25
46	020401001001	镶板木门M-1	樘	4.00	0.00	1500.00	0.00	75.00	80.48	51.49	1706.97
	补-1	木门扇成品	扇	4.00	0.00	1500.00	0.00	75.00	80.48	51.49	1706.97

续表

序号	项目编码	项目名称	单位	工程量	综合单价(元)						综合单价
					人工费	材料费	机械费	风险费	管理费	利润	
47	020401005001	夹板装饰门 M-2	樘	16.00	0.00	1800.00	0.00	90.00	96.58	61.78	2048.36
	补-2	木门扇成品	扇	16.00	0.00	1800.00	0.00	90.00	96.58	61.78	2048.36
48	020401004001	胶合板门 M-4	樘	4.00	0.00	1000.00	0.00	50.00	53.66	34.32	1137.98
	补-3	木门扇成品	扇	4.00	0.00	1000.00	0.00	50.00	53.66	34.32	1137.98
49	020401008001	连窗门 MC-3	樘	2.00	148.41	637.33	6.84	31.87	41.31	27.10	892.86
	补-4	带窗镶板门(有亮无纱门)制作	100m²	0.079	1494.78	14796.17	173.27	739.81	879.13	562.39	736.50
	补-5	带窗镶板门(有亮无纱门)安装	100m²	0.079	1244.88	755.81	0.00	37.79	104.17	66.64	87.27
	10-1063	底油一遍,刮腻子,调和漆两遍	100m²	0.079	1017.50	582.99	0.00	29.15	62.42	57.02	69.09
50	020405001001	木质平开窗 C-1	樘	10.00	0.00	1200.00	0.00	60.00	64.39	41.19	1365.58
	补-6	一玻一纱窗制作	100m²	0.225	0.00	1200.00	0.00	60.00	64.39	41.19	1365.58
51	020405001002	木质平开窗 C-2	樘	5.00	0.00	452.62	0.00	60.00	64.39	41.19	1365.58
	补-6	一玻一纱窗制作	100m²	0.090	0.00	18365.68	0.00	60.00	64.39	41.19	1365.58
52	020405001003	木质平开窗 C-3	樘	4.00	0.00	182.31	0.00	60.00	64.39	41.19	1365.58
	补-6	一玻一纱窗制作	100m²	0.029	0.00	18365.68	0.00	60.00	64.39	41.19	1365.58

续表

序号	项目编码	项目名称	单位	工程量	综合单价(元)						综合单价
					人工费	材料费	机械费	风险费	管理费	利润	
	020506 001001	抹灰面油漆	m²	987.73	6.10	6.17	0.00	0.31	0.48	0.44	13.50
53	10-1331	乳胶漆抹灰面两遍	100m²	9.877	560.00	442.08	0.00	22.10	39.23	35.84	10.99
	10-1332	乳胶漆抹灰面每增一遍	100m²	9.877	50.00	174.91	0.00	8.75	8.95	8.18	2.51

表7-13　分部分项工程量清单计价表

工程名称:多层砖混结构住宅楼　　　　专业:土建工程

序号	项目编号	项目名称(含项目特征)	计量单位	工程量	金额(元)	
					综合单价	合价
		1.1　土方工程				
1	010101001001	平整场地:二类土;土30cm以内就地找平	m²	142.37	5.10	726.09
2	010101003001	挖沟槽土方:条形砖基础;垫层底宽1m;底面积97.40m²;挖土深0.9m;运距200m以内	m³	87.66	20.43	1790.89
3	010103001001	土(石)方回填:基础回填;素土夯实;有密实度要求	m³	22.27	32.69	728.01
4	010103001002	土(石)方回填:室内回填;素土夯实;有密实度要求	m³	56.46	32.62	1841.73
5	010103001003	土(石)方回填:基础3:7灰土垫层:450mm厚;有密实度要求	m³	43.83	89.10	3505.25
		小　计				8991.97
		1.3　砌筑工程				
6	010301001001	砖基础(Ⅰ-Ⅰ剖面):机制红砖;三层等高式条形砖基础;基础深1.05m;M5水泥砂浆砌筑	m³	28.00	223.34	6253.52
7	010301001002	砖基础(Ⅱ-Ⅱ剖面):机制红砖;三层不等高式条形砖基础;基础深1.05m;M5水泥砂浆砌筑	m³	0.18	223.34	40.20
8	010302001001	实心砖墙(一砖内墙):一砖内墙;机制红砖;M5水泥砂浆砌筑	m³	53.45	252.68	13505.75
9	010302001002	实心砖墙(1/2砖阳台墙):1/2砖阳台墙;机制红砖;M5水泥砂浆砌筑	m³	0.36	266.46	95.93
10	010302001003	实心砖墙(一砖外墙):一砖外墙;机制红砖;M5水泥砂浆砌筑	m³	38.88	291.64	11338.96
		小　计				31234.36

续表

序号	项目编号	项目名称（含项目特征）	计量单位	工程量	金额（元）	
					综合单价	合价
		1.4　混凝土及钢筋混凝土工程				
11	010402001001	矩形柱（构造柱）:构造柱,柱顶标高+5.67m;截面240mm×240mm;C25砾石混凝土	m³	10.43	309.71	3230.28
12	010401002001	独立基础:截面400mm×400mm×250mm;C25砾石混凝土	m³	1.12	309.71	346.88
13	010403005001	过梁(YPL):梁底标高+1.55m;C25砾石混凝土	m³	0.13	309.71	40.26
14	010403004001	圈梁(地圈梁):梁底标高−0.31m(−0.86m);截面240mm×250mm;C25砾石混凝土	m³	6.15	309.71	1904.72
15	010403004002	圈梁(QL1-1剖面):梁底标高+2.40m;截面240mm×250mm;C25砾石混凝土	m³	3.74	309.71	1158.32
16	010403004003	圈梁(QL2-2剖面):梁底标高+2.40m;截面240mm×370mm;C25砾石混凝土	m³	2.35	309.71	727.82
17	010403004004	圈梁(QL3-3剖面):梁底标高+2.40m;截面240mm×370mm;C25砾石混凝土	m³	0.60	309.71	185.83
18	010403004005	圈梁(QL4-4剖面):梁底标高+2.40m;截面240mm×370mm;C25砾石混凝土	m³	0.45	309.71	139.37
19	010403004006	圈梁(QL5-5剖面):梁底标高+5.20m;截面240mm×470mm;C25砾石混凝土	m³	2.87	309.71	888.87
20	010403004007	圈梁(QL6-6剖面):梁底标高+5.20m;截面240mm×350mm;C25砾石混凝土	m³	4.77	309.71	1477.32
21	010403004008	圈梁(QL7-7剖面):梁底标高+5.20m;C25砾石混凝土	m³	1.88	309.71	582.25
22	010405003001	平板:板底标高+2.67m;板厚100mm;C25砾石混凝土	m³	1.59	309.71	492.44
23	010405007001	挑檐板:C25砾石混凝土	m³	4.87	309.71	1508.29
24	010405008001	雨篷(YP):C25砾石混凝土	m³	0.34	309.71	105.30
25	010405008002	阳台板:C25砾石混凝土	m²	1.09	309.71	337.58
26	010406001001	直形楼梯:C25砾石混凝土	m²	9.07	83.31	755.62
27	010407002001	散水:60mm厚C15混凝土撒1:1砂子压实赶光;150mm厚3:7灰土垫层,宽出面层300mm	m²	41.25	46.01	1897.91
28	010412002001	空心板(小于4m)C30:YKB3361,YKB3351,YKB3661,YKB3651,YKB2461,YKB2451;YKB2161;C30混凝土钢筋;板厚120mm	m³	15.97	674.10	10765.38
29	010416001001	现浇混凝土钢筋:φ10mm以内HPB300级钢筋	t	1.680	5008.930	8415.002
30	010416001002	现浇混凝土钢筋:φ10mm以上HRB400级钢筋	t	2.484	4967.120	12338.326
31	010416001003	现浇混凝土钢筋:φ10mm以上HPB300级钢筋	t	0.123	4842.31	595.60
		小　计				47893.37

续表

序号	项目编号	项目名称(含项目特征)	计量单位	工程量	综合单价	合价
		1.7 屋面及防水工程				
32	010702001001	屋面卷材防水:20mm厚水泥砂浆找平;4mm厚(热熔法)APP防水卷材	m²	194.21	35.92	6976.02
33	010702004001	屋面排水管:塑料排水管,落水口	m	25.08	30.46	763.94
		小 计				7739.96
		1.8 隔热保温工程				
34	010803001001	保温隔热屋面:20mm厚水泥砂浆找平;现浇1:6水泥焦渣找坡(最薄处60mm),平均厚度111mm;60mm厚水泥蛭石板保温层	m²	142.37	37.16	5290.47
		小 计				5290.47
		2.1 楼地面工程				
35	020101001001	水泥砂浆楼地面:60mm厚C15混凝土垫层,20mm厚1:2.5水泥砂浆	m²	116.03	29.07	3372.99
36	020101001002	水泥砂浆楼地面:20mm厚1:2.5水泥砂浆	m²	108.07	11.96	1292.52
37	020106003001	水泥砂浆楼梯面:20mm厚1:2.5水泥砂浆	m²	9.07	32.43	294.14
38	020108003001	水泥砂浆台阶面:60mm厚C15混凝土垫层(厚度不包括踏步部分)台阶面向外坡1%,20mm厚1:2.5水泥砂浆	m²	1.11	71.50	79.37
39	020107001001	金属扶手带栏杆,栏板(阳台扶手,栏杆):型钢金属栏杆;钢管扶手,钢管弯头	m	9.60	112.63	1081.25
40	020107003001	塑料扶手带栏杆,栏板(楼梯扶手,栏杆):型钢栏杆,栏板;塑料扶手	m	7.35	95.08	698.84
		小 计				6819.11
		2.2 墙柱面工程				
41	020201001001	墙面一般抹灰(内墙抹灰):一砖内墙14mm厚1:3石灰砂浆;2mm厚纸筋石灰浆罩面	m²	712.37	13.72	9773.72
42	020204003001	块料墙面(外砖墙块料面层):外墙贴面砖,面砖规格100mm×100mm;4mm厚聚合物水泥砂浆结合层;6mm厚1:2水泥砂浆找平;12mm厚1:3水泥砂浆打底扫毛	m²	263.20	64.40	16950.08
43	020206003001	块料零星项目(挑檐,雨篷外立面):100mm×100mm面砖;4mm厚聚合物水泥砂浆结合层;6mm厚1:2水泥砂浆找平;12mm厚1:3水泥砂浆打底扫毛	m²	23.60	79.41	1874.08
		小 计				28597.88

续表

序号	项目编号	项目名称(含项目特征)	计量单位	工程量	综合单价	合价
					金额(元)	
		2.3 天棚工程				
44	02030100100 1	天棚抹灰(现浇天棚抹灰);素水泥浆一道;7mm厚水泥石灰砂浆1:0.3:3;3mm厚纸筋石灰浆	m²	67.06	13.75	922.08
45	020301001002	天棚抹灰(预制天棚抹灰);素水泥浆一道;7mm厚水泥石灰砂浆1:0.3:3;3mm厚纸筋石灰浆	m²	208.30	15.25	3176.58
		小 计				4098.66
		2.4 门窗工程				
46	020401001001	镶板木门 M-1:1000mm×2400mm;有亮;底油一遍,刮腻子,调和漆两遍	樘	4.00	1706.97	6827.88
47	020401005001	夹板装饰门 M-2:900mm×2400mm;有亮;底油一遍,刮腻子,调和漆两遍	樘	16.00	2048.36	32773.76
48	020401004001	胶合板门 M-4:700mm×2400mm;双面胶合板门带百叶;底油一遍,刮腻子,调和漆两遍	樘	4.00	1137.98	4551.92
49	020401008001	连窗门 MC-3:门900mm×2400mm,窗1200mm×1500mm;底油一遍,刮腻子,调和漆两遍	樘	2.00	892.86	1785.72
50	020405001001	木质平开窗 C-1:1500mm×1500mm;有纱;底油一遍,刮腻子,调和漆两遍	樘	10.00	1365.58	13655.80
51	020405001002	木质平开窗 C-2:1200mm×1500mm;有纱;底油一遍,刮腻子,调和漆两遍	樘	5.00	1365.58	6827.90
52	020405001003	木质平开窗 C-3:600mm×1200mm;有纱;底油一遍,刮腻子,调和漆两遍	樘	4.00	1365.58	5462.32
		小 计				71885.30
		2.5 油漆、涂料、裱糊工程				
53	020506001001	抹灰面油漆:内墙、天棚抹灰面乳胶漆;乳胶漆三遍	m²	987.73	13.50	13334.36
		小 计				13334.36
		合 计				225885.44

差价=∑(定额工程量×定额人工费/原额人工单价×人工单价差)

其中:人工土石方,一般土建的人工单价差为55-42=13,装饰装修的人工单价差为65-50=15。

人工土石方人工差价=2045.32
一般土建人工费差价=6107.37
装饰装修人工费差价=7083.11

15235.80

231

表7-14

通用措施项目费分析表

工程名称：多层砖混结构住宅楼　　　　　　　　　　　　　　　　专业：土建工程

序号	项目编码	项目名称	单位	数量	计算基础(元)	计算方法	费率(%)	合价(元)
1		安全文明施工措施费	项	1		分部分项工程费+措施费+其他项目费+按规定应计列的差价		10620.87
	1.1	安全文明施工费	项	1			2.60	7266.91
	1.2	环境保护费(含排污)	项	1			0.40	1117.99
	1.3	临时设施费	项	1	279496.39		0.80	2235.97
2		测量放线、定位复测、检验试验费	项	1				794.26
	2.1	人工土石方	项	1	6607.93	人工费(不含差价)	0.36	23.79
	2.2	一般土建	项	1	165249.28	分部分项工程费(不含差价)	0.42	694.05
	2.3	装饰	项	1	50947.23	分部分项工程费(不含差价)	0.15	76.42
3		冬雨季、夜间施工措施费	项	1				1465.56
	3.1	人工土石方	项	1	6607.93	人工费(不含差价)	0.86	56.83
	3.2	一般土建	项	1	165249.28	分部分项工程费(不含差价)	0.76	1255.89
	3.3	装饰	项	1	50947.23	分部分项工程费(不含差价)	0.30	152.84
4		二次搬运费	项	1				652.83
	4.1	人工土石方	项	1	6607.93	人工费(不含差价)	0.76	50.22
	4.2	一般土建	项	1	165249.28	分部分项工程费(不含差价)	0.34	561.85
	4.3	装饰	项	1	50947.23	分部分项工程费(不含差价)	0.08	40.76

表 7 – 15

工程名称:多层砖混结构住宅楼

专业措施项目费分析表

专业:土建工程

序号	项目编码	项目名称	单位	数量	金额(元)						综合单价	合价
					人工费	材料费	机械费	一定范围内的风险费	管理费	利润		
		脚手架	项	1								5095.72
1	13 – 1	外脚手架,钢管架,15m内	100m²	3.183	301.98	579.99	59.04	29.00	49.57	31.71	1051.29	3346.26
2	13 – 8	里脚手架,钢管架,基本层 3.6m	100m²	2.892	428.78	104.04	20.14	5.20	28.52	18.25	604.93	1749.46
		混凝土模板及支撑	项	1								19586.47
3	4 – 29	现浇构件模板,混凝土垫层	m³	6.962	7.14	30.82	0.41	1.54	2.04	1.30	43.25	301.11
4	4 – 35	现浇构件模板,构造柱	m³	10.430	111.30	62.98	7.78	3.15	9.46	6.05	200.72	2093.51
5	4 – 20	现浇构件模板,独立基础	m³	1.12	46.20	78.29	5.47	3.91	6.84	4.38	145.09	162.50
6	4 – 84	预制构件模板,过梁	m³	0.130	92.40	103.69	92.08	5.18	14.99	9.59	317.93	41.33
7	4 – 39	现浇构件模板,圈梁	m³	22.81	159.18	130.92	8.98	6.55	15.62	9.99	331.24	7555.58
8	4 – 51	现浇构件模板,平板10cm内	m³	1.590	186.90	155.29	25.03	7.76	19.16	12.26	406.40	646.18
9	4 – 54	现浇构件模板,挑檐	m³	4.870	324.24	311.60	28.20	15.58	34.73	22.22	736.57	3587.10
10	4 – 56	现浇构件模板,普通楼梯	10m²	0.907	433.44	287.07	43.44	14.35	39.77	25.44	843.51	765.06
11	4 – 58	现浇构件模板,雨篷	10m²	0.238	299.88	226.68	36.73	11.33	29.36	18.78	622.76	148.22
12	4 – 60	现浇构件模板,阳台底板	10m²	0.893	309.54	261.19	40.29	13.06	31.89	20.40	676.37	604.00
13	4 – 112	预制构件模板,空心板	m³	15.97	84.42	62.25	62.95	3.11	10.87	6.95	230.55	3681.88
14	14 – 1	建筑物垂直运输(住宅及服务用房混合结构)	100m²	2.892	0.00	0.00	1334.62	0.00	68.20	43.63	1446.45	4183.13
15		其他	项	1								0.00
专业措施项目人工费差价												3426.99
差价=∑(定额工程量×定额人工费)/原定额人工单价×人工单价差												
措施费(不含安全及文明施工措施费)												31777.97
措施项目费(含安全及文明施工措施费)												42398.84

表 7-16 通用措施项目清单计价表

工程名称：多层砖混结构住宅楼　　　　　专业：土建工程

序号	项目名称	计量单位	工程数量	金额（元）	
				综合单价	合价
1	安全文明施工费（含环境保护、文明施工、安全施工、临时设施）	项	1	10620.87	10620.87
2	测量放线、定位复测、检验试验	项	1	794.26	794.26
3	冬雨季、夜间施工	项	1	1465.56	1465.56
4	二次搬运	项	1	652.83	652.83
合　计					13533.52

表 7-17 专业措施项目清单计价表

工程名称：多层砖混结构住宅楼　　　　　专业：土建工程

序号	项目名称	计量单位	工程数量	金额（元）	
				综合单价	合价
	一般土建				28865.32
1	混凝土、钢筋混凝土模板及支架	项	1	19586.47	19586.47
2	脚手架	项	1	5095.72	5095.72
3	垂直运输机械	项	1	4183.13	4183.13
差　价					3426.99

3. 其他项目、规费及税金项目清单

其他项目、规费及税金项目清单计价表，见表 7-18～表 7-20。

表 7-18 其他项目清单计价表

工程名称：多层砖混结构住宅楼　　　　　专业：土建工程

序号	项目名称	计量单位	工程数量	金额（元）	
				综合单价	合价
1	暂列金额	元		1000.00	1000.00
2	暂估价	元			
2.1	材料暂估价			—	—
2.2	专业工程暂估价				
3	计日工	元		2172.70	2172.70
4	总承包服务费	元			
4.1	发包人发包专业工程管理服务费				
4.2	发包人供应材料、设备保管费				
合　计					3172.70

表7-19 　　　　　　　　　　　　　　**计日工计价表**

工程名称：多层砖混结构住宅楼　　　　　　　　专业：土建工程

序号	项目名称	暂定单位	暂定数量	金额（元）	
				综合单价	合价
1	人工				
1.1	瓦工	工日	4	90	360
1.2	普工	工日	8	60	480
	人工费小计				840.00
2	材料				
2.1	标准砖	千块	0.5	230	115
2.2	净砂	m³	10	40.37	403.70
2.3	水泥32.5	kg	200	0.32	64.00
2.4	2～4mm砾石	m³	15	50	750.00
	材料费小计				1332.70
3	机械				
3.1					
3.2					
	机械费小计				0.00
	合　　计				2172.70

表7-20 　　　　　　　　　　　　**规费、税金项目清单计价表**

工程名称：多层砖混结构住宅楼　　　　　　　　专业：土建工程

序号	项目名称	计量单位	工程数量	计算基础	费率（%）	金额（元）	
						综合单价	合价
1	规费	项	1				13548.59
1.1	社会保障费	项	1				12475.15
1.1.1	养老保险费	项	1	分部分项工程费＋措施项目费＋其他项目费＋按规定应计列的差价＝225885.44＋42398.84＋3172.70＋15235.80＋3426.99＝290119.77	3.55	10299.25	10299.25
1.1.2	失业保险费	项	1	分部分项工程费＋措施项目费＋其他项目费＋按规定应计列的差价	0.15	435.18	435.18
1.1.3	医疗保险费	项	1	分部分项工程费＋措施项目费＋其他项目费＋按规定应计列的差价	0.45	1305.54	1305.54
1.1.4	工伤保险	项	1	分部分项工程费＋措施项目费＋其他项目费＋按规定应计列的差价	0.07	203.08	203.08
1.1.5	残疾人就业保险	项	1	分部分项工程费＋措施项目费＋其他项目费＋按规定应计列的差价	0.04	116.05	116.05

续表

序号	项目名称	计量单位	工程数量	计算基础	费率(%)	金额(元)	
						综合单价	合价
1.1.6	女工生育保险	项	1	分部分项工程费＋措施项目费＋其他项目费＋按规定应计列的差价	0.04	116.05	116.05
1.2	住房公积金	项	1	分部分项工程费＋措施项目费＋其他项目费＋按规定应计列的差价	0.30	870.36	870.36
1.3	危险作业意外伤害保险	项	1	分部分项工程费＋措施项目费＋其他项目费＋按规定应计列的差价	0.07	203.08	203.08
规费合计							13548.59
2	安全文明施工措施费	项	1	分部分项工程费＋措施费＋其他项目费＋按规定应计列的差价		10620.87	10620.87
安全文明施工措施费合计							10620.87
3	税金	项	1	分部分项工程费＋措施项目费＋其他项目费＋规费＋按规定应计列的差价＝290119.77＋13548.59＝303668.36	3.48	10567.66	10567.66
3.1	营业税	项	1				
3.2	城市维护建设税	项	1				
3.3	教育费附加	项	1				
税金合计							10567.66
合　计							34737.12

4. 工程造价的计算

工程造价的计算，见表7-21。

表 7-21　　　　　　　　　　**单位工程造价汇总表**

工程名称：多层砖混结构住宅楼　　　　　　专业：土建工程

序号	项目名称	造价(元)
1	分部分项工程费(含差价)	241121.24
2	措施项目费(含差价)	45825.83
3	其他项目费	3172.70
4	规费	13548.59
5	税金	10567.66
合　计		314236.02

补充定额，见表7-22。

表 7 - 22　　　　　　　　　　　　补 充 定 额　　　　　　　　　　　　100m²

定 额 编 号				补 - 4	补 - 5
项目		单位	单价	带窗银板门	
				有亮	
				无纱门	
				制作	安装
基价		元		16464.22	2000.69
其中	人工费	元		1494.78	1244.88
	材料费	元		14796.17	755.81
	机械费	元		173.27	
名称		单位	单价	数量	
人工	综合工日	工日	42.00	35.59	29.64
材料	木材干燥量	m³	—	4.934	—
	规格料（木门窗用）	m³	2837.00	4.934	—
	平板玻璃 3mm	m²	11.18	—	34.30
	铁钉	kg	4.98	1.86	4.71
	油灰	kg	3.00	—	34.65
	清油	kg	14.50	—	0.72
	硅酸盐水泥 32.5R	kg	0.32	—	76.00
	净砂	m³	40.37	—	0.26
	石灰膏	kg	0.50	—	24.00
	麻刀	kg	4.00	—	4.15
	水	m³	3.85	—	0.15
	插销 100mm	元/个	0.530	—	100.00
	合页 75mm	元/个	0.900	—	100.00
	拉手 100mm	元/个	0.400	—	50.00
	风钩 150mm	元/个	0.150	—	50.00
	木螺丝	元/千个	30.000	21.582	—
	防腐油	元/kg	8.23	11.422	—
	水胶	元/kg	13.59	3.509	—
机械	木工圆锯机 φ600mm	台班	29.94	0.660	
	木工平刨床 500mm	台班	26.49	1.550	
	木工开榫机 160mm	台班	57.43	1.130	
	木工打眼机 MK212	台班	11.51	1.500	
	木工裁口机（多面）400mm	台班	33.66	0.900	

参 考 文 献

［1］《建设工程工程量清单计价规范》编制组. 建设工程工程量清单计价规范宣贯辅导教材. 北京：中国计划出版社，2008.

［2］ 中华人民共和国建设部. 全国统一建筑工程基础定额. 北京：中国计划出版社，1995.

［3］ 中华人民共和国建设部. 全国统一建筑工程预算工程量计算规划. 北京：中国计划出版社，1995.

［4］ 中华人民共和国建设部. 全国统一建筑装饰装修工程消耗量定额. 北京：中国计划出版社，2002.

［5］ 陕西省建设厅. 陕西省建设工程工程量清单计价规则. 西安：陕西科学技术出版社，2009.

［6］ 陕西省建设厅. 陕西省建筑、装饰工程消耗量定额. 西安：陕西科学技术出版社，2004.

［7］ 陕西省建设厅. 陕西省建筑、装饰工程价目表. 西安：陕西人民出版社，2009.

［8］ 陕西省建设厅. 陕西省建设工程工程量清单计价费率. 西安：陕西科学技术出版社，2009.

［9］ 李建峰. 工程计价与造价管理. 北京：中国电力出版社，2012.

［10］ 李建峰. 建筑工程清单计量与计价. 北京：中国广播电视出版社，2006.

［11］ 李建峰. 陕西省建筑安装工程造价员培训教材. 西安：陕西人民出版社，2013.

［12］ 李海军，苑海清. 建筑工程工程量清单计价应用手册. 北京：科学出版社，2005.